U0382177

教育部人文社会科学重点研究基地《环境法学文库》

王树义　主编

论中国环境基本公共服务的合理分配

A STUDY OF CHINA'S BASIC ENVIRONMENTAL PUBLIC SERVICES

郭少青　著

中国社会科学出版社

图书在版编目(CIP)数据

论中国环境基本公共服务的合理分配 / 郭少青著 . —北京:中国社会科学出版社,
2016.7

(教育部人文社会科学重点研究基地《环境法学文库》)

ISBN 978 - 7 - 5161 - 8609 - 1

Ⅰ.①论…   Ⅱ.①郭…   Ⅲ.①环境管理 - 公共服务 - 研究 - 中国   Ⅳ.①X321.2

中国版本图书馆 CIP 数据核字(2016)第 170434 号

出 版 人	赵剑英	
责任编辑	梁剑琴	
责任校对	闫 萃	
责任印制	何 艳	

出　　　版	中国社会科学出版社	
社　　　址	北京鼓楼西大街甲 158 号	
邮　　　编	100720	
网　　　址	http://www.csspw.cn	
发 行 部	010 - 84083685	
门 市 部	010 - 84029450	
经　　　销	新华书店及其他书店	

印刷装订	北京市兴怀印刷厂
版　　次	2016 年 7 月第 1 版
印　　次	2016 年 7 月第 1 次印刷

开　　本	710 × 1000 1/16
印　　张	15.75
插　　页	2
字　　数	259 千字
定　　价	59.00 元

总　　序

　　《环境法学文库》是由教育部人文社会科学重点研究基地武汉大学环境法研究所和中国社会科学出版社悉心培育、联合推出的环境法学学科的大型学术丛书，目的在于加速中国环境法学研究的进一步发展，推动中国环境法治的不断进步。

　　武汉大学环境法研究所是中国国家环境保护总局①和武汉大学共同建立的一个以环境法学为专门研究领域的学术研究机构，1999 年首批进入教育部普通高等学校人文社会科学重点研究基地。2002 年，基地的"环境与资源保护法学"学科被教育部评审为国家级重点学科，次年，该学科又被列入教育部"211"工程的第二期重点建设项目。

　　武汉大学环境法研究所的研究基本上涵盖了整个环境法学学科的研究范围，并且，其整体科研水平在中国环境法学界居领先地位，在国内外具有广泛影响。自 20 世纪 80 年代初成立以来，武汉大学环境法研究所紧紧跟随中国环境法治前进的步伐，密切结合中国环境法治建设的实际需要开展研究和教学工作，取得了一系列显著的成绩。20 多年来，研究所陆续为国内外培养出了几百个环境法学学科的硕士和博士，出版了几十部环境法学研究的学术专著和教材，发表了千余篇环境法学研究的学术论文，参加了中国数十部环境法律、法规和地方性环境法规的起草、调研和修改工作，向国家和地方提供了许多具有参考价值的环境立法方面的研究咨询报告，受到国内外同行的瞩目。

　　21 世纪是中国全面进入世界先进行列的世纪，可以预见，中国在许多领域还将走在世界的最前列。为此，中国正在努力着、奋斗着，而在这努力奋斗着的队伍之中就有环境法学人的身影。环境法学人的梦想就是让中国环境法学的研究同样走在世界的前列。为了这个梦想的实现，武汉大

---

　　①　现改组为"环境保护部"。

学环境法研究所作为教育部环境法学研究的基地，拟将《环境法学文库》作为研究所长期支持的一个出版项目，面向国内外所有的环境法学者及其他所有关心、支持并有该学科相应研究成果的专家开放，每年推出数本。凡环境法学学科领域内有新意、有理论深度、有学术分量的专著、译著、编著均可入选《环境法学文库》。文库尤其钟情那些在基本理论、学术观点、研究视角等方面具有原创性或独创性的著作，请各位学者、专家不吝赐稿。让我们共同努力，为繁荣中国的环境法学研究、加快中国环境法治的进程略尽绵薄之力。

教育部人文社会科学重点研究基地

——武汉大学环境法研究所所长

王树义

2005 年春月于武昌珞珈山

内 容 摘 要

环境基本公共服务，是在一定社会经济发展阶段，以保障公民健康权为价值导向的，合理分配环境利益和环境风险的基本公共服务。其分配的权利主体是公众，义务主体是政府，生产方可以包括企业、社会组织和个人等；其提供服务的方式包括环境监管服务、环境应急服务、环境卫生服务、环境治理服务和环境信息服务。

作为一种由政府提供和分配的基本公共服务，我国环境基本公共服务目前存在着各种各样的问题，主要体现在总量不足、区际差异和群际差异方面。总量不足指的是政府对环境基本公共服务的供应不足，导致环境质量急剧下降；区际差异指的是环境基本公共服务在地区间的分配存在差异；群际差异指的是环境基本公共服务在相同的区域，不同的群体之间，存在不合理的分配。

产生以上问题的原因有很多，其根本性原因是在中国式分权下，环境基本公共服务的政府提供面临着政府间事权、责权倒挂，地方政府发展理念偏颇，政府横向间不当竞争和问责机制失灵四个方面的困境，使得地方政府更偏向于发展，忽视或者没有能力提供环境基本公共服务。另外，我国的能源消费结构、资源开发体制和城乡二元结构也进一步限制了环境基本公共服务的合理分配。

根据相关的国外考察，可看到在全世界范围内，各国都通过一系列的政策来保障环境基本公共服务的合理分配，其中区域化的环境治理、一体化的发展进程、多元化的提供方式、制度化的资金保障和人本化的信息服务是值得我们借鉴的。

要寻求一条合理分配我国环境基本公共服务的路径，相关的理论考察必不可少。其中环境正义理论、分配正义理论、新公共服务理论和风险社会理论对其影响深刻。而要真正实现环境基本公共服务的合理分配，不仅应遵循公平原则、差别原则和补偿原则，同时还要不断加强政府间关系的法治化、提升环境民主的监督力量、加强环境行政的法治化和推进环境基本公共服务均等化政策。

    关键词：环境基本公共服务；中国式分权；结构性困境；合理分配

Abstract

The function of basic environmental public services is to distribute environmental benefits and environmental risks equally to protect citizens' health rights. Citizens enjoy rights; governments offer services. There are several distribution methods—corporate, NGO, and individual—to offer basic environmental public services. These environmental services include supervision health services, pollution controls, information services and emergency measures.

Environmental public services now face various problems, including deficiency and inequitable distribution. "Deficiency" refers to the depletion of basic environmental public services allocated by governments, which results in environmental degradation. "Inequitable distribution" refers to the inequitable allocation of basic environmental public services among regions and communities, which results in environmental injustice.

The problems mentioned above can be attributed to the following reasons. On one hand, the root of the problem is the governance model of "fiscal decentralization, Chinese style". China has adopted the unified governance system of fiscal federalism and vertical political governance, which will lead to an inverted relationship between the government's responsibility and its financial power. The local government takes economic development as its core objective and will not develop itself into a "versatile" government. Moreover, there is a fierce competition between local governments and they lack oversight and restraint mechanisms, which leads to local governments having neither the capacity nor the will to assume responsibility for protecting the environment. Ultimately, therefore, environmental problems cannot be resolved. On the other hand, China's energy consumption structure, natural resource exploitation system and urban – rural dualism also restrain reasonable allocation of services.

We can draw the conclusion that most countries have passed a series of policies to protect the environment, according to various relevant foreign studies. Among the policies, which China should consider are regional pollution controls, integrated development methods, multiple providers of basic environmental services, guarantee of funds avaliability, and people - oriented information services.

To find the path to equally allocate basic environmental public services, we need to refer to relevant theories, including environmental justice theory, distributive justice theory, new public service theory and risk society theory. Furthermore, we not only need to follow the equity, difference and compensation principles, but also legalize intergovernmental relations, promote environmental democracy, legalize environmental management, and equalizing basic environmental public services.

Key Words: basic environmental public services; fiscal decentralization, Chinese style; structural dilemma; equitable allocation

目　　录

Contents

导　　论

一　前提性思考

　　如果上升的生活水准导致一个社会的政治社会体制趋向于开放性和民主，正如证据所经常显示的那样，那么只要中国能继续最近的经济扩展，中国公民最终将享受到更大的政治民主，以及民主所带来的政治自由。自从 1978 年邓小平倡导的经济改革开始以来，中国人的物质生活水准已经上升了 7 倍。在营养、住房、卫生和交通上发生了戏剧性的改善，而且中国公民进行经济选择的自由，如到哪里工作、购买什么、是否开设一家公司，已经比过去大得多。随着不断的经济进步（中国人的平均生活支出仍然只有美国人的八分之一），更大的进步政治选择的自由也可能会随之而来。确实，对这一点来说，是增长而不仅仅是人们的生活水准重要这一观点具有重要的含义，也就是说，对于实际上经济处于发展中的国家，如中国，并不需要等到具有了西方的收入水平才能表现出显著的政治和社会自由化。①

——《经济增长的道德意义》

　　在工业社会的发展格局下，社会发展的价值衡量标准逐渐变得"单一化"，技术进步和经济发展几乎成为每个社会的发展重心。经济发展，无论意识形态、经济结构、发达或者发展中国家，无论政体、国体、民众的参政议政模式，无论其社会发展阶段，都成为当下全球化进程中的发展中心。哪怕科技崇拜和经济导向的发展理念被质疑，

---

　　① ［美］本杰明·M. 弗里德曼：《经济增长的道德意义》，李天有译，中国人民大学出版社 2008 年版，第 12 页。

似乎也无力抗争大型跨国公司和已形成的如蜘蛛网般的全球产业结构链的权力。

经济发展的重要地位就好比"科技崇拜"所闪现出的熠熠光辉一般，其幻化出的能力似乎可以解决社会发展中的所有问题。比如人口的问题、就业的问题、社会总福利的问题等。而目前各国的经济发展模式，无外乎"工业化"，即便是看似处在产业链顶端的知识产权产业，实质上也被囊括进了工业化的进程。工业化以及最近的全球化——常常带来不利的副作用。① 如对环境的破坏，如果工业社会还在不经审验不加限制地疯狂扩张的话，如果这种工业化扩张行为还被人们认为是控制和解决包括贫困问题在内的许多问题的捷径的话，那么，铺天盖地而来的巨大风险和灾难将会经常取代有关环境破坏和环境污染的抽象的争论。② 而这些灾难，产生于经济发展，又该怎样以经济发展的方式加以解决呢？也许我们从来不清楚为什么我们首先如此重视经济增长，对我们所需要的我们常常会无所适从——有时我们看起来几乎感到窘迫。③ 所以，经济发展的目标，并不单单是为了增进 GDP，或者说增进社会总福利；经济发展的目标也不是为了解决当下的社会问题，否则就会陷入以一个问题去解决另一个问题的怪圈。我们需要从物质和道德两个角度来考察经济增长。④

（一）经济发展的价值目标

1. 固有的自由

改革开放 30 多年让地方政府摒弃了以阶级斗争为纲的纯粹政治性面貌，摇身一变而成为"地方理性经济人"，促使了中国经济的突飞猛进。经济发展对于增加国民生产总值有不可替代的作用，但是这种价值是一种"手段"，是一种狭隘的发展观，其包括国民生产总值（GNP）增长、个人收入提高、工业化、技术进步、社会现代化等，⑤ 但这些只属于工具性

---

① 〔美〕本杰明·M. 弗里德曼：《经济增长的道德意义》，李天有译，中国人民大学出版社 2008 年版，第 4 页。

② 〔德〕乌尔里希·贝克：《从工业社会到风险社会》（下篇），王武龙编译，《马克思主义与现实》2003 年第 5 期。

③ 〔美〕本杰明·M. 弗里德曼：《经济增长的道德意义》，李天有译，中国人民大学出版社 2008 年版，第 4 页。

④ 同上。

⑤ 〔印度〕阿玛蒂亚·森：《以自由看待发展》，任赜、于真译，中国人民大学出版社 2002 年版，译者序言，第 3 页。

的范畴。经济发展应存在自己的"良心",这种良心是为人的发展和人的福利服务的,而最终指向的价值目标即是"自由"。

自由之所以重要,至少是出于两个原因。首先,更大的自由使我们有更多的机会去实现我们的目标——那些我们所珍视的东西。例如,它有助于提高我们按照自己的意愿生活的能力。其次,我们可以将注意力放在选择的过程上。例如,我们不希望因他人施加的限制而被迫处于某种状态。① 而更重要的是,自由本身就具有固有价值,自由即是一种终极目的,而非手段,必须把人类自由作为发展的至高目的的自身固有的重要性,与各种形式的自由在促进人类自由上的工具性、实效性区分开来。② 而经济发展就是扩展自由的重要手段。因此,任何社会政策的制定,都应以维护个人自由为前提。一项维护个人自由的政策是唯一进步的政策,在今天,这一指导原则依然是正确的,就像在 19 世纪时那样。③

2. 扩展自由与经济发展之间的相互作用

实际上,自由的扩展和经济发展之间的关系应该是积极而健康的。一方面,有效率的经济发展能够增进社会的总体福利,提升人们实质性的生活质量,使其免受困苦,诸如饥饿、营养不良,可避免疾病、过早死亡等;另一方面,扩展自由也可以反向促进经济发展,比如教育的普及化、政治参与度的提高、社会透明度的提高,有利于信息对称和市场化运作,进一步提高市场效率。可以说,经济发展和扩展自由是相辅相成的。

但值得声明的是,自由有其固有价值,是经济发展的价值目标。这也就意味着,当经济发展的模式损害人扩展自由的价值实现时,这种经济发展模式和发展手段就值得我们玩味和思考了。

(二) 发展的衡量标准

1. 非数字性的衡量标准

几乎所有有关社会发展的衡量标准都与经济发展有关,而经济发展

---

① [印度] 阿玛蒂亚·森:《正义的理念》,王磊、李航译,中国人民大学出版社 2012 年版,第 212 页。

② [印度] 阿玛蒂亚·森:《以自由看待发展》,任颐、于真译,中国人民大学出版社 2002 年版,第 31 页。

③ [英] 弗里德利希·冯·哈耶克:《通往奴役之路》,王明毅等译,中国社会科学出版社 1997 年版,第 227 页。

的衡量指标又同数字相关。但实际上，经济发展的衡量标准并不应按照财富的增减来进行判断，而应该按照自由的实际实现程度进行判断；人民的实际生活质量也不应按照财富来衡量，而应该按照自由的实际实现程度来判断（这也是目前很多政府提出公民"幸福度衡量"的原因之一）。[①]

（1）数字上的增长不一定是实际的增长

我国钢铁工业"苦战三年超过八大指标（一千零五十万吨——一千二百万吨）、十年赶上英国、二十年或稍多一点时间赶上美国，是可能的"……英国现在的钢产量为2200万吨，即使它今后每年增长4%，1967年也只能达到3300万吨。美国现在的钢产量为1.02亿吨，这一生产水平估计在今后许多年不会有大的改变。我国实行大中小钢铁厂同时建设，建设时又实行投资包干，完全证明建设速度可以快一倍，投资可以省一倍（半）。在多快好省、鼓足干劲、力争上游的路线下，只要有具体措施，1962年的钢产量超过1500万吨而争取2000万吨，是可能的。不久前（1月19日在南宁会议上），我们说1962年可以达到1500万吨，是因为"还没有看到建设速度快一倍、投资省一倍（半）这样大的潜力"。如果1962年达到1700万吨到2000万吨，则我国钢铁工业的大小基地，初步在全国铺开了。在全国有了几十个大小基地之后，1967年达到产钢3500万—4000万吨，"就不是不能设想，而是比较现实的了"，"因为每个五年都会有新厂建设，而原有的几十个基地的生产力也会发展，只要是十年超过英国，再有十年赶上美国也是比较现实的设想"。

——《钢铁工业的发展速度能否设想得更快一些》

实际上，以数字为衡量标准的经济发展会存在严重的问题。以我国20世纪50年代末的"大跃进"问题为例，其在数字上确实达到了"惊人

[①] 幸福指数是衡量人们对自身生存和发展状况的感受和体验，反映居民生活质量的核心指标。当前，从GDP至上转到提升幸福指数、将关注重点从经济数字转向民生福祉，把幸福指数引入经济增长的评估体系渐成趋势，显示了我国经济追求科学发展、提升幸福指数的新信号。

的"发展速度，但是其并没有增进社会福利，也没有提高人民的生活质量，相反地，却遗留了诸多的社会问题。① 如果说"大炼钢铁"是一种激进的完全以达到增长指标为目标的政策，不具有代表性，那么我们再以中央政府 2008 年的"4 万亿政策"为例。② 其带来的经济增长是切实的：据相关数据显示，中国经济在 2009 年获得 8.7% 增长，全年社会固定资产投资完成 22.5 万亿元，比 2008 年增长 30.1%，对经济增长的贡献率达到 92.3%。③ 有学者在 2009 年指出，其政策投资会带来财政、滞涨和民企的三大危机。而 2009—2013 年的房价高涨和民企凋零的现状无不印证了相关经济学家的预期。④

（2）数字上的增长可形成的经济怪圈

如果"数字"不再作为考量经济发展水平的重要衡量标准，那么对于中国目前高速的经济发展速率，我们就要提出质疑：这种高速的经济发展状态是必要的么？

我们做一种前提性的假设，如果这种经济发展速率是不必要的，⑤ 那么在如此高速的工业化进程中，所生产出的大量的"产品"到底是由谁来消费掉的呢？如果产品的生产已经大大超出人们的实际消费能力，那么

---

① 1958 年钢产量达到 1108 万吨，但是实际上只有 800 万吨合格，那些通过小高炉、小土炉炼出的几乎都成了废钢废铁，造成了大量的浪费。根据相关数据显示，大炼钢铁在全国造成损失约 200 亿元。

② 2009 年年底，为了应对金融危机，中国中央政府出台了一系列扩大内需的政策措施，其中有一项便是要投资 4 万亿拉动内需。但实际上，4 万亿的政策出台后其所造成的影响是多方面的，有不少人士指出，房价的攀升也是其政策导致的后果之一。

③ 郎咸平：《中国四万亿投资带来三大危机》（http://www.bwchinese.com/article/1036999.html）。

④ 在 2013 年 5 月 13 日召开的国务院机构职能转变动员电视电话会议上，国务院总理李克强直言"靠刺激政策、政府直接投资，空间已不大"；同年，其在河北主持召开环渤海省份经济工作座谈会并作重要讲话，其表示，自 2013 年以来我国的经济运行中错综复杂的因素在增加。要通过激活货币信贷存量支持实体经济发展。李克强短期内的两次表态，虽未直接提及 4 万亿，但是也充分透露出了对"过度透支的财政和货币政策"所带来经济风险的担忧：货币超发、产能过剩、民间投资挤出、房地产泡沫、地方债高企等现象所反映出的经济运行风险日益突出，已经到了必须解决的阶段。所以李克强近期频频强调"激发市场和经济内生活力、释放消费和民间投资潜力""抑制和消化严重过剩产能，让先进产能的作用发挥出来"等观点，所有这些，都指向了被社会称为"四万亿后遗症"的过度刺激所带来的问题（http://economy.caixun.com/tangqm/20130619 - CX03bt0n - all.html）。

⑤ 做这种前提性假设并不是毫无依据的，实际上我国的产能过剩和基础设施重复建设的问题严重，说明了经济发展的速率并不是完全必要的，其生产出的产品并不能被完全消费掉。

必然就会出现浪费的问题；如果不是以"浪费"的形式消耗掉剩余产品，那么就会以"奢侈"的方式消费掉这些社会资源。另外还有一种方式，就是"扩张人们的需求度"。在市场营销里有一个概念叫作"培养客户需求度"，所有的广告的最终目的就是扩张人们的需求度，即人们本身对于某种产品是没有需求的，但是通过专业化人士的"心理学分析"之后所制造出来的广告，潜移默化地影响了人们对于需求的认识，那么我们就又不得不质疑，这种需求是"真实"的么？这种需求本身只是迎合了一种系统化的工业发展模式，是人们被虚假信息蒙蔽的结果，还是出于内心深处的真实想法？

日常生活产品如此，工业建设的其他方面也如此，以国家 2008 年出台的 4 万亿政策为例，2008 年年底刚颁布 4 万亿的政策投资计划，2009 年便颁布了《关于抑制部分行业产能过剩和重复建设，引导产业健康发展若干意见的通知》。即 4 万亿的政策投资很多被引入了基础设施建设方面，其"为了建设而建设"，而不是"出于需求而建设"。

据相关数据显示，2012 年，钢铁市场需求疲软的态势一直延续，粗钢产能利用率仅达到 72%。[①] 而太阳能光伏电池，中国的产能已占全球的 60%；风电设备产能已达 30—35GW，而产量却只有 18GW，产能利用率低于 60%。[②] 同时，我国的制造业也普遍存在产能过剩的问题，许多剩余产能不得不提前淘汰，造成了巨大的社会财富破坏和沉没损失。[③]

由于我国产能过剩的大部分行业为重化工业，其固定资产投资大，沉没成本较高，停产将面临更大的损失，所以产能过剩的问题一时还得不到有效的解决，这从一个方面进一步加剧了资源的浪费。这样的 GDP 增长率从某种意义而言是虚假的，却并不能在数字上判断其虚假性，其并没有对社会福利做出实质性的贡献。

也就是说，以数字为导向的经济发展衡量标准会产生以下的怪圈：

---

① 中国国情：《2012 年钢铁工业运行情况，产能过剩进一步凸显》（http：//guoqing.china.com.cn/2013 - 02/08/content_ 27925231. htm）。

② 严定非：《产能过剩阴云密布，高层紧急"拨乱反正"》，《南方周末》2013 年 3 月 2 日。

③ 中国能源中长期发展战略研究项目组：《中国能源中长期发展战略研究综合卷》，科学出版社 2011 年版，第 7 页。

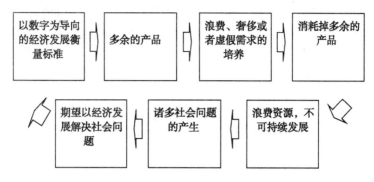

图 0 - 1　以经济为导向的社会发展怪圈

在这样的一个圈子里，人们的实际自由并没有得到增长和体现，所以我们必须换一套经济增长的衡量标准。

2. 以实现自由价值为目标的价值衡量标准

以数字增长为目标的发展是一种传统思维，这种思维没有反映增长或无增长对一个社会有意义的程度。所以，笔者在此提出应换一套衡量标准对社会发展的实际情况进行考核。

（1）衡量标准一：公民基本权利的实现

非以数字为导向的经济发展衡量标准，其关键便是民权的实现，其最终指向的价值即是自由。实质的自由包括免受困苦——诸如饥饿、营养不良、可避免的疾病、过早死亡之类——基本的可行能力，以及能够识字算数、享受政治参与等的自由。[1] 经济发展是要求消除那些限制人们自由的主要因素，即贫困以及暴政，经济机会的缺乏以及系统化的社会剥夺，忽视公共设施以及压迫性政权的不宽容和过度干预。[2]

实际上就是，经济发展应以实现人的自由的发展为价值目标，其权利的实现包括了作为"人的发展"的基础性权利的实现，如生存权、健康权；与经济自由相关的权利的实现，如财产权；还有与政治自由相关的权利实现，如选举权、被选举权、游行示威权；等等。

这一套衡量标准，不仅适用于已实现工业化的发达国家，还包括正在进行工业化和向工业化结构发展的发展中国家，因为这么多的国家正在新

---

① ［印度］阿玛蒂亚·森：《以自由看待发展》，任颐、于真译，中国人民大学出版社2002年版，第2页。

② 同上。

建的不仅是一个现代经济，同时也是一个现代社会。① 经济指数的增长并不是社会发展的唯一指标，现代社会应以实现"人的发展"，即以"自由"为价值导向。

（2）衡量标准二：社会公共服务的拓展

经济发展的衡量标准也不应按私人收入的增加来判断，而应按由经济增长带来的社会服务（在很多情况下，包括社会保障网）的扩展，来进行评判。② 如果按照私人的收入来判断经济发展的水平，很可能得到的数据是经济发展一直处在"稳步增长"的状态，而会忽略"财富分配不公"的问题。这种只重视"总量"而忽略"分配问题"的衡量标准，并不能实现公民实质的自由权。

以医疗体系为例，如果在不提供社会医疗保险这种公共服务的前提下，完全以市场进行运作，就会使医疗商业保险成为整个国家医疗体系的主导，例如，美国大部分中产阶级及以上的人群拥有自己的私人医生和医疗商业保险，其医疗商业保险在大部分情况下可以满足其日常的医疗开支，但是针对穷人而言，在没有财力购买医疗商业保险的前提下，其看病就会成为一个问题③。即，即使个人的收入增加，但是穷人的私人收入的增加是有限的，仍不能满足其购买商业保险的能力，那么其基本的健康权就得不到有效的保障。

社会公共服务的拓展，意味着更多的弱势群体可以享受到社会公共服务为其带来的福利，其基本的权益能够得到保障，而这一部分福利的提供大部分是通过政府的税收提供的，即税收在提供社会公共服务的过程中均衡了社会资源的分配问题。

（三）中国经济发展中的特别问题

笔者在探讨环境基本公共服务合理分配的理论渊源前提出经济发展的必要性的问题，主要是为了提出以下几个问题：

---

① ［美］本杰明·M. 弗里德曼：《经济增长的道德意义》，李天有译，中国人民大学出版社 2008 年版，第 308 页。

② ［印度］阿玛蒂亚·森：《以自由看待发展》，任颐、于真译，中国人民大学出版社 2002 年版，第 33 页。

③ 美国由于其完全的医疗商业保险模式，成为唯一一个非全民医保的发达国家，奥巴马在其竞选时就承诺进行医改，其当选后推行的医改计划旨在为没有医疗保险的美国公民提出医疗保障。

第一，中国高速的经济发展是有必要的么？

经济发展对于社会发展而言肯定是有必要的，但是增长的"限度"应该是多少，是值得我们探讨的问题。中国目前的高速经济发展是来源于一种社会的必要"需求"，还是由于地方政府间的恶性竞争所导致的结果？中国目前的高速经济发展指标的可信度有多少？如果将牺牲掉的资源利益和环境利益纳入考核体系，中国社会的发展到底是在进步还是落后？

> 一个每年破坏 1700 万公顷森林的经济系统是否可以支撑进步？一个每年增加 9000 万人口，其中有 5000 多万降生在对基本的生态系统已超过可持续产出的国家中，这样的经济系统能否支撑进步？一个每年因燃烧化石燃料向大气排放 60 亿吨碳的经济系统是否可以支撑进步？一个每年把 600 万公顷良田变成荒漠的经济系统是否可以支撑进步？[①]
>
> ——Brown & Panayotou（1992）

第二，中国高速的经济发展是否使公民得到了自我的发展？

从相关数据我们可以很自然地得出，人民的生活水平确实普遍提高了，但是如果将"人的发展"做全面的考察，我们要提出一些疑问。人民的健康水平是否优于 1978 年以前？人民的幸福感是否优于 1978 年以前？人民对生活环境和自然环境的满意程度是否优于 1978 年以前？人民的政治参与度和社会开放程度是否优于 1978 年以前？如果所有的数据都显示确实优于改革开放前的人民生活水平，那么这种优化的程度和 GDP 的增长率相比，是不是合比例的？即公民自我发展的速率和我国 GDP 的增长率是否相契合？

在接下来的论述中，笔者将带着这些问题进行思考。

[①]　Brown, L. & Panayotou T., *Roundatable discussion: Is Economic Growth Sustainable?* In Proceedings of the World Bank Annual Conference on Development Economics, 1992, Washington, D.C.: World Bank for Reconstruction and Development.

二　问题缘起

(一) 研究背景

中国改革开放已 30 余年，经济发展取得了长足的进步和骄人的成就，但环境问题却日益严峻，西方 100 多年发生的环境问题在中国改革开放 30 多年里集中体现，经济发展与环境保护之间的矛盾十分突出。据统计，环境污染和生态破坏所造成的经济损失已占到当年 GDP 的 3%—4%，一些污染严重地区的环境污染损失已经占到 GDP 的 7% 以上。[①] 中国环境科学研究院 (2011) 指出，我国居民的疾病负担中有 21% 是由环境污染因素造成的，比美国高 8%。从某种意义而言，高速的经济发展并没有带给人们全面幸福感的提升，恶劣的环境质量反而限制了人们的自我发展。美国环境生物学家巴里·康芒纳对造成环境问题的诸多原因深入剖析之后指出："危机既不是一个自然的骤然而来的结果，也不是人类的生物学活动的力量用错了方向。地球之所以被污染，既不是因为人是某种特别肮脏的动物，也不是因为我们人口太多了。错误在于人类社会用来赢得、分配和使用那种由人类劳动从这个星球上的各种资源中所摄取的财富的方式。"[②] 这意味着环境问题与环境利益表里相依，表层为环境问题，里层为环境利益。人类的非正义行为引发了人与人、人与自然关系的失调，导致了成本与收益、稀缺与价格、权利与义务、行为与结果的背离与割裂，使人类深陷于生存环境恶化、社会矛盾激化的困境当中。由此推断，寻求环境正义是解决环境问题的关键因素，而环境正义的实质，是一种对"环境利益"和"环境风险"的"合理分配"。本书所提出的"环境公共服务均等化"，旨在建立能有效提供和合理分配的"环境公共服务体系"，以政府责任为视角，对"环境利益"和"环境风险"进行合理分配。

从总量来看，2014 年全国开展的空气质量新标准监测的 161 个地级市及以上城市中，仅有 16 个城市空气质量年均值达标，145 个城市空气质量超标。全国 470 个城市 (区、县) 中，酸雨城市比例为 29.8%。在

---

① 中国能源中长期发展战略研究项目组：《中国能源中长期发展战略研究综合卷》，科学出版社 2011 年版，第 12 页。

② 〔美〕巴里·康芒纳：《封闭的循环》，侯文蕙译，吉林人民出版社 1997 年版，第 141 页。

2896 个地下水监测点位中，水质较差级的监测比例为 45.4%，极差级的监测点比例为 16.1%。① 从区域来看，东部经济发达地区环境基本公共服务水平相对较高，中、西欠发达地区水平较低。如 2009 年，天津、山东、浙江、北京、重庆 5 省（直辖市）的城镇生活污水处理率在 78% 以上，而广西、贵州、湖南、海南、青海 5 省（自治区）不足 40%。从城乡来看，越往基层环境基本公共服务水平越低，尤其是农村地区。在污水处理方面，截至 2014 年年底，全国设市城市污水处理厂达 1797 座，城市污水处理率达到 90.2%。但对生活污水进行处理的行政村仅为 5.5 万个，占行政村总量的 10.0%。在生活垃圾处理方面，全国设市城市生活垃圾清运量为 1.79 亿吨，无害化处理率达 90.3%。但 2014 年对生活垃圾进行处理的行政村仅有 25.7 万个，占行政村总量的 47.0%。在饮用水方面，2014年，根据全国 329 个地级及以上城市的集中式饮用水水源地统计取水情况，全年取水总量为 332.55 亿吨，服务人口 3.26 亿，其中达标率为 96.2%。但同年度，国家安排农村饮水安全工程投资仅为 339.2 亿元，解决了 5844 万农村居民和 812 万农村学校师生的饮水安全问题。②

这些数据均指向了一个问题，便是目前我国环境公共产品的分配状况是不合理的。这种不合理不仅体现在总量不足上，还体现在供需失衡、区域差异和城乡差异上。

我国政府已意识到了环境基本公共服务分配中的问题，在 2011 年的"十二五"规划中，民生环保等涉及公共利益的议题备受重视。2011 年，国务院副总理李克强在第七次全国环保大会上强调，基本的环境质量是一种公共产品，是政府必须确保的公共服务。我国目前环境基本公共服务不均衡、不协调现象突出，区域不均、城乡不等现象严重。而提高环境基本公共服务均等化水平，是保障区域城乡均衡发展的重要一环。③《国民经济和社会发展"十二五"规划纲要》中提出"十二五"期间分配环境公共产品的重点范围为污水处理垃圾处置、环境监测评估和饮用水水源地安全保障；"十三五"可以考虑将环境监察执法能力建设、环境应急能力建

---

① 《2014 年中国环境状况公报》（http://www.zhb.gov.cn/gkml/hbb/qt/201506/W020150605383406308836.pdf）。
② 同上。
③ 李红祥、曹颖、葛察忠、逯元堂：《如何推行环境公共服务均等化》，《中国环境报》2012 年 3 月 27 日第 2 版。

设和环境公众参与等纳入环境基本公共服务范围。[①] 2012 年党的十八大将"生态文明"的建设提上了议事日程。2015 年，国务院出台了《关于加快推进生态文明建设的意见》。由此可见，环境基本公共服务的合理分配，并不是一种凭空想象，其是在福利型政府建设过程中的一段重要旋律。实际上，其也是我国实施"基本公共服务均等化"[②] 政策中的重要一环。

（二）问题的提出

自萨缪尔森对公共产品[③]展开研究以来（有关公共产品和公共服务之间的概念辨析，后文将详述），公共产品的有效供给就成为一个经久不衰的课题。如果说公民基本权利的实现主要来自其权利的实现的话，那么公共服务的供给便是最为重要的问题。实际上，在很多研究文献中，公共利益的提供和公共产品与服务的提供是一个等价命题，基本公共服务合理分配被视为利益得以均衡配置的主要表现。将环境保护纳入基本公共服务体系是一项"创举"，但怎样让这样的"创举"在实践中得以有效实施是值得我们探讨的话题。

在探讨环境基本公共服务应该如何分配之前，还有一系列的问题值得我们思考。如什么是环境基本公共服务？其权利指向是什么？在目前的状况下，我国的环境基本公共服务的分配到底面临着哪些问题？为什么会产生这些问题？合理分配环境基本公共服务的理论来源有哪些？国外是否有具体的实践措施值得借鉴？笔者将带着这些问题在文中一一进行探讨。

---

① 参见《李克强在第七次全国环保大会上讲话》，中国新闻网（http://www.chinanews.com/gn/2012/01-04/3580887.shtml）。

② 我国每年的 GDP 都以将近 10% 的速度增长，但较高的经济增长却没能给国民的福利带来普遍的提高。经济和社会发展的不均衡，给社会发展进程埋下了巨大的隐患。这种不均衡又集中体现在城乡居民收入分配不均、福利水平差距扩大、社会不公问题严重、社会矛盾加剧、农村经济社会发展落后等方面。面对这种社会分化，不仅学界开始对公平、正义的问题进行深入考量，我国政府也开始深刻反思经济发展不均衡的问题，并最终提出了"基本公共服务均等化"的战略发展方针。

③ 在经济学里对"私人产品"和"公共产品"的划分中，并没有提及对"公共服务"的划分。即公共服务理应是"公共产品"中的一部分，有些学者认为这两者的概念是等同的。但也有学者认为这两者的内涵有差异（后文在概念辨析中将详述）。笔者在此所提及的"公共服务"是与我国"基本公共服务均等化"中的"公共服务"等同的，其都应由政府提供，即皆属于政府责任，只是提供的方式会有所差异（可能会由政府向私人购买等），所以，文中的"公共产品"概念等同于"公共服务"。

三 研究目的及意义

（一）研究目的

"基本公共服务均等化"（此概念在本书第六章中将重点提出，笔者在全书中弱化了"均等化"的概念，因为这并不属于法学领域的概念，笔者以"合理分配"代之）这个课题是伴随着公共选择理论、新公共服务等理论的发展而壮大的，所以多为财政学、行政管理、公共管理领域的学者涉及，法学领域的探讨几乎为空白。但是实际上，"均等化"的理念其实就是"公平""正义"理念的另一种表达方式，其价值诉求是可以等同的。如果说法学的学者多从权利的来源、属性和保障方面来探讨"公平"问题的话，研究"基本公共服务均等化"的学者们只不过是更换了一套话语体系和研究范式，以一种"定量"的方式直观地说明问题，其最终的目的都是实现资源的公平分配，保障公民的基本权利。但是，虽然"术业有专攻"，但是笔者认为将"环境基本公共服务合理分配"的理念引入法学研究的范畴也是很有必要的。"环境基本公共服务合理分配"作为一个全新的话题，值得各个科学领域共同探讨，以期建立起一个完善的可行的服务体系。

在上文中笔者提出了一系列的问题，这只是本书的"索引"和"要点"，笔者真正想达到的研究目的主要有以下几点。

1. 将"环境保护"切实纳入我国基本公共服务体系建设中

围绕基本公共服务均等化目标，我国政府已初步建立起一个与经济社会发展水平相适应的公共服务体系。但是，仍存在诸多问题与不足，如碎片化、差异化、（财权不充分的）属地化、低水平的公共服务供给模式以及导致投入不足、投入不均的结构瓶颈未有效消解等。① 公共服务体系建设，最终是为了保障民生，为公民提供安全、健康和良好的生活环境。在2006年以前，我国的公共服务体系建设中是找寻不到环境保护的身影的。但实际上，环境质量的优劣与人民的健康息息相关，突发性的重大环境事件所带来的影响并不亚于突发性的公共卫生事件。从某种意义而言，环境公共服务的提供同卫生公共服务的提供是相辅相成的。

① 郁建兴：《中国的公共服务体系：发展历程、社会政策和体制机制》，《学术月刊》2011年第3期。

由于环境问题的综合性和复杂性，要求政府各个部门的协同合作，由专门的环保部门对其进行负责，将弱化"统筹协调"的能力。实际上，只有真正将环境保护纳入公共服务体系当中，才能同卫生、医疗、教育、社会保障等问题一起综合考量。所以，本书的选题，也是重申"环境基本公共服务均等化"的重要性，希望将环境保护切实纳入我国公共服务体系化建设中去。

2. 更换思路进行环境保护

环境基本公共服务的提出，是将政府的环境监管、治理、应急等方面的职能同环境卫生服务的提供、环境信息、教育方面服务的提供一体化，以公民健康权的保护为核心建设的一系列的基本公共服务体系。这其中根本性的目的是希望在这个大背景下，环境保护不再作为一项"特别的""专业性的"政府职能出现，而是能在多部门合作、协商和区域一体化进程中慢慢消除目前环境政策执行中的掣肘。

（二）研究意义

首先，环境基本公共服务的合理分配可以保障公民的健康权。环境基本公共服务均等化不仅是要均等地提供环境公共服务，而且是在一个"底线"上提供环境公共服务。在日益严重的环境污染与资源过度使用已经威胁到我国公民生存状态的现实状况下，政府必须更积极地提供多种公共服务，以实现生态环境以及自然资源的保护，确保公民享有健康安全的生存环境。[①] 按照"十二五"规划纲要中所提出的，环境基本公共服务的提供需要做到"县县具备污水、垃圾无害化处理能力和环境监测评估能力；保障城乡饮用水水源地安全等"。这些举措将有效地保障公民的健康。其次，环境基本公共服务合理分配可实现环境公平。与其他基本公共服务一样，环境基本公共服务也存在区域差异和群际差异等，可是与其他基本公共服务不一样，环境权益是人生存、发展的基本条件和前提，更不应存在城乡差距、区域差距或群体差距。[②] 另外，其合理分配还可促进区域环境治理。

[①] 王郁、范莉莉：《环保公共服务均等化的内涵及其评价》，《中国人口·资源与环境》2012 年第 8 期。

[②] 张平淡、牛海鹏、林群慧：《如何推进环境基本公共服务均等化》，《环境保护》2012 年第 7 期。

四　文献述评

（一）关于环境公平问题的研究

环境基本公共服务合理分配的实质是环境利益和环境损害的公平分配，关于这方面的研究最为成熟的是美国。其相关研究并没有停留在理论层面，而是跟随着各种各样的环境正义运动共同开展，是美国民权运动的一个重要组成部分，同时这些研究和运动最终影响到了政府关于环境利益和环境损害公平分配方面的政策制定。

美国自20世纪70年代初开始，就有关于环境不公平的相关研究。[①]这些早期的研究后来被集结成了由美国审计总署（U. S. General Accounting Office，缩写GAO）1983年发表的一项系列研究。其研究表明，美国南方一些州的3/4的场外商业有毒废料填埋场都设在黑人社区附近。[②]1987年，美国联合基督教会（United Church of Christ，缩写UCC）在一份题为《有毒废弃物与种族》（*Toxic Wastes and Race in the United States*）的研究报告中指出：美国境内的少数民族社区长期以来不成比例地被选为有毒废弃物的最终处理地点。[③]并得出种族要素是这些有毒废弃物处理地点安置的最重要的要素。1990年，Bryant和Mohai在密歇根大学举办了主题为"种族和环境危险发生率"（Race and the Incidence of Environmental Hazards）的会议。这场会议囊括了全国范围内有关种族与社会经济地位相异所造成的环境风险分配中的问题的研究，根据科学的分析，证实了美国审计总署和美国联合基督教会早先报告的正确性。[④]这场会议的影响力

　　[①]　See Burch W. R., "The Peregrine Falcon and the Urban Poor: Some Sociological Interrelations", In P. Richerson, J. McEvoy III (ed.), *Human Ecology: An Environmental Approach*, MA: Duxbury, North Scituate, 1976, pp. 308 – 316; Freeman M. A., "The Distribution of Environmental Quality", *In* A. Kneese, B. T. Bower (eds.), *Environmental Quality Analysis*, Baltimore, MD: Jogns Hopkins Univ. Press, 1972, pp. 76 – 93; Lave L. B., Seskin E. P., "Air Pollution and Human Health", *Science*, 1970, 169: 723 – 733.

　　[②]　Siting of Hazardous Waste Landfills and Their Correlation with Racial and Economic Status of Surrounding Communities, see http://www. gao. gov/products/121648.

　　[③]　Commission for Racial Justice, *Toxic Wastes and Race in the United States: A National Report on the Racial and Socioeconomic Characteristics of Communities with Hazardous Waste Sites*, New York: United Church of Christ, 1987.

　　[④]　Bryant B., Mohai P. (eds.), *Race and the Incidence of Environmental Hazards: A Time for Discourse*, Boulder, CO: Westview, 1992, p. 3.

巨大，会议将相关研究上呈给 EPA 并影响相关机构进行自己的环境检测并开始撰写相关政策。[1] 在密歇根会议举办的同年，Bullard 发表了《美国南部的垃圾场》(*Dumping in Dixie*)。[2] 这部著作是第一部研究美国南部的环境种族主义的论著，其将环境有毒废弃物的处理地点同历史上的种族空间隔离相连接进行研究，成为经典之作。这项研究表明，美国南部的有色人种社区在历史上是被故意规划在人们不愿意去的地方的。这同时也是第一部关于地方社区的人们基于环境种族主义在社会和心理上所受到的相关影响的论著。

自 1990 年起，学者们就开始进行各种有关种族和社会经济地位影响下的环境风险分配的相关研究。Bryant 和 Mohai 是第一次以系统化的实证研究论证种族和社会阶层在环境危险分配中所产生影响的学者。在他们的文献分析中，他们找到了 16 部相关的研究，其均得出环境危险的分配同种族和家庭收入有着密切的关系。[3] Brown 也在其相关的研究中意识到了种族和社会阶层在环境危险分配中所产生的影响。[4] 这些结论后来被进一步的研究证实。Evans 和 Kantrowitz 在其相关的研究中发现，种族和社会阶层的不同和其暴露在环境危险中的可能性之间的关系是非常显著的，且这种影响涉及各种各样的环境要素。即有色人种和社会地位较低的人群，会更多地暴露在有毒害的环境中，如环境有毒废弃物的处理地点附近、水污染、噪声污染，且其所在的社区环境、房屋质量、工作环境和所在的学校环境均不容乐观。[5] 在近年来的研究当中，学者们更为关注的是在一个长时期范围内环境不公问题的发生。在一项较为重要的研究中显示，在超过 30 年的时间内，洛杉矶境内的有毒害设施是有意被规划在弱势群体的社区的，而并非是先有有毒害设施再有弱势群体的搬迁入住的。[6]

---

①   Robert J. Brulle and David N. Pellow, "Environmental Justice: Human Health and Environmental Inequalities", *Public Health*, 2006, 27: 103 – 124.

②   Bullard R. D., *Dumping in Dixie*, Boulder, CO: Westview, 1990/2000.

③   Bryant B., Mohai P. (eds.), *Race and the Incidence of Environmental Hazards: A Time for Discourse*, Boulder, CO: Westview, 1992.

④   Brown P., "Race, Class and Environmental Health: a Review and Systemization of the Literature", *Environ. Res.*, 1995, 69: 15 – 30.

⑤   Evans G. W., Kantrowitz E., "Socioeconomic Status and Health: the Potential Role of Environmental Risk Exposure", *Annu. Rev. Public Health*, 2002, 23: 303 – 331.

⑥   Pastor M., Sadd J., Hipp J., "Which Came First? Toxic Facilities, Minority Move – in, and Environmental Justice", *J. Urban Aff.*, 2001, 23: 1 – 21.

　　虽然大部分的研究都表明，环境不公的重要因素是由于种族主义，但也有一些学者发出了不同的声音。其争论的焦点在于这种环境种族主义现象的产生究竟是由于种族和社会阶层之间的不公平，还是市场选择的结果。[①] 最终讨论的重心偏移，变成了种族和社会阶层之间关联性的探讨。

　　虽然大部分的研究都清晰地表明环境不公的问题是存在的，且这些环境不公的问题会产生对健康的损害，但是真正将环境不公问题和公共健康之间问题进行关联性研究的论著还是比较少的。[②] 有一些研究在朝着这个方向进行了尝试和努力，在某一项研究中，研究者们发现在南加州，种族问题不仅对危险废弃物处理设施的安置产生影响，同时也深刻影响着癌症发生率。[③] 另一些研究表明了有毒害的职业环境对人们健康的影响，[④] 还有在孩子成长过程中的影响。[⑤] 这些研究都为未来的进一步研究标明了方向，即环境损害在不同群体之间分配中的状况。

　　中国目前已经是全世界第二大的经济体，虽然大量的研究表明中国正面临着严峻的环境挑战，不论是农民、矿工还是迅猛增加的城市中产阶级。[⑥] 但相较于美国比较成熟的环境公平方面的研究，中国学者们的研究还略显不足。虽然国内有关环境公平问题的理论探讨看似较为丰富，仅博

---

① See Anderton D. L., Anderson A. B., Oakes M., Fraser M. R., "Environmental Equity: the Demographics of Dumping", *Demography*, 1994, 31; Been V., "Locally Undesirable Land Uses in Minority Neighborhoods: Disproportionate Siting or Market Dynamics?" *Yale Law J.*, 1994, 103; Downey L., "Environmental Injustice: Is Race or Income a Better Predictor?" *Soc. Sci. Q.*, 1998, 79 (4).

② Robert J. Brulle and David N. Pellow, "Environmental Justice: Human Health and Environmental Inequalities", *Public Health*, 2006, 27.

③ Morello - Frosch R., Pastor M., Porras C., Sadd J., "Environmental Justice and Regional Ine-quality in Southern California: Implications for Future Research", *Environ. Health Perspect*, 2002, 110 (2).

④ Robinson J., *Toil and Toxics: Workplace Strugles and Political Strategies for Occupational Health*, Berkeley: Univ. Calif. Press, 1991.

⑤ Goldman L. R., Kodoru S., "Chemicals in the Environment and Developmental Toxicity to Children: a Public Health and Policy Perspective", *Environ. Health Perspect*, 2001, 109 (9).

⑥ See Knup, E., "Environmental NGOs in China: an Overview", *China Environ. Ser.*, 1997, 1; Palmer, M., "Towards a Greener China? Accessing Environmental Justice in the People's Republic of China", In Harding, A. (ed.), *Access to Environmental Justice: a Comparative Study*, Martinus Nijhoff, Leiden, 2007, pp. 205 - 235; Pan, P. P., "Cancer-Stricken Chinese Village Tries to Pierce a Wall of Silence", *Washington Post*, 2001, Nov., 5, A19.

士论文就有十几篇，[①] 硕士论文几十篇。[②] 其主要关涉的话题看上去也涵盖广泛，如有对代际公平理论的争论，社群主义和自由主义之间的争论，[③] 人类中心主义和非人类中心主义之间的争论，对环境正义所实现的尺度和范围的争论等，还有围绕城乡环境差异[④]、区域环境差异、气候变化、碳排放交易等话题展开的。[⑤] 但均停留在理论层面，真正用严谨的分析框架探讨环境利益和损害在特定区域、群体之间分配关系的研究甚少，研究中引发争论的话题也较少。

美国在研究环境不公的时候总是以种族和收入做模型对比，但是在中国，这样的模型分析是否可行值得探讨。

在种族的问题上面，因为中国的种族分化、歧视并不是很严重。而且少数民族在中国总人口中所占据的比重很小。这和美国种族间的分化是非常不同的。且少数民族在很多政策上还可以得到优惠，种族分化被当作了罪行。在社会阶层的方面，在中国，诸如污染型工业、有毒害的设施、垃

① 张斌：《环境正义理论与实践研究》，博士学位论文，湖南师范大学，2009 年；密佳音：《基于环境正义导向的政府回应论》，博士学位论文，吉林大学，2010 年；马晶：《环境正义的法哲学研究》，博士学位论文，吉林大学，2005 年；王小文：《美国环境正义理论研究》，博士学位论文，南京林业大学，2007 年；龙娟：《美国环境文学中的环境正义主题研究》，博士学位论文，湖南师范大学，2008 年。

② 岑淳：《马克思主义环境正义思想及其当代意义》，硕士学位论文，安徽大学，2011 年；王莹：《论环境正义在有差异主体间实现的困境与路径》，硕士学位论文，湘潭大学，2011 年；王芳芳：《论生态女性主义的环境正义思想》，硕士学位论文，山西大学，2012 年；滕永真：《环境正义探究》，硕士学位论文，西南大学，2012 年；张卓超：《环境正义问题理论研究》，硕士学位论文，吉林大学，2009 年；衷学涌：《环境正义的三重平等关怀》，硕士学位论文，江西师范大学，2005 年；郑元叶：《比例平等的环境正义》，硕士学位论文，福州大学，2006 年；王艳：《环境正义的伦理思考》，硕士学位论文，首都师范大学，2008 年；赵冰冰：《论南北环境正义问题》，硕士学位论文，青岛大学，2007 年；等等。

③ 刘卫先：《环境正义新探——以自由主义正义理论的局限性和环境保护为视角》，《南京大学法律评论》2011 年秋季卷。

④ 晋海：《走向城乡环境正义——以法制变革为视角》，《法学杂志》2009 年第 5 期；梁剑琴、田春蕾：《论我国环境正义问题的社会建构》，《安阳工学院学报》2010 年第 1 期；贾凤姿、杨驭越：《城乡环境公正缺失与农民生态权益》，《法制与社会》2009 年第 11 期；柯坚：《我国农村饮用水安全的法律保障》，《江西社会科学》2011 年第 4 期；丘煌等：《论环境正义与农民环境权》，《广东农业科学》2009 年第 6 期。

⑤ 杨通进：《后京都时代的国际环境正义》，《中国社会科学报》2009 年第 5 期；薄燕：《国际化竞争已与国际环境机制：问题、理论和个案》，《欧洲研究》2004 年第 3 期；徐以祥：《气候保护和环境正义——气候保护的国际法律框架和发展中国家的参与模式》，《现代法学》2008 年第 1 期；薛金华：《环境正义视域下的中国低碳经济发展——兼论"共同而有区别的责任"原则》，《湖北社会科学》2012 年第 1 期。

圾填埋场和其他污染源的安放并非基于对种族和收入的考量，而主要是基于政府的城市规划。① 所以高收入人群和强势的种族并不能因此受到更好的环境利益。

因此，学者们得出了以下有别于美国学者的分析结论：

Ruixue Quan 认为中国的环境不公问题并非基于种族和收入，而是有以下四种：第一种是基于地理自然分割的不正义；第二种是基于产业布局造成的不正义；第三种是基于法律实施情况而言，有的地方更加严格，有的地方则不是；第四种环境不正义是基于经济发展情况不同而发生的。②

柯坚认为中国的环境不公来源于九个要素：地理和自然环境，市场力量，工业布局，环境立法的漏洞，低下的法律执行力，政府政策的制定，社会和市场地位，职业歧视和经济发展水平。③他认为要实现环境正义必须将以下的社群考虑进去：基于社会地位分割的，基于教育基础分割的，基于项目分割的，基于医疗条件分割的，基于收入和生活方式分割的，基于地理环境分割的。

还有学者认为，户口制度很可能是造成中国环境不公问题的要因。④户口制度磨灭了农民被称为城市居民并享有城市福利的可能性。⑤ 户口制度所带来的影响和美国的种族主义带来的影响是可以进行比较的。⑥

由以上分析可知，中国的环境公平问题更为复杂，研究思路更为广泛，但学者们目前尚缺乏深入的研究，特别是在将环境公平问题同特定群体之间的利益分配、同公共健康问题之间的联系等方面。

（二）关于环境基本公共服务的研究

对环境基本公共服务研究的梳理首先要从公共产品理论说起。休谟

---

① Ruixue Quan, "Establishing China's Environmental Justice Study Models", *Georgetown International Environmental Law Review*, 2002, 14：461 – 486.

② Ibid.

③ Ke Jian, "Environmental Justice：Can an American Discourse Make Sense in Chinese Environmental Law？", *Temple Journal of Science, Technology & Environmental Law*, 2005, 24：253 – 551.

④ Ethan D. Schoolman, Chunbo Ma, "Migration, Class and Environmental Inequality：Exposure to Pollution in China's Jiangsu Province", *Ecological Economics*, 2012, 75：140 – 151.

⑤ Liu Z. , "Institution and Inequality：the Hukou System in China", 2005, J. *Comp. Econ.* 033 (1)：133 – 157.

⑥ Ethan D. Schoolman, Chunbo Ma, "Migration, Class and Environmental Inequality：Exposure to Pollution in China's Jiangsu Province", *Ecological Economics*, 2012, 75：140 – 151.

（David Hume）是最早开始研究公共产品理论的学者。其主要贡献是提出了被后人称为集体消费品（Collective Consumption Goods）[①]的概念。他认为，有些对个人有益的事物，只能通过集体行动才能得以解决，而这些事物就是集体消费品。约翰·斯图亚特·穆勒（John Stuart Mill）在其理论基础上提供了解决公共产品困境的思路，即政府税收，因为某些公共产品的供给是很难通过对使用者收费等方式来供给费用的。[②] 而保罗·萨缪尔森（Paul A. Samuelson）是第一个真正将公共产品作为一个经济学专业术语提出的人，并从非竞争性和非排他性的角度给出了其经典定义。[③] A. 爱伦·斯密德（Schnid. A. A.）则利用"非相容性使用物品"和"共享物品"的概念代替"私人物品"和"公共物品"二词。[④] 理查德·阿贝尔·马斯格雷夫（Richard Abel Musgrave）在萨缪尔森的基础上提出了公共物品、私人物品和有益物品（Merit Goods）三类概念。[⑤] 近些年较为经典的公共产品和私人产品的划分源自曼昆（N. Gregory Mankiw）的经济学原理，其按照竞争性和排他性将物品划分为私人物品、公共物品、准公共物品和俱乐部产品四类。

关于公共物品供给的博弈模型主要有"囚徒困境"和"公地悲剧"这两大类。"囚徒困境"说明了理性经济人在公共物品的供给方面的合作是很难开展的，而"公地悲剧"说明了由于公共产品的权利属性并不明晰，理性经济人都希望追求自身利益的最大化，在自由使用公共产品的社会中，理性经济人的逐利行为最终会毁灭所有人的利益。[⑥] 虽然学者们对"公共物品"内涵的理解和评价标准、提供方式有所差异，但大部分都接受了这样一个结果，即米勒（Dennis C. Mueller）所言，这些市场失灵形式的存在，为政府为什么存在提供了一个自然的解释，从而也解释了国家

---

① ［英］大卫·休谟：《人性论》，关文运译，商务印书馆1983年版，第12—33页。

② ［英］约翰·穆勒：《政治经济学原理及其在社会哲学上的若干应用（下卷）》，胡企林、朱映译，商务印书馆1991年版，第366—373页。

③ P. A. Samuelson, "The Pure Theory of Public Expenditure", *Review of Economics and Statistic*, 1954, 36: 387 –398.

④ ［美］A. 爱伦·斯密德：《财产、权力和公共选择——对法和经济学的进一步思考》，黄祖辉等译，上海三联书店、上海人民出版社1999年版，第120—123页。

⑤ 洪必纲：《公共物品供给中的租及寻租博弈研究》，博士学位论文，湖南大学，2010年，第4—6页。

⑥ 同上。

起源理论。①

在公共物品和公共服务的二者关系上，如果按照"非竞争性"和"非排他性"作为划分标准的话，那么二者在内涵和外延上并无差异（下文将详述）。所以，当公共物品理论提出后，怎样公平地提供公共服务，便也成为学者们关注的话题。

在公共服务分配的问题上，亚当·斯密（Adam Smith）最早提出"公平"是公共服务合理分配的重要指标。其认为自由竞争的目的就是以竞争的方式最终实现整个社会分配的公平。② 庇古（Arthur Cecil Pigou）认为，为了实现国民福利的增加，需要政府采取社会福利措施，将货币从富人那里"转移"给一些穷人，这实际上是对国民收入的公平分配。③ 卡尔多（Nicholas Kaldor）提出了福利标准或补偿原则问题。④ 蒂布特（Tiebout）提出了财政分权理论，为公共服务的有效提供打下了制度基础。⑤ 布坎南（James McGill Buchanan）⑥ 提出了财政剩余均等化的概念，该理论的核心观点是，只有当收入相似的公民之间的财政剩余相等时，公民所得到的公共服务才是均等公平的。⑦ 托宾（James Tobin）提出了"特定的平均主义"理论，其认为，在公共服务的过程中需要将公平问题考量在内，因而，对于一些稀缺性的公共服务应当与支付它们的能力一道实现平均分配。阿玛蒂亚·森（Amartya Kumar Sen）从能力平等的角度进行分析，其理论认为社会福利水平的提高来源于个人能力的培养和提高，政府应该在制定经济政策的过程中更加注重保障人的权利和培养人的能力。⑧

这些原理，为环境基本公共服务的合理分配的探讨，提供了坚实的理论基础。

---

① 洪必纲：《公共物品供给中的租及寻租博弈研究》，博士学位论文，湖南大学，2010 年，第 3 页。

② ［英］亚当·斯密：《道德情操论》，韩巍译，中国城市出版社 2008 年版，第 129 页。

③ ［英］A. C. 庇古：《福利经济学》，朱泱等译，商务印书馆 2010 年版，第 35 页。

④ 严明明：《伦公共服务公平性》，博士学位论文，吉林大学，2012 年，第 16—18 页。

⑤ Tiebout, "A Pure Theory of Local Expenditures", *Journal of Political Economy*, 1956, 64 (3): 416 – 424.

⑥ Buchanan J. , "Federalism and Fiscal Equity", *American Economic Review*, 1950, 40 (3): 583.

⑦ 严明明：《论公共服务的公平性》，博士学位论文，吉林大学，2012 年。

⑧ 同上。

　　目前，专门针对环境公共服务，或者环保公共服务均等化的研究成果较少。王郁、范莉莉提出，环境公共服务的内涵应包括环境政策服务、环境监管服务、环境治理服务、环境应急管理、环境信息服务、环境教育服务这六个方面。并设计出了进行评估的指标体系。[①] 魏钰、苏杨提出了 11 条深化环境公共服务均等化的建议，分别是：努力提高生态补偿的政策水平，合理划分中央和地方的事权，增加生态补偿项目，建立有针对性的生态补偿政府财政转移制，设立国家自然资源资产产权管理机构，建立补偿行政责任机制，建立地区间横向补偿机制，改善政府沟通技巧，建立政府与公众之间的互动机制，实行自下而上的政绩考核机制，鼓励科研院校广泛参与生态补偿标准的制定，深入基层、广开言路，建立畅通的沟通反映渠道。[②] 李红祥等提出，推行环境基本公共服务的均等化，需要厘清四层关系，即"基本"与"非基本"的关系，政府与市场的关系、环境基本公共服务均等化与环境质量均等化的关系、公共服务均等化与财力均等化的关系。另外，推行环境基本公共服务均等化需要保基本，实现服务全覆盖；强基层，弥补服务短板；增投入，提高服务整体水平；建机制，强化顶层设计。[③] 乔巧等以定量分析的方法设计出了我国环境基本公共服务均等化的评估指标体系。[④] 逯元堂等指出，为实现环境基本公共服务均等化，需要梳理中央和地方政府在环境保护事权和责权。[⑤] 刘子刚等提出，实现环境基本公共服务的均等化，需要有体制保障和制度保障，此外，还应充分运用市场机制，鼓励社会参与。[⑥]

　　在这些研究成果中，有对环境公共服务的内涵和外延进行探讨的，有对环境公共服务均等化提出政策性建议的，有对其评价指标的建立提出方

---

　　① 王郁、范莉莉：《环保公共服务均等化评估与地区差异分析》，《上海交通大学学报》（哲学社会科学版）2011 年第 3 期。

　　② 魏钰、苏杨：《深化环境公共服务均等化的 11 条建议》，《重庆社会科学》2012 年第 4 期。

　　③ 李红祥、曹颖、葛察忠、逯元堂：《如何推行环境公共服务均等化》，《中国环境报》2012 年 3 月 27 日第 2 版。

　　④ 乔巧等：《环境基本公共服务均等化评估指标体系建构与实证》，《环境科学与技术》2014 年第 12 期。

　　⑤ 逯元堂等：《环境保护事权与支出责任划分研究》，《中国人口·资源与环境》2014 年第 11 期。

　　⑥ 刘子刚等：《我国环境保护基本公共服务均等化问题和实现路径》，《环境保护》2015 年第 20 期。

案的，但尚未有学者针对环境公共服务的合理分配问题进行系统而全面的梳理。

五　研究方法

（一）文本分析法

法学的基本研究方法便是回归文本，本书虽然涉及了经济学、管理学、哲学等相关内容，但不能因此而丧失法学的"根"。文本分析方法将是本书一以贯之得以运用的研究方法。

（二）实证分析法

本书的实证研究方法将主要运用于对现有环境基本公共服务分配中存在的问题及原因的探讨中。现有的文献中均有提及目前我国环境基本公共服务分配中存在的"不公平"，大体分为城乡不公、区域不公等，但并没有运用具体的数据和实例。对分配不公的原因分析，也大多是从财政分权、地方政府财政能力差异、环境行政部门行政能力不足等方面进行分析。笔者认为，对某种社会现象和社会问题的梳理，仅有感官的定性并不是科学和严谨的判断，应用数据和案例说话。所以笔者将在这一部分的探讨中收集尽可能翔实的资料，通过数据得出目前环境基本公共服务分配的不合理的状况集中在哪几块，并分析出，究竟是什么原因导致了这种不合理的分配。

（三）比较分析法

环境基本公共服务的分配问题在倡导福利政府的今天，是全世界各国都面临的重大课题。中国正值转型期，环境基本公共服务的分配方面仍以政府为主导，强调管制的作用，且政府对自身的职能定位和权责划分尚不明晰。但国外相关方面的理论和实践已较为成熟。不论是理论方面关于分配正义、环境公平的原理探讨，还是实践中对市场、社会机制在环境公共产品分配中的作用，都已走得很远。所以，运用比较研究方法，梳理国外的相关理论和实践研究成果，对构建我国环境基本公共服务的分配制度很有必要。

（四）跨学科的研究方法

本书所提的"环境基本公共服务"并不是法学常用概念，也并不完全是经济学的常用概念。其是管理学中根据政府的职能定位而延伸出来的一个概念，书中所提的"环境基本公共服务"，既包括了具象的"环境公共设施"，如污水处理厂、垃圾填埋场、排污管道等，也包括了抽象的"环境公共服务"，如政府的环境监测、环境信息提供、环境政策的制定等。在分析这些问题时，不可避免地将运用到管理学的知识。

本书在环境基本公共服务分配不公的原因探索中，试图运用"中国式分权"的框架进行阐释。"中国式分权"的实质是财政上的联邦主义和政府权力构架上的集权。"中国式分权"已经是经济学概念上的一个普遍认知，大部分学者认为其是推动我国改革开放30多年经济飞速发展的重要原因之一。在运用"中国式分权"分析框架的过程中，笔者将相应涉及经济学、财政学中的分析方法。

在对环境基本公共服务进行合理分配的理论问题研究上，又不可不提及环境正义、分配正义等理论。无论是自由主义的分配正义、社群主义的分配正义，还是兼而有之的理论研究，都归属于哲学、伦理学的研究范畴。本书在此对"正义"问题的探讨，仅是将其作为一种理论工具，进而指导实践，而不是对哲学问题本身进行深入研究。

本书所提及的"环境基本公共服务均等化政策"目前是财政学、公共管理学研究的热门话题，其是"新公共服务运动"发展的结果，是管制型政府转型的发展方向。所以，在文中讨论有关政府职能等问题，笔者将运用管理学、财政学的相关内容。

六　创新与局限

(一) 本书的创新

1. 研究思路的创新性

本书将环境基本公共服务分配中的问题分为三大块，环境基本公共服务提供的总量不足、环境基本公共服务分配的区际方面的问题和群际方面的问题，并对其一一进行现状分析，这是以往的研究中没有过的系统化论述。同时，笔者在书中重点提出了资源型城市居民、城中村居民、农民工、特种行业从业人员等特殊群体所面临的环境问题，这也是在以往的研究中没有过的系统化分析主题。另外，笔者关于环境公平问题的探讨，并没有落入窠臼，即并没有直接套用国外相关的环境正义的理论，而是结合国情，具体问题具体分析。

在全书的分析框架方面，本书运用了"中国式分权"这个分析框架。这是以往的环境法学者没有涉及的部分。同时，笔者也提出了环境基本公共服务提供中面临的三个难以突破的结构性困境，即我国的能源消费结构、资源开发体制和城乡二元结构，这是一个更为宏大的基于国情的分析视角，是以往的研究中鲜有系统化提及的。

2. 研究方法上的创新性

环境法作为一门综合性的跨部门的新兴学科，在研究方法上和研究内容上一直以"多元性"为特征，不论是列为社会科学的管理学、经济学还是政治学，还是列为自然科学的环境科学、生态科学等，都成为本部门法的涉及范围，使得环境法的研究成果同时关注定性分析和定量分析。此类新兴学科的出现，为研究打开了思路，不再受到部门学科划分的约束，可以从多个视角将问题研究清楚，而本书的探索，将运用到文本、比较、实证和跨学科等研究方法，是在环境法这个多元化学科背景下的一次粗浅的尝试。

特别是书中所采用的"中国式分权"的这个分析框架，虽然其在经济学、财政学中已运用得较为广泛，但在法学领域的运用还不算普遍，特别是运用这个概念框架来研究我国的环境问题，算是一次新的尝试。

3. 制度设计上的创新性

本书对环境基本公共服务合理分配的制度设计并不是一种"细节设计"，也并非是一种具有直接操作性的制度设计，笔者更为关注的制度设计的"大方向"，即转变地方发展型政府的这种行为偏好。重新进行政府的职能定位，划清其与市场的边界，减少其在社会经济活动中的资源调配权，合理划分政府间的事权和财权，让基层政府有能力解决环境问题。同时，改进政府纵向的官员考核机制，使其注重保护公民的基本权利，提升人大的监督作用，提升环境民主的监督作用，鼓励多元化的方式提供环境基本公共服务，进一步推进环境基本公共服务均等化政策等。这种方式的制度设计看似不具可操作性，却是可以从根源上解决我国环境基本公共服务分配中问题的思路。

（二）本书的局限性

1. 研究方法的局限性

目前国内外在针对政府公共服务提供的研究方面，大多运用实证和数据模型的研究方法，通过精确的模型设置来判断政府在公共服务领域提供中产生的问题。但是笔者并不具备相应建模的能力，所以在本书中并没有能够用"数字"说话。

2. 问题解决的局限性

本书在问题的原因分析中涉及我国的能源结构、资源开发结构和城乡二元结构等，但在问题的解决思路中对这三个结构性问题的针对性解决方案涉及不深。原因在于本书提出这三个结构性问题的目的在于分析我国当前环境基本公共服务分配不合理的原因，但这三个结构性问题在短期内是很难得到根本性的转变的，只能通过立法思路的更新、户籍制度的改革、就业政策的改良和相应税收制度的建设予以改善。本书很难在有限的篇幅下对这几个问题进行深入探讨。

同时，虽然本书在第六章对环境基本公共服务的合理分配进行了相应的制度设计，但是大部分制度设计是方向上的，并不具有直接的可操作性，且这些制度的功能效应是建立在书中所涉及的前提性改革已经成功的基础上的。在现有的社会制度的格局下，书中所涉及的很多制度很难发挥其应有的功能。

第一章　环境基本公共服务概述

第一节　环境基本公共服务的相关概念

在明晰环境基本公共服务的内涵和外延之前，必须要明晰几个重要的概念：公共产品、公共服务和基本公共服务。

一　环境基本公共服务的概念

（一）环境基本公共服务的定义

目前国内外并没有对环境基本公共服务的准确定义。李红祥等认为，环境基本公共服务是建立在一定社会共识基础上由政府提供的，在一定发展阶段保障公众生存和发展等基本环境权益的最核心、最基础的公共服务。[①] Roelof de Jong 等认为，环境公共服务，如废水的收集、净化或固体废物的收集和处理，是一种重要的活动，这些服务主要由公共或者半公共的机构提供，而委托给他们这些任务的目的是通过对废弃物的收集和处理实现污染减排的政治目标。[②] 宫笠俐等认为公共环境服务本质上是一种公共资源的分配，它通过提供公共福利设施满足公众的环境需求，是政府以满足社会环境需求为目的，为全体社会成员提供的环境物品和环境服务的公共活动。[③]

以上概念的核心价值在于，第一，均认为环境基本公共服务的提供主体是政府或者带有公共性质的机构；第二，其提供的目的是实现公共利

[①] 李红祥、曹颖、葛察忠、逯元堂：《如何推行环境公共服务均等化?》，《中国环境报》2012 年 3 月 27 日第 2 版。

[②] Roelof de Jong, Andries Nentjes, Doede Wiersma, "Inefficiencies in Public Environmental Services", *Environmental and Resource Economics*, 2000, 16 (1).

[③] 宫笠俐、王国锋：《公共环境服务供给模式研究》，《中国行政管理》2012 年第 10 期。

益；第三，其工作的目标应该是提升环境质量；第四，环境基本公共服务的实质是一种环境公共资源的分配。

综上，笔者将给出自己对于环境基本公共服务的理解和定义。在概念界定时，笔者需要作出几个前提界定。第一，笔者认为，环境基本公共服务等同于环境公共服务。第二，笔者认为环境基本公共服务不分有形与无形。因为从政府提供公共服务的职能来看，服务之间往往具有密切的关联性而难以分割。① 第三，笔者对环境基本公共服务的定义，并不是按照经济学中有关"竞争性"和"排他性"的判定标准进行分割的，而是从政府职能和公共利益的角度进行定义。在这个概念框架下，环境公共产品的概念小于环境基本公共服务。由此，环境公共服务指的是，在一定社会经济发展阶段，以保障公民健康权为价值导向的，合理分配环境利益和环境风险的基本公共服务。值得强调的是，本书所涉及的环境公共服务重点是指由政府作为义务主体提供的服务，主要是由政府通过公共财政投入而建立起来的服务，企业、社会组织和个人所提供的环境服务虽然也在本书的讨论范围之内，但不作重点分析。

（二）环境基本公共服务的内涵

对环境基本公共服务内涵的界定，是环境基本公共服务体系建构的基石，也是环境基本公共服务均等化研究的范围。②

目前，学者们对环境基本公共服务定义的讨论，归纳起来，主要有以下几个层次：

第一，环境基本公共服务指向的是"环境质量"，这是环境基本公共体系的落脚点。③

第二，环境基本公共服务是一个系统性的概念，分为几个层次：如张建伟认为，其内涵包括环境监管服务、环境治理服务和环境应急

---

① 如排水、污水处理、垃圾处理等环境基础设施运行中提供的服务与安全、清洁的饮用水、空气、环境等公共产品之间的关联性，又如环境监测设施等公共产品与企业排污监管、环境信息的公开等公共服务之间的关系，都具有此类的特点，参见王郁、范莉莉《环保公共服务均等化的内涵及其评价》，《中国人口·资源与环境》2012年第8期。

② 本书在探讨环境基本公共服务的定义时，侧重从基本概念入手给读者以清晰的认知；而在针对环境基本公共服务的内涵讨论时，主要是通过标准化的分析，构建出环境基本公共服务的体系。但两者间有内容和观点上的重复。

③ 国务院副总理李克强在第七次全国环保大会上强调，基本的环境质量是一种公共产品，是政府必须确保的公共服务。

服务这三项。① 王郁、范莉莉认为，其包括环境政策服务、环境监管服务、环境治理服务、环境应急服务、环境信息服务和环境教育服务。② 卢洪友认为应该把污水及垃圾等环境治理服务、环境监测与评估服务、环境监管服务、环境应急服务、环境信息服务以及环境公共设施等作为基本公共服务的重要领域。③ 李红祥等认为，环境基本公共服务不仅仅是指物化的产品或服务，还包括制度安排、法律、宏观经济政策等。

第三，环境基本公共服务的外延是动态变化的，不同国家以及同一国家的不同经济社会发展阶段，环境基本公共服务的外延都是不尽相同的。④ 如"现阶段的环境基本公共服务应该包括县县具备污水处理、垃圾处理等环境基础设施，消除环境污染的环境基础性服务；县县具备对环境质量变化进行监测评估以及对造成水、大气等环境质量变化的污染行为进行监管，保障公众清洁水权、清洁空气权及宁静权等生存的基本民生性服务；健全环境事故应急机制，防范环境突发事故的环境安全性服务；保障公众环境知情和参与国家环境监督的环境信息服务……"⑤

基于以上观点，笔者认为，环境基本公共服务是以环境质量的提升为落脚点，旨在实现公民健康权的动态、系统的基本公共服务，属于政府的基本职能之一。

二　与环境基本公共服务相关的概念考察

（一）公共产品

公共产品也被称为公共品、公共物品、公共商品或公共财，它是一个与私人产品相对应的概念，具有特定的经济学意义。⑥ 本书在此提出公共产品，源于其和公共服务的共通性，所以这里所提到的公共产品是以社会

---

① 张健伟：《关于政府环境责任科学设定的若干思考》，《中国人口·资源与环境》2008 年第 1 期。
② 王郁、范莉莉：《环保公共服务均等化的内涵及其评价》，《中国人口·资源与环境》2012 年第 8 期。
③ 卢洪友：《环境基本公共服务的供给与分享——供求矛盾及化解路径》，《学术前沿》2013 年第 2 期。
④ 同上。
⑤ 李红祥、曹颖、葛察忠、逯元堂：《如何推行环境公共服务均等化?》，《中国环境报》2012 年 3 月 27 日第 2 版。
⑥ 关于公共产品理论的考察，在导论中有详述，所以这里略去对各种公共产品理论和概念定义的梳理。

公共需要为基础的，因此，简要地说，公共产品就是用于满足社会公共消费需要的物品与劳务。① 环境质量的许多重要方面显然属于公共物品。它们包括清洁的空气、荒野地区以及未被污染的水域。②

公共产品是用于满足社会公共消费需要的物品与劳务，这意味着其与私人产品的最大不同便在于其提供是为整体意义上的社会成员所消费的，所以具有消费上的非竞争性和非排他性。

消费上的非竞争性指的是每个消费者对公共产品的消费不会影响其他消费者能够得到的消费质量与数量。消费上的非排他性意味着一个消费者消费一种产品，很难使那些不愿付费的人排除在该产品的受益范围之外，即存在"搭便车"行为。

由于公共产品的此类属性，使公共产品在消费上普遍存在"搭便车"心态，没有人愿意真实表达其对公共产品的需求，因此也难以形成市场价格，所以很难通过市场交易方式实现成本上的补偿，只能由政府来提供。但实际上，在现实生活中，纯粹的公共产品少之又少，大部分都是带有公益性的准公共产品。

（二）公共服务和基本公共服务

近年来，随着西方新公共管理和新公共服务理论的发展，我国政府也开始强调政府职能的转变，"服务型政府"这个概念不断被提出。③ 而建设服务型政府的重点就是政府要履行社会管理和公共服务职能。④ 对公共服务内涵的讨论也便成了我国学者研究的重点问题之一。

目前学界使用公共服务一词，主要是从三个角度进行定义：

第一种是按照"公共产品"理论进行定义。即按照产品是否具有排他性和竞争性的标准进行定义，公共服务基本可以等同于公共产品，是为了避免市场失灵而由政府提供的一种产品。

第二种是按照产出形式的不同，将其分为公共产品和公共服务。其

---

① 江明融：《公共服务均等化问题研究》，博士学位论文，厦门大学，2007年，第23页。

② ［美］温茨：《环境正义论》，朱丹琼、宋玉波译，上海人民出版社2007年版，第118页。

③ 从2002年中共十六大第一次把政府的基本职能归结为经济调节、市场监管、社会管理和公共服务，到2008年十七届二中全会决定到2020年建立起比较完善的中国特色社会主义行政管理体制，我国政府改革的目标已然明确，即建立服务型政府。

④ 吴玉霞、郁建兴：《服务型政府失业中的公共服务分工》，《浙江社会科学》2011年第12期。

中，产品是有形的，而服务是无形的；产品的生产和消费可以在时间与空间上分离，而服务的生产与消费则是时空一体的。

第三种是从公共行政和公共管理学的角度定义公共服务。将涉及为公众利益提供服务的事务都称为公共服务。如刘尚希认为公共服务是指"政府利用公共权力或公共资源，为促进居民基本消费的平等化，通过分担居民消费风险而进行的一系列公共行为"①。孙晓莉认为公共服务是指"筹集和调动社会资源，通过提供公共产品（包括水、电、气等具有实物形态的产品和教育、医疗、社会保障等非实物形态的产品）这一基本方式来满足社会公共需要的过程"②。

由此可知，同样是政府负责安排的公共服务也有广义和狭义的分别。广义的公共服务既包括保障市场经济正常运行的法律制度等，也包括为纠正市场失灵和功能缺陷所制定的宏观经济政策、微观规制等抽象的公共产品，还包括政府所提供的具体的公共服务项目。狭义的公共服务，仅指那些由政府负责安排的具体的公共服务项目，如邮政服务、公交服务、社会保障、保护生物和环境等。③ 笔者在下文中所涉及的环境基本公共服务，是针对广义的公共服务所提出的。

笔者认为，但凡涉及公众利益的，应由政府提供的服务（不限于有形或者无形），都为公共服务。

基本公共服务也是我国学者根据国家政策设定而形成的一种理论概念，国外鲜有对"基本公共服务"的探讨。简而言之，基本公共服务是公共服务中最为基本和核心的部分。④ 基本公共服务是政府向全体社会成员提供平等的、无差别的公共服务。这些公共服务一般包括国防、外交、司法、社会保障、基础教育、基本医疗保健与公共卫生、生态环境保护

---

① 刘尚希：《基本公共服务均等化：目标及政策路径》，《中国经济时报》2007 年 6 月 12 日第 5 版。

② 孙晓莉：《中外公共服务体制比较》，国家行政学院出版社 2007 年版，第 9 页。

③ 孙春霞：《现代美国城市公共服务供给机制研究》，博士学位论文，华中师范大学，2007 年，第 13 页。

④ Zhiqiang Ma; Jiancheng Wang, "Evaluation Study of Basic Public Service' Equalization Level on the Provincial Administrative Regions in China Based on the Wavelet Neural Network", *Communications in Cinputer and Information Science*, 2011, 225.

等。① 虽然专家学者对于基本公共服务的具体内容有着各自不同的界定，但对基本公共服务的内容已经形成了普遍共识：首先，基本公共服务应从我国现阶段的实际情况出发，公共服务的水平应与我国经济社会发展的水平相匹配；其次，基本公共服务是覆盖全体公民、满足公民对公共资源最低需求的公共服务，其特点是基本权益性、公共负担性、政府负责性、公平性、公益性和普惠性。②

三　环境基本公共服务相关概念辨析

本书研究的是环境基本公共服务公平分配的问题，所以对环境基本公共服务的界定便显得格外重要。同时，环境基本公共服务、基本公共服务均等化等概念是我国实践部门和理论部门在长期的理论、实践工作中概括总结出来的一个具有本国特色的经济名词。③ 如果直接进行字面翻译，国外并不能找到相应的词汇，且容易产生相关概念之间的混淆，所以将相关概念在此进行辨析便显得必不可少。

（一）环境公共服务与环境基本公共服务

环境公共服务与环境基本公共服务是一组"见仁见智"的概念。有一些学者认为，随着社会经济水平的发展和政府职能的转变，以及公民对环境需求的层次变化，应该将环境公共服务划分为"基本环境公共服务"和"非基本的环境公共服务"两类。基本的环境公共服务是指政府根据社会条件提供的良好生活所必需的环境物品供给，基本的环境公共服务必然包含生存性环境服务，但也可以包括部分舒适性环境服务。非基本的环境公共服务是指现实社会和经济条件无法满足全体社会成员普遍享有、未能在制度上得到承认和保护的环境物品供给。④ 基本的公共服务是政府义不容辞的责任，政府必须优先保障。非基本的公共服务应该主要交给市场来提供，提高资源利用效率。⑤

---

① 晏荣：《美国、瑞典基本公共服务制度比较研究》，博士学位论文，中共中央党校，2012年，第18页。

② 同上。

③ 江明融：《公共服务均等化问题研究》，博士学位论文，厦门大学，2007年，第34页。

④ 宫笠俐、王国锋：《公共环境服务供给模式研究》，《中国行政管理》2012年第10期。

⑤ 李红祥、曹颖、葛察忠、逯元堂：《如何推行环境公共服务均等化？》，《中国环境报》2012年3月27日第2版。

　　笔者赞同上述学者将环境公共服务的外延根据社会经济发展水平和人们的环境需求进行划分的观点，但是笔者在此不再对基本和非基本进行划分，原因有二：第一，笔者所设计的环境基本公共服务体系中，都是最为基本和核心的环境公共服务，其价值指向都是为了保证公民的"健康权"。这个体系的外延本身是动态的，会随着社会经济水平的变化发展和区域发展的差异而有所不同；第二，本书中的环境基本公共服务的"基本"二字是依照"基本公共服务均等化"政策的文法表达而延续的（此政策将在后文中详述）。实际上在现实生活中，我们无法根据特定标准明晰地划分出什么样的环境公共服务是指向公民的"生存权"的，什么环境公共服务又是指向"发展权"的，所以本书的权利指向是公民的"健康权"，而健康权的最低层次就是生命健康的保障，最高层次是美学、欣赏类的心灵健康的保障。所以，在此如果再进一步划分出基本和非基本的问题，有将政府应负担的责任外推之嫌。所以笔者在下文中若提及环境公共服务等同于环境基本公共服务的概念，但是笔者在此将突出"基本"二字，主要是强调此类环境公共服务的重要性。

　　（二）环境产品与环境基本公共服务

　　简而言之，环境产品（Environmental Goods）指的是有利于环境的产品。比如 APEC 清单中的废水处理、固体废物处理、可再生能源的设备；OECD 清单中的环境监测与分析等；日本清单中的大气污染治理和可再生能源设备、清洁技术和产品等。现在对环境产品的探讨多在国际贸易层面。环境产品的引进可以加快我国经济增长方式转变，实现节能减排，还可以发展绿色经济。可以说，环境基本公共服务的有效提供离不开环境产品。

　　（三）环境公共卫生与环境基本公共服务

　　西方学者在研究公共服务时最常提起的与环境相关的话题是环境公共卫生（Environmental Public Health Service）[1] 问题。公共卫生指的是我们可以通过怎样的集体行动来保障人们得以健康的条件。[2] 实际上，公共卫生体系的建立也是我国基本公共服务体系建立的最为重要的一部分。

---

　　[1]　这个话题在公共卫生、公共健康领域较多，主要从死亡发生率、疾病防治、流行病等角度。但是将环境和公共健康问题结合起来的话题也比较少。

　　[2]　U. S. Department of Health and Human Services, *What is the public health system?* Retrieved January 25, 2011, from http：//www. hhs. gov/ash/initiatives/quality/system/index. html.

虽然看上去，医疗卫生体系的建立更着重于从死亡发生率、疾病防治、流行病等管控的角度分析，但其也并不是着重于"末端治理"的，实际上公共卫生体系建立的重要目的之一在于"预防"。而基于这一点，环境基本公共服务和医疗卫生公共服务体系的建设便是相辅相成的，特别在涉及环境与贫困、环境与城乡差异、污染与公共健康领域的话题时，这两个领域是不可分割的（笔者将在下一节中详述）。

（四）生态或环境服务付费服务与环境基本公共服务

在国际和各国的法律文件中，生态或环境服务付费服务和环境服务两个概念有时被交替使用，有时又区别以待。但本书倾向于将二者作区别的内涵划分。

生态或环境服务付费制度（Payments for Ecological/Environmental Service，缩写 PES）的内涵同我国的生态补偿机制没有本质区别，但内涵较窄，是我国生态补偿机制中利用市场手段的表现方式。[①] 其是一种买方和卖方之间的自愿协议，其内容便是买方支付给定的条件而卖方对环境提供足够的服务。[②] 其也是一种政策工具，通过市场激励的手段促进下游用户对自然资源的私人保护[③]（这里的 PES 特指的是在流域生态补偿中的应用）。

虽然生态或环境服务付费制度在内涵上同环境基本公共服务截然不同，但是却有着千丝万缕的联系。《国家环境保护"十二五"规划》特别强调了要通过市场的手段来推动环保任务的完成，其中，生态补偿是重要的一项环境经济政策。很多学者在探讨环境基本公共服务体系建设时，均提到了市场化的生态补偿机制。如魏钰等提出"增加生态补偿项目……要对流域生态补偿问题、矿产资源开发的生态补偿问题、特殊生态功能区的生态补偿问题等给予特别的关注"[④]。卢洪友等提出："充分发挥市场在

---

　　① 生态补偿的话题多为环境科学和经济学的学者所关注，但近几年法学的学者也开始对此领域的制度设计和保障问题进行了一定程度的研究，其研究开展多从生态补偿的主体、客体、内容、方式等方面开展。

　　② Wunder, S., "Are Direct Payments for Environmental Services Spelling Doom for Sustainable Forest Management in the Tropics?" *Ecology and Society*, 2006, 11 (2).

　　③ Alston, L. J., Andersson, K., Smith, S. M., "Payment for Environmental Services: Hypotheses and Evidence", *Annual Review of Resource Economics*, 2013, 5: 139 - 15.

　　④ 魏钰、苏杨:《深化环境公共服务均等化的 11 条建议》,《重庆社会科学》2012 年第 4 期。

环保中的重要作用，通过生态补偿……政策手段积极引导企业、金融保险机构在环境污染投资中的投入。"[①] 苏明等提出，加快流域生态补偿机制和地区间环境横向转移支付建设，以保障财政经济落后地区也能达到基本的环境管理和公共服务提供能力。[②] 可以说，PES 将成为环境基本公共服务中较为重要的一个部分。

（五）公用物与环境基本公共服务

公用物的概念可以追溯到古罗马，在罗马法的相关规定中，物分为两类，第一类是公用物，比如道路、公园等，这些财产可以由罗马的公民使用，其所有权归属于国家。第二类是国家私有财产，比如国家奴隶等。盖尤斯在《法学阶梯》中写道："某些物依据自然法是众所共有的，有些是公有的，有些属于团体，有些不属于任何人。"[③] 可见公有物为国家所有且国家行使支配权；公用物供公民自由使用，但权属归于国家（见表 1－1）。

表 1－1　　　　　　　　公用物、公有物等相关概念比较

来源	名称	内涵	举例	演变成的概念
古罗马	公用物	所有权归属于国家，可以由罗马的公民使用	比如道路、公园等	德国、日本、韩国和我国台湾地区：公物、公共用物、公共用公物品；法国：公产
	公有物	所有权归属于国家，且国家行使支配权	比如国家奴隶等	

后来公用物演变出了相关概念，如公物、公共用物、公共用公物等，各个国家对其的称谓有所差异，其内涵也有所差异。在中国台湾，公物系指直接供公的目的使用之物，并处于国家或其他行政主体所得支配者而言。[④] 成为公物须具备两项条件：一系直接供公的目的使用；二系处于国家或其他行政主体支配之下。[⑤] 在德国，公物概念可分为广义和狭义两种。广义上的公物是指国家或者公法团体直接或者间接供行政目的所使用的财产，包括财政财产、行政财产和共用财产；狭义上的公物则是指广义公物中的

① 卢洪友、祁毓：《均等化进程中环境保护公共服务供给体系构建》，《环境保护》2013 年第 2 期。
② 苏明、刘军明：《如何推进环境基本公共服务均等化》，《环境经济》2012 年第 5 期。
③ ［古罗马］士查丁尼：《法学总论——法学阶梯》，转引自张杰《公用用公物权研究》，博士学位论文，武汉大学，2011 年，第 12 页。
④ 吴庚：《行政法之理论与实用》，中国人民大学出版社 2005 年版，第 135 页。
⑤ 王名扬：《法国行政法》，北京大学出版社 2007 年版，第 240—242 页。

共用财产，行政财产和财政财产不包括在内。① 在日本，公共用物是提供于公众之用的物。公用物是直接提供与国家政府机关和地方公共团体政府机关使用的物。② 在法国，则使用公产的概念。法国行政主体的下列财产属于公产：（1）公众直接使用的财产，也称公众用公产或共用公产；（2）公务用的财产，也称为公务用公产或公用公产，但该财产的自然状态或经过人为地加工以后的状态必须是专门的或主要的适应于公务所要达到的目的。（3）和公产接触的物体，即行政主体不直接供公众使用或公务使用的财产，但由于和公共公产或公用公产接触而成为公产。③

在英美法系中，并不存在概括式公共用公物的概念，然而并非意味着在英美法系中不存在公共用公物理论。在英国，对公共用公物的管理是以英国普通法理论中发展起来的公共信托理论作为理论基础的。④

以上的概念纷呈，内涵也不尽相同，但其基本的概念都是权属归于国家，但可归于公民使用，笔者暂且将其统称为"公用物"。公用物与公共物品具有相似性，即均有非竞争性、非排他性、消费效用的不可分割性、公益性和外部性特征，且主要由政府供给。两者的区别主要有以下几点：

首先，公共物品属于经济学上的概念，而公用物是法律上的物权概念。

其次，公用物的范围小于公共物品。公共物品虽然也带有公共福利的色彩，但是类似法律、司法、行政管理、治安、国防这样的公共物品，我们更强调其公共管理的效用。而公用物强调的是公共福利和国家提供的义务性，其概念范围从属于公共物品。但需指出的是，随着社会的进步和公共福利的发展，公用物与公共物品概念将会逐渐趋同。⑤

（六）公众共用物与环境基本公共服务

公众共用物是近几年来我国学者提出的一个新型产权概念。其是指不特定多数人可以非排他性使用的共用物，公众公用物在经济学意义上与公

---

① 张杰：《公共用公物权研究》，博士学位论文，武汉大学，2011年，第12页。
② ［日］盐野宏：《行政法》，转引自张杰《公共用公物权研究》，博士学位论文，武汉大学，2011年，第11页。
③ 张杰：《公共用公物权研究》，博士学位论文，武汉大学，2011年，第12页。
④ ［日］盐野宏：《行政法》，转引自张杰《公共用公物权研究》，博士学位论文，武汉大学，2011年，第12页。
⑤ 张杰：《公共用公物权研究》，博士学位论文，武汉大学，2011年，第29页。

共物品雷同，但"公众共用物不同于为了不特定多数人利益而被特定人使用的'公共物品'"①。

在法学意义上，其与上文提到的"公用物"等相关概念存在着很大的不同。其所定义的公众共用物的所有权"不属于我国法律规定的私有物，也不属于我国法律上规定的国家所有"②。其更为强调公众共用物的"使用权"。由此可以看出，其和本书所提的基本公共服务也存在很大的区别。

第二节 环境基本公共服务的内容

环境基本公共服务是一个具有中国特色的概念，目前并没有对其内容体系的明确定义。笔者认为，环境基本公共服务应该是以保障公民健康权为目标的一系列具体制度和服务的综合体系，不仅应该包括环境保护的部分，还应该包括卫生治理的部分；不仅应该包括具体的环境治理的部分，还应该包括信息提供和环境教育的部分。整体而言，应该分为五个部分：环境监管服务、环境治理服务、环境卫生服务、环境信息服务和环境应急服务。

一 环境监管服务

（一）环境监管概述

环境监管有广义和狭义之分。广义的环境监管包括政府的环境监管、

---

① 蔡守秋教授认为："不特定多数人对公众共用物的使用是一种本身使用、实际使用和直接使用，不是他人使用、目的性使用和间接使用，特定个人或组织可以为了公共利益（包括不特定多数人的利益）这一目的而使用某物，如警察为了维护社会公共秩序和公众利益而开警车，但这种车不是公众共用物，因为不特定多数人没有亲自使用、直接使用该警车，而是警察为了不特定多数人的利益在使用该警车。军队利用军事设施保护国家领土和国民（包括不特定多数人）的利益，但这种军事设施也不能被认为是公众共用物，因为不特定多数人没有亲自、直接地非排他性地使用该军事设施。"这是其所提出的公众共用物和公共物品的主要区别。笔者在此并不同意蔡教授对公众共用物的认识。笔者认为，其混同了具体的物与抽象的物之间的关系。在经济学中的公共物品，如"国防"，其并不指代具体的物，这种纯公共物品只能由国家、政府提供，因为其具有非排他性和非竞争性，任何人都可以享有"国防"的实际效果。所以蔡教授所举的例子，虽然警察在开警车，但是其实际目的还是提供了一种"防卫"的公共产品。实际上，经济学意义上的公共物品并不强调所有权，只强调使用权的问题，其强调在使用上的非排他性和非竞争性。法学意义上的公共产品，所有权的概念是为了更为方便公共物品的提供和管理，本质上并不差别，只是在范围上有所差异，法律意义上的公用物等相关概念范围小于经济学意义上的公共物品。而蔡教授所提出的公众共用物的概念应等同于公共物品的概念，不应存在差异。

② 蔡守秋：《论公众共用物的法律保护》，《河北法学》2012年第4期。

企业自身的环境监管和社会的环境监管；狭义的环境监管仅指政府的环境监管，笔者在此所提的环境监管属于狭义的环境监管。

环境监管是政府提供的最为基本的环境公共服务，其通过一些基本的环境制度，如环境标准制度、环境计划制度、环境行政许可制度、环境影响评价制度、"三同时"制度、环境监察和检测制度等对企业的排污行为、危险化学物品的转移等行为进行监管。① 具体包括了污染源与总量减排监管体系②和环境质量监测与评估考核体系等。③

（二）环境监管服务的内容

由环境监管所构成的制度体系可以看出，我国所构建的环境监管体系

----

① （1）环境标准制度指的是为了保护人群健康、保护社会财富和维护生态平衡，就环境质量以及污染物的排放、环境检测方法以及其他需要的事项，按照法律规定程序制定的各种技术指标与规范的总称；（2）环境计划制度指的是由国民经济和社会发展计划中的环境保护篇章、生态建设和环境保护重点专项规划、环境保护计划以及各专项环境保护规划共同组成的统一体；（3）环境行政许可制度指的是由法律授权的环境与资源保护主管部门依环境利用行为人的申请，以发放批准文书、执照、许可证等形式赋予环境利用行为人实施环境与资源保护法律一般禁止的权利和资格的行政行为；（4）环境影响评价制度指的是在某项人为活动之前，对实施该活动可能造成的环境影响进行分析、预测和评估，并提出相应的预防或者减轻不良环境影响的措施和对策；（5）"三同时"制度指的是对环境有影响的一切建设项目，必须依法执行环境保护设施与主体工程同时设计、同时施工、同时投产使用的制度，这是我国的一项特色制度；（6）环境监察指的是行使环境监督管理权的机关及其工作人员，依法对造成或可能造成环境污染或生态破坏的行为进行现场监督、检查、处理以及执行其他公务的活动。

② 《国家环保"十二五"规划》中对污染源与总量减排监管体系建设所提出的工作重点为：加强污染源自动监控系统建设、监督管理和运行维护。加强农村和机动车减排监管能力建设。全面推进监测、监察、宣教、统计、信息等环境保护能力标准化建设，大幅提升市县环境基础监管能力。在京津冀、长三角、珠三角等经济发达地区和重污染地区，以及其他有条件的地区，将环境监察队伍向乡镇、街道延伸。以中西部地区县级和部分地市级监测监察机构为重点，推进基层环境监测执法业务用房建设。开展农业和农村环境统计。开展面源污染物排放总量控制研究，探索建立面源污染减排核证体系。开展农村饮用水水源地调查评估，推进农村饮用水水源保护区或保护范围的划定工作。建立和完善农村饮用水水源地环境监管体系，加大执法检查力度。

③ 《国家环保"十二五"规划》对环境质量监测与评估考核体系建设所提出的工作重点为：优化国家环境监测断面（点位），建设环境质量评价、考核与预警网络。在重点地区建设环境监测国家站点，提升国家监测网自动监测水平。提升区域特征污染物监测能力，开展重金属、挥发性有机物等典型环境问题特征污染因子排放源的监测，鼓励将特征污染物监测纳入地方日常监测范围。开展农村饮用水源地、村庄河流（水库）水质监测试点，推进典型农村地区空气背景站或区域站建设，加强流动监测能力建设，提高农村地区环境监测覆盖率，启动农村环境质量调查评估。开展生物监测。推进环境专用卫星建设及其应用，建立卫星遥感监测和地面监测相结合的国家生态环境监测网络，开展生态环境质量监测与评估。建设全国辐射环境监测网络。开展农村饮用水水源地调查评估，推进农村饮用水水源保护区或保护范围的划定工作。建立和完善农村饮用水水源地环境监管体系，加大执法检查力度。

是围绕污染防治问题展开的，且已形成了一套"看上去很美"的环境监管法律制度体系。相配套的，我国已构建了国家、省、市、县四级环境监测网络，初步形成了以国控网络监测站为骨干的环境监测地面网络系统，在全国范围内开展地表水、空气、生态、水生物等方面的监测。但实际上，这一整套制度和监测网络的建设，在实践中的作用却乏善可陈。① 因此，甚至有学者认为"中国的环境立法没有大错也无大用"②。基于前文中所提出的环境基本公共服务提供中的问题，笔者将更多关注环境监管服务在农村和中小企业中的运行效果。③

1. 农村环境监管体系的建立与完善

经过分析可知，实际上，我国农村的环境监管服务的提供是极其不完善的。大部分的乡镇都没有建立专门的环保机构，县一级政府也没有专门的环保派出机构，没有开展系统的环境质量监测工作。④ 同时，环保部门及农业、水利、建设、林业、科技等诸多部门在农村环保工作中由于各自的定位、目标等存在差异而导致各部门之间的分工不明、职能交叉或监管

①　以环境影响评价制度这个最为重要的环境法基本制度为例，其因地方政府以经济发展优先的指导思想为宗旨而流于了形式。在实践中，环境影响评价制度的"未批先建"现象十分严重。据四川省环保部门工作人员粗略统计，在四川约有50%的项目未做环评，30%的项目是补办环评，按法律规定经过环评审批的项目仅占该省建设项目的20%。即使对于国家大型建设项目，也同样存在此类问题，如2005年的"环评风暴"中，环保总局在全国范围内查出的30个大型建设项目，都是未经环评审批就开工的项目。详见裴俊伟《中国环境行政的困境与突破》，《中国地质大学学报》（社会科学版）2009年第5期。

②　汪劲：《中国环境法治三十年：回顾与反思》，《中国地质大学学报》（社会科学版）2009年第5期。

③　笔者将关注点给予农村环境监管问题和我国的中小企业环境监管问题，是因为这两块是目前我国环境监管中的漏洞，且产生的负面效果最为显著。并不代表我国的环境监管不存在其他的问题。实际上，笔者在此并无意针对我国环境监管中的问题做详尽的原因和对策分析，只想将实践中存在的问题提出，以期在环境基本公共服务体系建设中，环境监管服务在实践中的效能得以提升。

④　我国环境监管部门只设置到县一级，县级以下政府基本上没有设置专门的环保机构，只有极少数乡镇一级政府基于某一区域的特殊需求而设置环保办公室，内设1—2名专职环保员负责乡镇环保工作，但他们的工作也仅限于农村工业领域，且主要是发现污染事件后及时向上级部门报告以及协助上级政府及其职能部门开展环保工作。县环保局的设置也不稳定，有的地方没有设置环保局，而县环保局一般设置在县或区的中心镇，其监管力量没有覆盖整个农村地区。参见梁珊珊《我国农村环境监管法律问题研究》，硕士毕业论文，华中农业大学，2011年，第23—25页。

空白。① 另外，农村环境污染由于排放主体的分散性、隐蔽性和环境污染的随机性和不确定性，导致农村环境监管成本很高，而效益低下。因此，探寻一条有效的道路进行农村环境监管是很有必要的。

笔者认为，明确农村环境监管的责任主体是解决问题的关键。要发挥基层政府的力量，发挥乡镇政府的环境监管职能，同时投入相应的财政经费。但这并不意味着其将全面地、孤独地进行农村环境监管，实际上，监管的基础性主体宜为"村民委员会"。因为村民委员会作为基层群众性自治组织，是基层政府与农民的联系纽带，具有贴近农民、了解农村环境、管理灵活的优势，理应发挥组织农民实施环境监督与管理的基础性作用。② 而这些内容，在 2014 年新出台的《全国农村环境质量监测工作实施方案（修改稿）》中都有所涉及。

2. 中小企业的环境监管体系建立与完善

随着我国市场经济的不断完善，中小企业的社会地位日渐突出，已成为最为活跃的市场经济主体之一。其对吸纳劳动力、扩大出口、发展外向型经济均起到了突出的作用。但是由于许多中小企业生产工艺落后，技术力量薄弱，再加上地方保护主义的存在，遏制了其对节能新技术的研发动力，许多中小型企业的生产效率较低，能耗较大，污染严重。③ 据相关环保机构估计，约有 60% 的商业废弃物和 80% 的污染事故是由中小企业所带来的。但在中小企业的环境监管方面，虽然我国已经开始实施 ISO 14000 标准，但其只是针对大型企业的污染控制和治理，有条件的大型企业实施了清洁生产和循环经济，实现了经济效益、社会效益和环境效益的共赢，④ 而中小企业的认证工作几乎处于空白阶段。⑤ 所以，针对中小企业的环境监管体系的建立迫在眉睫。

---

① 张燕、梁珊珊、熊玉双：《我国农村环境监管主体的法律构想》，《环境保护》2010 年第 19 期。

② 同上。

③ 刘金平：《中小企业排污监管机制研究》，博士学位论文，重庆大学，2010 年，第 2 页。

④ 韩瑜：《我国中小企业污染治理的经济学分析与财税政策》，《福建论坛·人文社会科学版》2007 年第 11 期。

⑤ 参见刘金平《中小企业排污监管机制研究》，博士学位论文，重庆大学，2010 年，第 54 页。目前我国中小企业排污监管方面存在的困境主要有：第一，排污监测过程中还无法实现精确的监测；第二，实施总量控制还存在问题：排污监管是以总量的控制为依据的，但现在关于实施总量控制的效果仍没有一个整体的评估；第三，中小企业环保意识薄弱；第四，地方政府的保护主义使得环境监管无法落实。

二　环境治理服务

(一) 环境治理概述

在这里，环境治理服务的概念很容易混淆。因为按照"谁污染、谁治理"的原则，环境治理的工作应该由污染企业自行开展。所以笔者在这里提出的"环境治理"同一般意义上的"环境治理"有所区别。其不包含企业的自行治污行为。除了下文涉及的"限期治理"外，其他治理活动是针对已经找不到责任者的情况下的政府的补救行为。服务的责任主体是政府。值得提出的是，笔者将限期治理也同时列在下文中的目的是方便归纳，其实质是政府环境监管服务的一部分。

在此，笔者将环境治理分为限期治理、综合治理和专项治理。在限期治理中，政府更多地承担的是"监督者"的角色，其与环境监管服务相配合，具体指的是对严重污染环境者或自然破坏者，由政府及其主管部门根据环境利用行为人的实际状况制订专门的治理计划并设定一定治理期限，命令环境利用行为人在该期限内完成治理事项、达到治理目标的行政强制措施。限期治理具有法律的强制性，旨在督促企业的达标排放。综合治理和专项治理指的是国家或地方政府依照环境保护与自然资源保护计划的安排，通过投入专门的治理资金等对自然破坏实行的治理。其中综合治理的治理对象和措施纳入国家国土整治计划或土地利用总体规划，由国家投入资金对自然破坏施行的大规模、长时期的整治活动；专项治理是由各级政府在确定的环境保护与自然资源保护计划时期内，将环境退化或自然破坏地区纳入该计划所规定的治理区，有目的从事治理活动的政府行为。由此可见，在综合治理和专项治理中，政府是作为责任主体开展环境治理活动的。

表 1-2　　　　　　　　　我国环境治理服务的提供

环境治理分类	服务内容	政府职能
限期治理	对造成严重环境污染或自然破坏者，由政府及其主管部门根据环境利用行为人的实际状况制定专门的治理计划并设定一定治理期限，命令环境利用行为人在该期限内完成治理事项，达到治理目标的行政强制措施	监督者
综合治理	综合治理的治理对象和措施纳入国家国土整治计划或土地利用总体规划，由国家投入资金对自然破坏施行的大规模、长时期的治理活动	治理主体

续表

环境治理分类	服务内容	政府职能
专项治理	专项治理是由各级政府在确定的环境保护与自然资源保护计划时期内，将环境退化或自然破坏地区纳入该计划所规定的治理区，有目的地从事治理活动的政府行为	治理主体

（二）环境治理服务的内容

环境治理服务从某种意义而言是一种"补救型"的环境公共服务，其旨在改善环境质量。环境治理也是当前我国政府所行使的环保职能中最为重要的一块。① 在关注传统的环境治理工作的同时，笔者将针对一些工作重点进行探讨，即区域环境治理、城乡环境治理和其他环境治理问题。

1. 区域环境治理

由于环境问题日益复杂化，同时由于其具有跨界性、流域性等自然属性，环境污染和生态破坏后果的外溢和无界化随着经济社会的发展愈加明显，越来越多的水污染、大气污染越过行政边界，在周边地区造成污染和环境破坏。当今，区域环境治理方式不断渗透到环境要素保护法以及环境要素污染防治法中，如在国土整治方面，主体功能区制度就打破了传统环境要素立法和环境要素保护的陈规；在水资源保护和污染防治方面，流域总量控制手段也是种新型的区域环境治理手段；在大气污染防治方面，区域大气排放总量控制制度就是一种区域环境治理手段。可见，区域环境治理已经从一项特定区域的环境保护制度发展成为一种普遍的环境保护制度，甚至是一种环境保护方式或环境保护理念。

笔者在此所提的区域环境治理的概念，旨在突出其是以"自然区域整体为治理对象"的环境治理模式的特点，以区别于传统的以点源项目为环境管理目标的治理模式。区域环境治理的施行，不仅是理念上、制度上的改革，其更将带动整个区域行政方式上的变更，建立地区政府间的沟通协商平台，加强地区间的合作，同时也能有效地解决跨界问题，将环境问题的负外部性问题有效地内部化，也能减缓地区间的恶性府际竞争问题。

---

① 实际上，针对我国目前环境治理的现状、问题和对策分析的文献不胜枚举，所以笔者在此并不想针对环境治理工作本身进行详尽论述。笔者仅想将其纳入政府环境基本公共服务体系当中，且作简要的工作重点上的探讨。

2. 资源枯竭型城市的环境治理

自国家公布 69 个资源枯竭型城市以来，便开始进行配套的资金支持，截至 2010 年年底，中央财政累计下达财力性转移支付资金 168 亿元。2011 年，国务院同意将对首批资源枯竭型城市财力性转移支付延长 5 年，年限至 2015 年。[①]同时，中央层面设立专项进行资源治理，如 2010 年，国家发展和改革委员会先后分两批下达资源型城市充分吸纳就业、资源综合利用和发展接续替代产业专项资金，累计安排中央预算内资金 4 亿元。

笔者在此突出探讨资源枯竭型城市的环境治理问题，不仅期望将这已公布的 69 个资源枯竭型城市的环境问题纳入政府考量的范围，其更多的意义在于其他尚未枯竭的资源型城市怎样探寻一条行之有效的可持续发展的路线。实际上，在资源型城市工作生活的人们所遭受的环境污染的侵害远远大于其他城市的居民，这些资源型城市大多以重工业为主，其空气质量和饮用水的质量普遍低于其他综合型城市。特别是在某些矿业城市，地质灾害问题将成为危及居民环境权益的重要因素之一。所以笔者建议，建立环境治理专项资金制度，侧重矿山整治，[②] 同时要建立地质灾害应急制度。[③]

3. 中小型企业污染的环境治理

中国的经济发展离不开中小企业的迅速发展，但其对环境造成的损害也是巨大的。由于我国尚未建立完善的针对中小型企业的环境监管体系，对其的环境监测还属于盲区，所以怎样针对中小型企业进行污染治理就成

[①]　数据来源于国家发展和改革委东北振兴司振兴老工业基地工作简报（第 4 期）。

[②]　环境问题的严峻性制约了资源枯竭型城市的可持续发展。优化生态环境不仅可以改善人民的生活条件，还可以改善投资环境，有利于资源枯竭型城市的经济转型。但是大部分资源枯竭型城市可用于环境治理的资金有限，建立环境治理专项资金制度迫在眉睫。同时，大部分资源枯竭型城市面临的共同问题便是废弃矿山的整治问题。详见王树义、郭少青《资源枯竭型城市可持续发展对策研究》，《中国软科学》2012 年第 1 期。

[③]　关于应急制度的建立，部分可参考后文中对"环境应急服务"的设计。在这里，笔者所涉及的环境应急服务主要是针对资源枯竭型城市和资源型城市的生态破坏问题的，更具有针对性。大多数以矿产资源为依托的资源枯竭型城市目前面临的主要环境问题之一就是因矿产开采所诱发的地质灾害问题。这些资源枯竭型城市面临的环境问题不仅是单纯的环境污染和生态破坏，还有生态安全的问题，所以，政府不仅要进行"恢复性"的环境治理工作，还要做好相关地质灾害的应急措施。如建立地质灾害防控制度：对资源开发和利用过程中的环境影响评价和地质灾害危险性评估，实施动态监测，对资源型城市的地质灾害进行综合防控，同时鼓励和支持地质灾害防治科学技术的研究。详见王树义、郭少青《资源枯竭型城市可持续发展对策研究》，《中国软科学》2012 年第 1 期。

了一个重要的话题。目前具有代表性的有"浙江模式"和"贵州模式"。

"浙江模式"指的是在中小企业密集的专业工业园区，通过扶持专业污染治理公司进行污染集中治理的方式；"贵州模式"指的是运用循环经济的理念，延长工业生态链，依托一定规模的大中型企业或专业企业，通过资源的循环利用来实现污染治理的方式。[①]

表1-3　　　我国目前中小型企业环境治理的典型模式比较

中小企业环境治理典型模式	浙江模式	贵州模式
主要特点	集中治理	分散治理
主要内容	在中小企业密集的专业工业园区，通过扶持专业污染治理公司进行污染集中治理的方式	运用循环经济的理念，延长工业生态链，依托一定规模的大中型企业或专业企业，通过资源的循环利用来实现污染治理的方式
局限性	这两种模式的实行都需要特定的条件，各地可以学习其成功的经验，并从自身的特点出发，探寻因地制宜的环境治理模式	

但是这两种模式都具有其自身的自然环境条件，所以不可盲目模仿。在条件允许的情况下，进行分散治理的中型企业可以在企业内实行污染治理；而规模较小的企业则适宜通过建设工业园区等形式，以集中化管理的方式进行污染的集中处理。[②] 政府在这个过程中应处于"监督者"和"引导者"的身份，给予中小企业更多的信息，给中小企业选择污染治理方式的空间。[③]

三　环境卫生服务

(一)　环境卫生概述

笔者在此所提出的"环境卫生"中的部分内容类似"环境治理"的概念。但是环境治理更多地侧重针对工业污染的防治问题，在此所提出的环境卫生更多地针对的是公民的日常生活中的环境基础设施建设，与其息

---

① 韩瑜：《我国中小企业污染治理的经济学分析与财税政策》，《福建论坛·人文社会科学版》2007年第11期。
② 事实上，引导中小企业集中治污，变"谁污染谁治理"为"谁污染谁付费"已经成为一种趋势，其可以降低污染治理的成本，也可以让企业避免行政违法的代价。
③ 韩瑜：《我国中小企业污染治理的经济学分析与财税政策》，《福建论坛·人文社会科学版》2007年第11期。

息相关的便是"公共健康"问题。①

（二）环境卫生服务的内容

环境卫生服务针对的是人们的日常生活，主要包括环境基础设施建设中的排水、污水处理、垃圾收集与处理等环境基础设施的投资、运行与管理。②

目前，我国农村的环境基础设施的建设还十分不足。据来自中国社会科学院农村发展研究所"转型背景下农村公共服务研究"创新项目组2012年和2013年的调查，农户中使用入户自来水和公用自来水的占比仅为67.67%，使用井水的用户比例为15.79%。使用水冲式厕所的比例仅为35.23%，无厕所和使用旱厕的比例为65.78%。③在垃圾处理方面，虽然自2008年开始，中央财政设立了农村环境保护专项资金，农村地区开始重视垃圾处理，但是随意丢弃垃圾的比例仍占到32.1%。在农村生活污水处理方面，随意排放和排放到院外沟渠的农户比例分别为36.82%和33.89%。④

《国家环保"十二五"规划》所提出的环境基本公共服务体系建设中的环境卫生工作要点主要涉及农村的污水处理系统建设和垃圾回收体系建设两个方面。其中涉及污水处理系统建设的问题包括"鼓励乡镇和规模较大村庄建设集中式污水处理设施"，"将城市周边村镇的污水纳入城市污水收集管网统一处理"，"居住分散的村庄要推进分散式、低成本、易

---

① 《布莱克法律词典》关于公共健康（Public Health）的解释是：（1）人群的总体健康；（2）健康或卫生的条件，比如通过预防医学和疾病照护以保持社区健康的方法，很多城市都有公共健康部门或者其他相关机构负责公共健康事务。现代公共健康涵盖的范围更加广泛，所有与人口健康相关的问题都可以纳入其中。如世界卫生组织（WHO）认为公共健康主题涵盖了交通安全、环境安全、疾病控制、产品安全、特定人群照护、预防保健、特殊物品管控等关乎人们"衣食住行"等各方面的问题。本书所涉及的环境卫生服务，主要是针对政府为社会所提供的健康或卫生的条件，比如污水处理、垃圾回收等。

② 《国家环保"十二五"规划》中所提出的环境基本公共服务体系建设中的环境卫生工作要点主要涉及以下几个方面：提高农村生活污水和垃圾处理水平；鼓励乡镇和规模较大村庄建设集中式污水处理设施，将城市周边村镇的污水纳入城市污水收集管网统一处理，居住分散的村庄要推进分散式、低成本、易维护的污水处理设施建设；加强农村生活垃圾的收集、转运、处置设施建设，统筹建设城市和县城周边的村镇无害化处理设施和收运系统；交通不便的地区要探索就地处理模式，引导农村生活垃圾实现源头分类、就地减量、资源化利用等。

③ 旱厕中不少是旧式、老式厕所，粪便污染容易引发传染病和寄生虫病，还容易对农作物和水源造成污染。

④ 罗万纯：《中国农村生活环境公共服务供给效果及其影响因素——基于农户视角》，《中国农村经济》2014年第11期。

维护的污水处理设施建设"等方面。涉及垃圾回收体系建设的方面包括"加强农村生活垃圾的收集、转运、处置设施建设","统筹建设城市和县城周边的村镇无害化处理设施和收运系统","交通不便的地区要探索就地处理模式,引导农村生活垃圾实现源头分类、就地减量、资源化利用"等。在2015年10月新出台的《"十三五"规划建议》中,中共中央提出了要"坚持城乡环境治理并重,加大农业面源污染防治力度,统筹农村饮水安全、改水改厕、垃圾处理,推进种养业废弃物资源化利用、无害化处置"。这些环境卫生基础设施建设的方面主要是针对农村的,这是弥补农村环境基础设施缺乏问题的亮点。

此外,城中村的环境基础设施缺失的问题主要是由于畸形的城乡二元结构体制所导致的,城中村政府环卫管理体制上亦缺乏统一规范的管理,普遍存在村委会和居委会在环境卫生管理上权责模糊和职能不清的问题。① 致使城中村虽然地处城市,却仍和农村一样面临着同样的环境基础设施建设不足的困境。因此,破除城乡二元结构,统筹城乡发展,是解决农村和城中村环境基础设施缺失的主要途径。这意味着,应将农村、城中村的环卫管理纳入城市系统,将环境基础设施建设纳入政府考核标准,② 这是最为有效让地方政府获取具有针对性的财政经费的方式。实际上,目前部分的新农村已开始进行相关的城乡统筹建设,如建立城乡收运处理系统。目前新农村建设中所探索的"村收集—镇运输—区(县)处理"的管理系统不失为一条有效的途径。③ 另外,追加公共财政,是使农村、城中村和中小城市的环境基础设施得以建设的重要因素之一。

---

① 城中村的环境卫生经费谁负责,具体由谁管理,在具体的实践操作过程中常常很模糊,最终导致城中村环境卫生设施和卫生保洁水平落后。

② 如江苏设立了环境基础设施项目建设引导资金,每年省级财政预算安排1.5亿元,采用"以奖代补"方式对环境基础设施项目建设进行引导扶持,省建设厅会同省财政厅定期对列入省级财政补助计划的项目完成情况进行检查。未实现责任目标的,省建设厅、省财政厅将报请省政府给予通报批评,当地政府需要就相关情况作出书面说明。详见《江苏:环境基础设施建设列入政府考核》,《中国建设报》2007年5月28日第1版。

③ 以北京郊区农村为例,其建立了保洁员制度与垃圾密封式管理制度,有的区县或乡镇统一定做或者购置了密闭式的垃圾桶发放给村庄,然后由保洁员统一收集,由专门的人员和车辆承担农村垃圾的运输任务,统一运输到区县的垃圾处理厂。详见张从《农村生活垃圾管理途径的新探索》,《环境保护》2009年第23期。

表1-4　　　　　　　　**我国环境基础设施建设与完善的重点**

重点领域	饮用水提供	垃圾处理	污水处理
重点区域	农村	城中村	中小城镇
主要方式	城乡统筹、破除城乡二元结构 追加专项财政经费 将环境基础设施建设纳入地方政府考核标准		

　　另外，环境卫生服务的提供是否全面、综合，还应从以下因素进行考量：[①]

　　第一，环境卫生服务的可供行（Availability），即从总量上看，国家境内必须有足够数量、行之有效的公共卫生设施、商品和服务，如安全和清洁的饮水、适当的卫生设施、医院等。

　　第二，可及性（Accessibility），包括不歧视、地理上和经济上的可获取性，以及可以获取信息。其中，不歧视意味着环境卫生服务的提供面向所有人，不得以任何禁止的理由加以歧视（这符合环境基本公共服务的"公平性"）；地理上的可及性要求环境卫生服务设施位于每个人都能达到的距离之内，特别是脆弱群体和边缘群体；[②] 经济上的可获取性意味着，环境卫生服务的提供必须是任何人都可以支付得起的，比如清洁的水的获取。

四　环境信息服务

（一）环境信息概述

1. 环境信息的概念

　　本书中所指的信息，是一种政府为公民生产和提供信息的单向关系。它既包括获取关于公民需求的信息的"被动"渠道，又包括政府传播信息的"积极"方法。[③]

---

① 《经济、社会、文化权利国际公约》执行过程中出现的实质性问题，第14号一般性意见（2000），http：//www.refworld.org/cgi-bin/texis/vtx/rwmain/opendocpdf.pdf？reldoc=y&docid=47ebcc242。

② International Union of Nutritional Sciences, *Congress How nutrition improves: a report based on an ACC/SCN Workshop held on 25-27 September 1993 at the 15th IUNS International Congress on Nutrition*, Adelaide, Australia, ACC/SCN c/o World Health Organization, 1996, p. 47.

③ ［美］罗伯特·B. 丹哈特、珍妮特·V. 登哈特：《新公共服务理论——服务，而不是掌舵》，丁煌译，中国人民大学出版社2004年版，第94页。

环境信息是信息中的一种，广泛为人们所使用。它是指反映环境科学的最新情报、数据、指令和信号及其诸多有关方面动态变化的信息，是人类环境保护实践中认识环境和解决环境问题所必需的一种共享资源。① 《奥胡斯公约》② 第二条将环境信息的形式作了明确的规定，主要为书面形式、影像形式、音响形式、电子形式或任何其他物质形式。其内容包括了各种环境要素，如大气层、水、土壤、土地等和影响上述环境要素的各种因素。虽然《奥胡斯公约》对环境信息的形式和内容作了明确的规定，但是其实我们是很难对其进行抽象的概念界定的，因为其涵盖的概念太过广泛。因此，笔者在此所提及的环境信息，更侧重于与公民日常生活环境息息相关的环境信息，③ 如环境质量的数据公布，周围所建立工厂的危害性等。

2. 环境信息权

环境正义要求保证每一个公民和群体均有主张民主参与、公开听证、信息公开等程序性的权利。④ 环境信息权是在环境危机背景下随着人类环境意识与权利意识的提高而由知情权演变的一种新型权利。⑤ 其权利包括获得环境信息的权利，取得、传播观点和信息的权利，⑥ 以及获得司法救济的权利。⑦

（1）环境信息知情权

环境知情权是公众知情权在环境事务领域里的具体体现，其是指社会成员依法享有获取、知悉环境信息的权利。知情权是现代政治权利发展的新产物，环境知情权首先是作为一项政治上的权利提出的。⑧ 人们有权知道环境的真实状况。⑨ 实际上，环境知情权是其他一切环境权利行使的前

① 王华等：《环境信息公开理念与实践》，中国环境科学出版社2002年版，第26页。
② 也翻译成《奥尔胡斯公约》，其全称为 Convention on Access to Information, Public Partici-pation in Decision – making and Access to Justice in Environmental Matters.
③ 针对突发环境事件的环境信息公开问题，在"环境应急服务"中将详述。
④ 晋海：《城乡环境正义的追求与实现》，中国方正出版社2009年版，第23页。
⑤ 孔晓明：《环境信息法研究》，博士学位论文，中国海洋大学，2008年，第51页。
⑥ 参见《人权与环境纲领宣言》。
⑦ 参见《奥胡斯公约》。
⑧ 张明杰：《开放的政府——政府信息公开法律制度研究》，中国政法大学出版社2003年版，第80页。
⑨ 世界环境与发展委员会：《我们的共同未来》，王之佳、柯金良等译，吉林人民出版社1997年版，第330页。

提，在公民无法获得准确的环境信息的前提下，公众参与、决策等其他领域的政治性权利，都将是一纸空文。

实际上，环境知情权的内容在国际社会中已得到了普遍的认可，例如《里约宣言》规定："环境问题最好在所有有关公民在有关一级的参加下加以处理。在国家一级，每个人应有适当的途径获得有关公共机构掌握的环境问题的信息，其中包括关于他们的社区内有害物质和活动的信息；而且每个人应有机会参加决策过程。"《奥胡斯公约》规定："各成员国在国内法框架下，公共机构应确保使公众无需理由地得到有关环境的信息。"①

（2）环境信息传播权

公民的环境信息传播权是公民信息自由权的一个重要部分，其意味着公民不仅可以依法自由获取环境信息，还可以处理、传播、存储和保留环境信息。赋予公民此项权利，有利于环境信息在合法的范围内让更多的公众知晓。欧共体《关于自由获取环境信息的指令》的第一条便明确规定，其目标之一在于"确保公众……传播公共部门所持有的环境信息的自由"。

（3）在环境信息获取方面获得帮助和救济的权利

无救济则无权利，在环境信息自由权利领域亦遵循此项原则，其理应包括公民在环境信息获取方面获得帮助和救济的权利。

实际上，公众在环境信息获取方面获得帮助的权利应贯穿于整个信息公开的过程，因为公民知识有限，无法准确和全面地理解环境信息，繁复的环境信息申请公开过程也需由专业人士指导完成。而环境信息获取救济方面的权利指的是，自然人、法人或者其他主体在法定程序内无法获取相应的环境信息，可以申请行政复议或行政诉讼。②

（二）环境信息服务的内容

笔者在此提及的环境信息服务主要包括环境信息公开和环境宣传、教育两个方面，其更多关注的是公民日常生活中的环境信息提供和环境知识的普及，旨在提高公民的环境意识和自我救济能力。

---

① 《奥胡斯公约》第4条。
② 孔晓明：《环境信息法研究》，博士学位论文，中国海洋大学，2008年，第55—57页。

1. 环境信息公开①

（1）环境信息公开的义务主体

笔者在此所提的环境信息，指的是环境基本公共服务体系中政府向公民提供的环境信息，所以在此，政府是环境信息公开的义务主体。② 实际上，各国的信息公开法以及环境信息法等环境立法在确定环境知情权的义务主体时，主要指的也是掌握大量环境信息的环境公共当局。③ 实际上企业也应是环境信息公开的主要义务主体，但在本书中，笔者更为强调的是政府责任，所以在关于企业环境信息公开的探讨中，笔者强调的是政府对企业信息公开强制性立法的制定责任。

（2）环境信息公开的权利主体

在环境信息完全公开的情况下，任何人都应具有获得环境信息的权利，无论是否与其利益相关。但在实际情况下，很多环境信息仍然局限于利益关系人或者行政相对人才可以申请公开，这大大限制了我国环境信息公开的范围。因此，环境信息除了依照法律规定免除公开的以外，原则上应当向全体公众公开。④

2. 环境宣传与教育

在人类社会，只有某个问题上升到需要实施普及教育的时候，这个问题才真正地被人们所接受。⑤ 教育和对信息的关注开起了处理和规避风险的新的可能性。⑥ 环境领域亦然。《联合国人类环境宣言》呼吁各国政府

---

① 实际上环境信息公开制度应包括政府的主动公开和依申请公开两种方式，相关文献已对"环境信息法"和环境信息公开制度作了更为详尽的叙述，所以笔者在此不作赘述，只是将此制度纳入环境基本公共服务体系当中。可参见孙晓明《环境信息法研究》，博士学位论文，中国海洋大学，2008 年；朱伟燕《政府环境信息公开制度研究》，硕士学位论文，中国政法大学，2007 年；江必新、梁凤云《政府信息公开与行政诉讼》，《中国法学》2007 第 5 期；朱谦《环境知情权的缺失与不救》，《法学》2005 年第 6 期等。

② 随着中国社会的发展，许多非政府组织，包括企业、事业组织和多元化的社会团体，都掌握着一定的社会资源和信息，从而享有可以支配他人的社会权力，这些社会主体的社务信息也应相应公开才符合法治社会的要求。因此，广义的信息公开的义务主体，应不限于国家机关，还有社会权力组织和社会公共团体。但笔者在此探讨的是环境基本公共服务的体系建立，此类环境公共服务的提供者是政府，因此在此对环境信息公开的义务主体作狭义理解。

③ 参见王华等《环境信息公开理念与实践》，中国环境科学出版社 2002 年版，第 26—27 页。

④ 孔晓明：《环境信息法研究》，博士学位论文，中国海洋大学，2008 年，第 179 页。

⑤ 王书明、崔凤、同春芬：《环境、社会与可持续发展——环境友好型社会建构的理论与实践》，黑龙江人民出版社 2007 年版，第 156 页。

⑥ ［德］乌尔里希·贝克：《风险社会》，何博闻译，译林出版社 2004 年版，第 37 页。

和人民为维护和改善人类环境、造福全体人民、造福子孙后代而共同努力。宣言尤其强调了教育的作用，认为"对成年人和年轻一代进行有关环境问题的教育……是十分必要的"[1]。

诚然，环境教育问题作为教育的一个新的领域，应普及化。部分学者也针对环境教育立法、环境教育的体系建立做了相关探讨。[2] 但笔者在此涉及"环境宣传与教育"的问题，更多地偏重针对社会"弱势群体"的环境教育，旨在提高"弱势群体"的环境自救能力。因为，处理、避免或补偿风险的可能性和能力，在不同职业和不同教育程度的阶层之间或许也是不平等地分配的。[3]

由于公众不能有效、及时地获知环境信息，其往往并不清楚自己生活在一个怎样的环境之中，所以也不可能知道应该采取怎样的预防性措施来应对环境污染的发生。[4] 虽然国家颁布了《环境信息公开办法》，但由于基层环保部门公开环境信息的条件还不是很充足，在经费、监测手段、办公自动化等方面还难以保障及时、准确、全面地公开环境信息，使得农村环保信息公开度受到很大限制。[5] 与此同时，农民的信息渠道也十分有限，对于经申请才能公开的信息，农民并不了解应通过怎样的程序进行查阅。另外，很多弱势群体的环境自我维权意识薄弱。以高速公路建设农用征地为例，农民关注的往往是征地补偿问题，却很少将高速公路本身的噪声和空气污染等不良影响考虑在内。大部分农民都没有意识到其在城镇化和工业化进程中所遭遇的环境损害，同时也并不懂得通过什么样的渠道和

---

[1]　Palmer, Joy, *Environmental Education in the 21st Century: Theory, Practice, Progress and Promise*, New York, London: Routledge, 1998, p. 7.

[2]　时军:《环境教育法研究》，博士学位论文，中国海洋大学，2009 年，李久生:《环境教育的理论体系与实施案例研究》，博士学位论文，南京师范大学，2004 年。

[3]　[德]乌尔里希·贝克:《风险社会》，何博闻译，译林出版社 2004 年版，第 37 页。

[4]　例如 2003 年 12 月，位于四川省开县境内的罗家 16H 井发生天然气井喷失事件，导致 243 人因硫化氢中毒死亡，2142 人因硫化氢中毒住院治疗，65000 人被紧急疏散安（关于川东北开县井喷事故的详细资料可参见 http://news.sina.com.cn/z/chongqingjingpen/）。在这次严重的环境污染事故中，生活在川东北气矿罗家 16H 井周围的居民对于其生活的周围环境信息一无所知，关于这些环境信息，无论是从事天然气开采的四川石油管理局川东钻探公司，还是当地的环境保护主管部门，从来就没有告知生活在气井周围的居民，从而致使当地居民的防范意识薄弱。另一方面也说明了，当地的居民的环境意识薄弱，获取环境信息的能力较弱。

[5]　陈叶兰:《农民的环境知情权、参与权和监督权》，《中国地质大学学报》（社会科学版）2008 年第 6 期。

手段进行救济。①

　　因此，笔者在这里所提出的环境宣传和教育，主要针对以下几个方面开展：第一，提高相关群体对环境污染和危害的认识；第二，提高相关群体对环境保护的认识；第三，提高相关群体对环境权利救济途径的掌握能力；第四，提高相关群体的环境事务参与度。②

五　环境应急服务

　　近年来，我国环境突发事件的频率和规模在逐渐膨胀，从沱江特大污染事故到松花江特大水污染事故，从厦门 PX 项目事件到太湖蓝藻事件，从各地频发的血铅事件到康菲石油泄漏案，无不印证了贝克的"风险社会"理论。③ 这些环境突发事件的频发让人触目惊心，其引发的不仅是恶性的环境污染事件，政府对环境突发事件预警和信息提供的缺失，以及之后对问题处理的被动性，还引发了民众对突发性事件的恐慌和对政府应对突发性事件能力的质疑。因此，有效地应对环境突发事件，建立和完善环境突发事件的应急响应机制，使环境突发事件能够得到有效的预防以及妥善的控制和处理，不仅是现代政府的职能，是环境基本公共服务体系的一部分，也是有效控制社会风险，提高政府行动力的有效途径之一。环境应急服务就是建立和健全政府应对环境突发事件

---

　　① 陈叶兰：《农民的环境知情权、参与权和监督权》，《中国地质大学学报》（社会科学版）2008 年第 6 期。

　　② 实际上，《国家"十二五"规划》中所提出的环境基本公共服务体系建设中的环境信息服务的工作要点主要涉及以下几个方面：开展环境保护宣传教育，提高农村居民水源保护意识；在农村开发推广适用的综合整治模式与技术；引导农民使用生物农药或高效、低毒、低残留农药，农药包装应进行无害化处理；大力推进测土配方施肥。这些重点实际上都是针对社会"弱势群体"开展的。其更多地关注于一种获取环境信息的能力培养。

　　③ 贝克的风险社会理论中的"风险"指的是完全逃离人类感知能力的放射性、空气、水和食物中的毒素和污染物，以及相伴随的短期的和长期的对植物、动物和人的影响。它们引起的是系统性的、常常是不可逆的伤害，而且这些伤害一般是不可见的。贝克将此类风险带来的不确定性称作"人为制造出来的不确定性"（Manufactured uncertainties 或 Fabricated uncertainty）。这种风险区别于自 17 世纪开始到 20 世纪初期的风险，是一种现代性的风险。参见 ［德］乌尔里希·贝克《风险社会》，何博闻译，译林出版社 2004 年版。风险社会的概念是相当有潜力的，因为它阐明了三个尖锐的问题，即经济增长的可持续性、有害技术的无处不在以及还原主义科学研究的缺陷。由于没有能够找到有效控制的制度性控制手段，也没有认识到还原主义科学的局限性，整个社会因为技术的威胁而惶恐不安。参见 ［英］莫里斯·科恩《风险社会和生态现代化——后工业国家的新前景》，陈慰望编译，载薛晓源、周战超主编《全球化与风险社会》，社会科学文献出版社 2005 年版，第 299—315 页。

的一整套应急机制。

(一) 环境突发事件概述

1. 环境突发事件的概念

目前,学界并没有对环境突发事件的定义达成一致,如有学者认为"环境突发事件是指突然发生,造成或者可能造成环境、公私财产和社会公众健康严重损害的环境污染、生态破坏、外来物种侵袭以及转基因生物危害等事件"[1]。也有学者认为,环境突发事件指的是"在瞬间或短时间内大量排放污染物质,对环境造成严重污染和破坏,给人身和财产造成重大损失的恶性事件"[2]。还有学者从政府的行政应急措施的紧迫性角度对其进行定义:"环境突发事件是指突然发生的、造成或可能造成对环境的污染和破坏,并严重威胁人民生命、健康、财产和社会安定,政府需要作出快速决策、采取应急处置措施予以应对的紧急事件。"[3] 同时,也有学者从公共安全角度对其进行定义,并分析了其原因,认为环境突发事件指的是"突然发生,造成或者可能造成重大人员伤亡、重大财产损失和对全国或者某一地区的经济社会稳定、政治安定构成重大威胁和损害,有重大社会影响的涉及公共安全的环境事件。从引发突发环境事件的直接原因来看,其主要是由环境污染造成的,包括有毒化学品污染、放射性物质污染、油泄漏污染和废水非正常排放污染等"[4]。

《国家突发环境事件应急预案》对突发环境事件进行了界定,突发环境事件是指突然发生、造成或者可能造成重大人员伤亡、重大财产损失和对全国或者某一地区的经济社会稳定、政治安定构成重大威胁和损害,有

---

① 常纪文:《我国突发环保事件应急立法存在的问题及其对策》(之一),《宁波职业技术学院学报》2004 年第 4 期。

② 邹爱勇:《论我国突发环境污染事件的应急管理》,《2008 年全国环境资源法学研讨会论文集》,第 735 页。

③ 鄂英杰:《我国突发环境事件应急机制法治研究》,硕士学位论文,东北林业大学,2009年,第 4 页。

④ 张建伟:《论突发环境事件中的政府环境应急责任》,《河南社会科学》2007 年第 6 期。此种定义类似《突发事件应对法》中对"突发事件"的定义,即"突然发生,造成或者可能造成严重社会危害,需要采取应急处置措施予以应对的自然灾害、事故灾难、公共卫生事件和社会安全事件"。其中自然灾害主要指的是由于自然因素导致的突发事件,如地震、龙卷风、暴风雪等;事故灾难主要指的是由人为因素引发的紧急事件,如化学品泄漏、核污染等;公共卫生事件是指由病菌病毒引发的大面积流行病事件,如 SARS、大面积食物中毒;社会安全事件是指由于人们的主观意愿产生的会危及社会公共安全的突发事件,如游行暴动、恐怖活动等。

重大社会影响的涉及公共安全的环境事件。

　　无论是学界的定义还是政府公文中的定义，都可见环境突发事件具有如下特征：第一，事件发生的突然性和意外性。环境突发事件的实际发生地点和时间具有不可预见性，时常是突如其来，很难确切知道其发生的地点、时间和破坏程度。第二，造成后果的严重性。环境突发事件往往会造成严重的人员伤亡和财产损失，而且其所造成的环境灾害也无法预估。第三，环境突发事件所造成情况的紧急性。由于突发环境事件往往是在短时间内突然爆发的，其形式多样，造成的后果严重，处理起来往往更为棘手。特别是地震、海啸、森林火灾、台风、放射性污染事故等引发的环境突发事件，往往需要政府、社会和民众在短时间内做出反应以期将损害降低在可控范围内，所以情况更为紧急。

　　2. 环境突发事件的范围

　　突发环境污染事件就是突然发生的较为严重的环境污染事件，在国家统计局所显示的"各地区环境突发事件情况"列表中，其将环境突发事件按照水污染、大气污染、海洋污染、固体废弃物污染、噪声与震动污染和其他污染进行划分（详见表1-5）。

表1-5　　　　　　　　近年来各地区环境突发事件情况①

年份	事件次数	重大突发环境事件	较大突发环境事件	一般突发环境事件
2014	471	3	12	241
2013	712	3	12	697
2012	542	5	5	532

　　也有学者根据突发环境事件的发生过程、性质和机制将其分为突发环境污染事件和突发环境破坏事件。其中突发环境污染事件包括：水环境污染事件，如重点流域及敏感水域水环境污染事件；大气污染事件，如城市光化学烟雾污染事件；土壤污染事件，如重金属土壤污染事件；放射性污染事件，如核泄漏污染事件；固体废物污染事件，如医疗废物污染事件；噪声污染事件；危险化学品污染事件；海洋环境污染事件，如海上溢油事件、突发船舶污染事件等。突发环境破坏事件包括由大面积砍伐森林及植

---

　　① 数据来源于环境保护部历年公布数据。

被破坏造成的土壤沙化事件和生物安全事件等。[1] 还有学者将其划分为三类：突发环境污染事件、生物物种安全环境事件和辐射环境污染事件。[2] 笔者认为，将突发环境事件划分为突发环境污染事件和突发环境破坏事件更为合理。

3. 环境突发事件造成的损害

环境突发事件由于其灾害发生的突然性和引发后果的紧急性，极大地危害了公民的身体健康，同时引发公众恐慌。近年来，由于我国快速的经济发展和工业化进程的推进，使得环境突发事件频发（详见表1-6）。

表1-6　　　　　2004—2014年重大环境污染事件十年记录[3]

年份	事件	事件具体发展
2004	四川沱江特大水污染事件	四川化工股份有限公司第二化肥厂将大量高浓度氨氮废水排入沱江支流毗河，导致沱江江水变黄变臭，氨氮超标竟达50倍之多。污染发生后，50万公斤网箱鱼死亡，直接经济损失3亿元左右。沿江简阳、资中、内江三地被迫停水4周，影响百万群众，当地纯净水被抢购一空
2005	松花江污染事件	位于吉林省吉林市的中国石油天然气集团公司吉林石化分公司双苯厂苯胺车间突然发生爆炸，致使成5人死亡，1人失踪，几十人受伤。爆炸区距离松花江仅有几百米的距离。在爆炸现场救援过程中，约100吨苯类有毒物质随水流入江中，造成部分江段水污染，黑龙江省也在被污染之列。后经检测，松花江污染核心团已进入黑龙江省界，苯超标2.5倍，硝基苯超标103.6倍，污染水团的长度大约100公里
2006	四川泸州电厂重大环境污染事故	四川泸州川南电厂工程施工单位在污水设施尚未建成的情况下，开始燃油系统安装调试，造成柴油泄漏混入冷却水管道并排入长江。当天，该企业报告进入长江的柴油为0.38吨，经环保部门督查，次日再提进入长江的柴油实为16.945吨。这起事故导致泸州市城区停水，并进入重庆境内形成跨界污染
2007	太湖蓝藻事件	由于上游湖荡污染严重，太湖水温过高，导致太湖水呈现严重的富营养化，这为蓝藻的疯狂繁殖提供了可乘之机。酷暑中的蓝藻以铺天盖地的势头蔓延，整个太湖被绿油漆斑的蓝藻覆盖，蓝藻大规模爆发，太湖水质迅速恶化，无锡市上千万人的饮水遭遇危机

① 李瑶：《突发环境事件应急处置法律问题研究》，博士学位论文，中国海洋大学，2012年，第25页。

② 谢伟：《突发环境事件应急管理法律机制研究》，硕士学位论文，复旦大学，2011年，第7页。

③ 参考《2002—2012：重大环境污染事件之十年纪录》（http://blog.sina.com.cn/s/blog_60fbbc2001018do0.html）和环保部通报的其他相关数据。

续表

年份	事件	事件具体发展
2008	广州白水村"毒水"事件	广州白云区钟落潭镇白沙村41名村民在自家或在饭馆吃过饭后，不约而同出现了呕吐、胸闷、手指发黑及抽筋等中毒症状，被陆续送往医院救治。据调查，此次污染的原因是白沙村里一私营小厂使用亚硝酸盐不当，污染了该厂擅自开挖的位于厂区内的水井，而该水井的抽水管和自来水管非法私自接驳，又导致自来水污染
2009	多地爆发儿童血铅超标事件	陕西凤翔县接受检测的1016名儿童中，共查出851名儿童血铅超标，进而引发恶性群体性事件。随后，湖南武冈市被查出1354名儿童血铅超标，福建上杭县被查出121名儿童血铅超标。12月下旬，广东清远市数十名儿童也被集体查出铅中毒。经调查，这些铅中毒事件均与当地企业的污染排放有关
2010	紫金矿业铜酸水渗漏事故	福建省紫金矿业集团有限公司紫金山铜矿湿法厂发生铜酸水渗漏，9100立方米的污水顺着排洪涵洞流入汀江，导致汀江部分河段严重污染，当地渔民的数百万公斤网箱养殖鱼死亡，直接经济损失达3187.71万元人民币
2011	蓬莱19-3油田溢油事故	中海油与美国康菲合作开发的渤海蓬莱19-3油田自2011年6月中上旬以来发生油田溢油事件，这也是近年来中国内地第一起大规模海底油井溢油事件。据康菲石油中国有限公司（简称"康菲"）统计，共有约700桶原油渗漏至渤海海面，另有约2500桶矿物油油基泥浆渗漏并沉积到海床。国家海洋局表示，这次事故已造成5500平方千米海水受污染
2012	广西龙江河镉污染事件	因广西金河矿业股份有限公司、河池市金城江区鸿泉立德粉材料厂违法排放工业污水，广西龙江河突发严重镉污染，水中的镉含量约20吨，污染团顺江而下，污染河段长达约三百公里，并于1月26日进入下游的柳州。这起污染事件对龙江河沿岸众多渔民和柳州三百多万市民的生活造成严重影响
2013	青岛输油管道爆炸事件	2013年11月22日凌晨3点，位于青岛市黄岛区秦皇岛路与斋堂岛路交汇处，中石化输油储运公司潍坊分公司输油管线破裂，事故发现后，约3点15分停止输油，斋堂岛街约1000平方米路面被原油污染，部分原油沿着雨水管线进入胶州湾，海面过油面积约3000平方米
2014	湖北省汉江武汉段氨氮超标事件	2014年4月23日4时，湖北省汉江武汉段入境断面出现氨氮浓度超标情况。23日16时30分起，武汉市的白鹤嘴水厂、余氏墩水厂、国棉水厂因出厂水质氨氮超标，先后停止供水。 经调查，武汉市上游汉川市因强降雨开闸排水是导致此次事件发生的主要原因。4月25日19时，汉江武汉段水质恢复正常。4月28日零时，武汉市政府终止应急响应

　　这些突发环境事件所造成的环境损害往往是持续的、巨大的、不可估量的、难以逆转、难以恢复的。第一，突发环境事件会造成不可预估的人身损害。如1986年发生的切尔诺贝利核泄漏事件，据相关数据显示，事故发生的前三个月内有31人死亡，之后13.4万人遭受各种程度的辐射疾病折磨，至今仍有受放射线影响而导致畸形的胎儿出生。事故发生后的7

年内，有 7000 名清理人员死亡，参加医疗救援的工作人员中，有 40% 的人换上了精神疾病或永久性记忆丧失。[1]

第二，突发环境事件会造成巨大的环境损害。如 2010 年发生的紫金矿业污染事件，其泄漏的含铜酸性废水达 9100 立方米，不仅严重污染了汀江水体，而且对汀江渔业养殖业造成致命打击。[2] 2011 年发生的康菲石油污染事件，造成了 5500 平方千米的海水受到污染，大致相当于渤海面积的 7%。[3]

第三，突发环境事件会造成不可估量的经济损害。如在 2011 年的康菲石油污染案件中，受害养殖池塘、滩涂面积约 4.6 万亩，受害工厂化养殖面积约 30 万立方水体，涉及 200 余户养殖业经营者，牵连他们身后的近万名近亲属、投资者和从业人员，总体经济损失约 5 亿元。[4]

第四，突发环境事件会危及社会稳定。如在 2005 年发生的松花江污染案中，不明真相的哈尔滨市市民由于停水通知而惊慌失措，一时间谣言四起，人心惶惶，并开始奔赴超市抢水，纯净水从每箱 9 元疯涨到 30 元。仅一天一夜，哈尔滨市市民就购买了 1.6 万吨纯净水。[5] 再如 2007 年的太湖蓝藻污染致使太湖水质迅速恶化，无锡市上千万人饮水遭遇危机，无锡市民纷纷抢购纯净水和面包，一些小商店的纯净水也是一瓶难求，少数经营户还趁机提高了价格，原本 6 元一桶的纯净水被卖到了 10 元。[6] 2011 年的日本福岛核危机中，核电站泄漏引发的核污染不仅对日本本国的国家安全造成了严重的威胁，还直接威胁到邻近的韩国、朝鲜、中国等国。

（二）环境应急服务的内容

政府在突发环境事件的处理过程中应起主导作用，即政府应提供环境

---

[1] 参见《切尔诺贝利核泄漏事故》，《世界环境》2011 年第 3 期。

[2] 参见《资金矿业有毒废水泄露》（http：//news. 163. com/special/00014IT2/zjkyfsxlsg. html）。

[3] 参见宫靖等《渤海无人负责》（http：//money. 163. com/11/0906/15/7D9FL8G700253DC8. html）。

[4] 参见《河北 208 户渔民致信发改委，要求严惩康菲石油公司恶行》（http：//www. evbeijing. cn/zxwz/201303/t20130329_ 185301. html）。

[5] 李瑶：《突发环境事件应急处置法律问题研究》，博士学位论文，中国海洋大学，2012 年，第 28 页。

[6] 刘兆权、韩瑜庆、黄海波：《太湖蓝藻暴发，江苏无锡市民饮用水吃紧》（http：// news. xinhuanet. com/local/2007－05/30/content_ 6175968. htm）。

应急服务。一方面是由于政府是环境公共产品的供给者，对于环境公共服务一部分的环境应急服务，理应担负起责任。另一个主要的原因是，政府掌握着大量的公共资源，能够在短时间内有效地集中全力应对突发危机，这是市场和社会所不能提供的服务。环境应急服务主要是针对环境突发事件而设立的。主要包括环境突发事件的监测和预警制度、预防和准备制度、处理和救援制度、事后恢复制度、信息公开制度等。其目的在于对环境突发性事件的预防、发现和及时报告，控制并消除相关损害，使得损害最小化。①

1. 环境应急预案制度

突发环境事件应急预案是指特定的政府机关或企事业单位为防止突发环境事件的发生或提高应对未来突发环境事件的能力，在突发环境事件发生之前所制订的工作计划。② 目前在实践中，国家层面上我国有《国家突发环境事件应急预案》，地方各级政府以及部分企事业单位也制定了相应的应急预案，但总体上还是难以有效应对环境突发事件。③ 其主要原因是相关预案没有贯彻和体现公众参与原则，操作性较差且欠却保障性规定。因此，在完善环境应急预案制度时，应将公众参与纳入其中，明确相关部门的地位、权限和职责以及明晰相应主体的法律责任。④

2. 环境预警制度

突发环境事件预警制度是指根据有关危险的预测信息和风险评估，依据危险的紧急程度、发展态势以及可能造成的危害程度，确定相应的预警级，标示预警颜色，并向社会发布相关信息的制度。⑤ 我国《国家突发环境事件应急预案》把突发环境事件分为特别重大环境事件（Ⅰ级）、重大

---

① 《国家环保"十二五"规划》中对环境预警与应急体系建设中所提出的工作重点为：加快国家、省、市三级自动监控系统建设，建立预警监测系统。提高环境信息的基础、统计和业务应用能力，建设环境信息资源中心。利用物联网和电子标识等手段，对危险化学品等存储、运输等环节实施全过程监控。强化环境应急能力标准化建设。加强重点流域、区域环境应急与监管机构建设。健全核与辐射环境监测体系，建立重要核设施的监督性监测系统和其他核设施的流出物实时在线监测系统，推动国家核与辐射安全监督技术研发基地、重点实验室、业务用房建设。加强核与辐射事故应急响应、反恐能力建设，完善应急决策、指挥调度系统及应急物资储备。

② 李瑶：《突发环境事件应急处置法律问题研究》，博士学位论文，中国海洋大学，2012年，第63—64页。

③ 同上书，第119页。

④ 同上书，第119—121页。

⑤ 同上书，第74页。

环境事件（Ⅱ级）、较大环境事件（Ⅲ级）和一般环境事件（Ⅳ级）四级，分别用红色、橙色、黄色和蓝色。① 当突发环境事件的信息收集到以后，有关机构应当在限定的时间内将信息即时传输给信息处理和分析机构进行分析和处理。

3. 环境信息公开制度

在突发环境事件发生后，相关部门应当时刻监测环境状况的发展与变化，并及时准确地发布相关的环境信息和应急处置工作信息，这样公众可以通过信息做出适当的预防或补救措施，以减轻其人身和财产的损失。这种信息公布不仅要及时，而且要确保准确。事实上，无论是《国家突发环境事件应急预案》还是《突发环境事件信息报告办法》，都只是关注和强调企业与政府部门以及政府部门之间的突发环境事件信息的通报，而未对突发环境事件信息向社会公众的公开给予足够的重视。因此，在完善此项制度时需加强对公众的公开。

4. 应急保障制度

应急的保障便是资金、装备、人力、技术等资源，如果没有这些保障，所有的应急制度的建立都是一纸空文。实际上，《国家突发环境事件应急预案》已针对突发环境事件的应急保障作了相应的规定，如资金、装备、通信、人力资源、宣传培训等。但缺乏现实的可操作性。笔者认为，所有的制度建设都应建立在相应的"财政保障"基础之上，因此，必须将应急保障建设的经费列入各级政府的财政预算，设立突发环境事件专项应急保障基金，进而建立起完善的应急保障长效机制。

5. 紧急协商制度

我国目前的突发环境事件的应急处置，仍由环保部门主导，而我国的环保部门的运行是一种垂直的管理模式，缺乏跨区域、跨部门的横向联动协调机制。但在突发环境事件中，其关涉的部门多重，不仅需要跨地区、

---

① 突发环境事件的预警原则上由县级以上地方各级政府发布。政府收集到的有关信息证明突发环境事件即将发生或者发生的可能性增大时，即可发布预警。发布的内容应包括突发环境事件的类别、预警级别、起始时间、可能影响的范围、警示事项、应采取的措施和发布机关等，发布的方式有广播、电视、报刊、通信、信息网络、报警器、宣传车等。由于突发环境事件的发生与发展均具有高度的不确定性，而有关应急机关据以发出预警的信息也可能不准确，即使在获得准确信息的情况下也有可能做出错误的判断。因此，在事态变化或发现预警错误的情况下，有关机关应当及时调整预警级别，或者解除预警。

跨部门的政府间合作，还需要政府与企业、社会之间的联动。因此，建立突发环境事件应对的紧急协商机制迫在眉睫。紧急协商制度意味着各部门、各行业之间可以利用各自的资源，明确在突发环境事件应急过程中资源的提供者及使用者，以形成交流互动的协商平台。

6. 生态恢复制度

突发环境事件发生后的恢复重建工作的重点便是生态恢复，旨在生态环境的功能性恢复。其需要注重生态恢复与重建的生态效益评估指标体系，在法律制度中明晰恢复重建的主体，并规范恢复重建的管护与维持的长期机制，使恢复好转的生态系统不会因缺乏后续管理而反复。[①]

第三节　环境基本公共服务保障下的健康权

一　健康权的理论发展

（一）"三代"人权的理论发展——健康权理论发展的基石

在人权发展的历史阶段中，"三代"人权学说（详见表1–7）是最为重要的也是经常会引起争论的观点。[②] 该学说认为，第一代人权又被称为"消极的权利"，形成于法国大革命时期，其对国家权力进行限制，目的是保护公民的人身自由权利。第二代人权相较于第一代人权而言就主动很多，其形成于俄国十月社会主义革命时期，其中涉及许多与经济社会和文化相关的权利，而这些权利都是需要国家采取积极主动的行为予以保护的，所以又被称为"积极的权利"。第三代人权出现在民族解放和帝国主义殖民体系的崩溃时期，第三代人权理论认为各国自行其是不再能满足其人权的国际义务，各国需要加强国际合作，以尽到维持和平、保护环境及

---

① 李瑶：《突发环境事件应急处置法律问题研究》，博士学位论文，中国海洋大学，2012年，第132页。

② 有关"三代"人权理论有着很多争论，学者们针对这种划时代的标准、时间、理论渊源和权利属性等争论。但是本书只以期用"三代"人权理论对人权理论的发展作简要的回顾，不加以深入分析，所以暂取这种理论的主要观点。

促进发展等责任。①

表 1-7 　　　　　　　　　　"三代"人权的划分

	第一代人权	第二代人权	第三代人权
出现时间	法国大革命时期	俄国十月革命时期	民族解放和帝国主义殖民体系崩溃时期
权利理论渊源	引领欧洲启蒙运动思潮的古典自然法学说：以霍布斯、洛克、斯宾诺莎等为代表	19世纪兴起的社会主义思潮，特别是马克思主义	民族主义思潮、第三世界的兴起和全球化浪潮、社群主义、现代化理论和各种发展理论
权利理论	人类社会在最初是处于一个自然状态中，在自然状态下，人人享有平等的自然权利，人们通过社会契约将一部分权利让渡给国家行使，因此诸如生命、自由、财产等基本权利是不能剥夺的	任何人权都是建立在一定的社会经济和文化条件之上的，没有现实的社会经济文化条件，人权很难得到实现，在1919年《魏玛宪法》中全面规定了公民的社会经济权利，开创了福利国家干预社会经济生活的先河	强调"集体人权"
权利属性	消极人权：要求国家权力受到限制，以国家不作为为特征的公民权利享有	积极人权：要求政府作出有利于个人的积极参与	连带权利：要求国际合作
权利内容	国际人权法案中涉及的公民权利和政治权利等	国际人权法案中所规定的经济、社会和文化权利	和平权、发展权、卫生环境权和人类共同遗产权等

　　健康权的概念便是顺应着人权理论发展的进程而逐步明晰起来的。对环境的威胁本身也直接构成了对健康的威胁，而每个人对充分实现其健康和福祉的环境所享有的权利是一种基本人权。② 看似归属于政治学范畴的"人权"概念和归属于"公共卫生治理"领域的"健康"概念随着人权理论的发展相互交织起来（详见图1-1）。《世界卫生组织宪章》的前言部分对这种关联性作了最好的解释："享受最高而能获致之健康标准，为人人基本权利之一，不因种族、宗教、政治信仰、经济或社会状况各异而分轩轾。"③

① Roland, Rich, "The Right to Development: A Right of Peoples?" *Bulletin of the Australian Society of Legal Philosophy*, 1985, 9: 120-135.
② ［英］蒂姆·海沃德：《宪法环境权》，周尚君、杨天江译，法律出版社2014年版，第3页。
③ 晋继勇：《全球公共卫生治理中的国际人权机制分析》，《浙江大学学报》（人文社会科学版）2010年第4期。

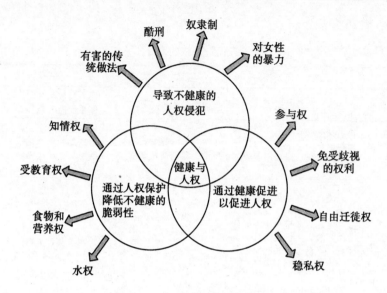

图 1-1 人权同健康权的关联①

（二）规范性文件中的健康权

健康权作为一种基本权利已被国际社会所认可。其在世界上首次受到宪法明文保障的是德国的《魏玛宪法》（1919 年），② 在第二篇第五章《经济生活》开头之处的第 151 条第 1 款中规定："经济生活之组织，应与公平之原则及人类生存维持之目的相适应。"《魏玛宪法》高扬福利国家的理念，宣示把实现对生存权的保障当作国家的政治性义务，在此后出现了一系列以宪法保障生存权作为基本权的国家，尤其可以说以第二次世界大战为契机，这样的国家数量飞跃性地增加了，如 1946 年《法兰西第四共和国宪法》序文、1948 年《意大利宪法》第 38 条、《印度宪法》第 38 条等。③

在各种国际条约中，也清晰可见"健康权"的身影。1945 年制定的《联合国宪章》第 55 条规定，必须进一步提高生活水平，促进完全的雇用，以推动经济与社会的进步与发展。1948 年《世界人权宣言》（*Universal Declaration of Human Rights*）第 22 条规定了公民享有接受社会保障的

---

① 晋继勇：《全球公共卫生治理中的国际人权机制分析》，《浙江大学学报》（人文社会科学版）2010 年第 4 期。

② 在《魏玛宪法》中是以"生存权"的概念出现。

③ ［日］大须贺明：《生存权论》，林浩译，法律出版社 2001 年版，第 4 页。

权利，第 25 条规定所有的公民都享有保持和保障充分的生活水准的权利；1966 年的《国际人权公约》（*International Convent on Human Rights*）的 A 公约中第 12 规定了健康权；《世界卫生组织组织法》规定："享受可能获得的最高健康标准是每个人的基本权利之一，不因种族、宗教政治信仰、经济及社会条件而有所区别。"另外，《消除对妇女一切形式的歧视公约》《儿童权利公约》《消除各种形式种族歧视国际公约》也都针对特殊人群健康权作了特别规定。除此之外，一些区域性人权文件例如《欧洲社会宪章》第 11 条、《美洲人权公约任择议定书》（即"圣萨尔瓦多议定书"）第 10 条、《非洲人权宪章》第 16 条也都规定有健康权条款。

目前我国《宪法》中并没有对健康权的独立的明文宣示，但是健康权在我国宪法上有依据可行，其规范内涵为：第一，公民健康不受侵犯（第 33 条第 3 款、第 36 条第 3 款）。第二，公民在患病时有权从国家和社会获得医疗照护、物质给付和其他服务（第 33 条第 3 款、第 45 条第 1 款）。第三，国家应发展医疗卫生事业、体育事业、保护生活和生态环境，从而保护和促进公民健康（第 21 条、第 26 条第 1 款）。[①] 同时，我国的《民法通则》《侵权责任法》和相关司法解释均对健康权有相应的规定。

二　健康权的内涵

（一）消极权利与积极权利

1. 作为消极权利的健康权

健康权作为消极性的权利，主要体现在其禁止非法的干预方面。这意味着政府、其他组织和个人都不得否认、非法干涉、阻挠和剥夺某一群体或某一公民可以充分享受健康服务的权利，质言之，国家、其他组织和个人不得以任何方式妨碍公民健康权的行使，不得限制或者剥夺公民得到环境基本公共服务的机会。

2. 作为积极权利的健康权

如果仅仅将健康权定位为一种消极的权利，那么政府就不存在需要提供环境基本公共服务的义务。事实上，随着现代化、城市化和全球化的发展，健康权的实现早已超出了私有领域，如环境污染问题、全球变暖、禽

---

① 焦洪昌：《论作为基本权利的健康权》，《中国政法大学学报》2010 年第 1 期。

流感、SARS 等问题，早已成了具有公共性的社会问题，需要政府、社会，甚至是国际社会的集体行动和干预。所以说，在现代社会，健康权不仅需要国家对其的尊重，更需要其主动的保护。

健康权作为一种积极的权利，意味着公民应享有获得健康服务的权利。健康权的实现应该是需要国家通过履行提供环境健康服务的义务来实现的。这就包括了环境基本公共服务体系中的环境监管服务、环境治理服务、环境卫生服务、环境信息服务和环境应急服务的提供。

(二) 实体性权利和程序性权利

1. 作为实体性权利的健康权

健康权是一种实体性的权利，即健康权的实现是以保障公民的实质性的健康为前提的。在它实际的贯彻执行中，这种权利可以兑现为涵盖一系列宽广的环境议题，具体如下：

——免于污染、环境恶化以及有害于环境或者威胁生命、健康、生活、福祉或者可持续发展的活动；

——保护和保存空气、土壤、水源、海冰、植物和动物以及维持生物多样性和生态系统所需的必要过程和区域；

——免于环境损害的最高的可以实现的健康标准；

——健康和安全的工作环境；

——对人类福祉来说充分的健康和安全的食物和饮水；

——充分的住房，在一个安全、健康和生态良好的环境中的土地所有制和居住条件；

——不会因为那些影响环境的决策或行动或者作为其结果，而被从自己的家里或者土地上驱逐出去，除非在紧急情况下，或者基于一个在总体上有利于社会的不可抗拒的目标，而通过其他的手段又无法实现；

——倘若发生自然的、技术的或者其他的认为灾难获得及时的救助等。[①]

同时，在此需要强调的是，这里的健康不仅仅指的是生理健康。国际卫生组织（WHO）1946 年在《世界卫生组织宪章》中对"健康"给出定义：健康是身体、精神与社会的全部美满状态，不仅是免病或残弱。

_____

① [英]蒂姆·海沃德：《宪法环境权》，周尚君、杨天江译，法律出版社 2014 年版，第 21 页。

1978 年的《阿拉木图宣言》也肯定了"健康不仅是疾病与体弱的匿迹，而且是身心健康、社会幸福的完美状态"①，《经济、社会、文化权利国际公约》第 12 条规定，健康权是"享有能达到的最高的体质和心理健康的标准"，然后指出国家具体义务包括"低死胎率和婴儿死亡率，使儿童得到健康的发育；改善环境卫生和工业卫生的各个方面；预防、治疗和控制传染病、风土病、职业病以及其他的疾病；创造保证人人在患病时能得到医疗照顾的条件"。2000 年《享有能达到的最高健康标准的第 14 号一般性意见》（以下简称《第 14 号一般性意见》）对健康权概念进行了全面解释，认为健康权不仅包括及时和适当的卫生保健，而且也包括决定健康的基本因素，如食物和营养、住房、使用安全饮水和得到适当的卫生条件、安全而有益健康的工作条件和有益健康的环境。

从以上的国际条约和文件中可以清晰地看出，健康权的内涵并非狭义地涉及"生理健康"，其是囊括了生理、心理及社会适应能力的抽象概念上的"健康"。

2. 作为程序性权利的健康权

健康的任何一种定义都应该首先是社会性的，而不是生物性的；健康必须被看成是一种社会规范；由社会标准来决定健康定义的部分，要比由生物学标准来决定健康定义的部分大。② 以维护健康为核心内容的健康权也应是"社会维度"的。"享有健康权必须被理解为一项享有实现能够达到的最高健康标准所必需的各种设施、商品、服务和条件的权利。"

以社会维度为视角审视的健康权的实质，就是一种资源的公平分配。任何关于分配正义和人类能力有效构成的社会正义概念的阐释，都不能脱离对人类健康的关注。③ 但值得注意的是，健康权并不意味着人们必须健康，也不意味着贫困政府必须建立现有资源无法承受的昂贵卫生服务，但是，它确实要求政府在最可能的时间内实施导致所有人都有可能获得并能

---

① 孙晓云：《国际人权法视域下的健康权保护研究》，博士学位论文，西南政法大学，2008 年，第 11 页。

② ［美］沃林斯基：《健康社会学》，孙牧虹等译，社会科学文献出版社 1993 年版，第 140 页。

③ Sen, Amartya, "Why Health Equity?" *Health Economics*, 2002, 11 (8): 659–666.

得到的卫生保健政策和行动计划。① 这意味着，健康权也是一种程序性的权利，即健康权的实现不仅意味着其生理、心理方面的健康状况得到了保护，还意味着公民得到了应有的环境知情权和环境参与权。这些权利具体包括所有人对以下事物所享有的权利：

　　——与环境相关的信息。其中包括与可能影响环境的行动或者做法相关的无论怎样汇编的信息，以及使环境决策的有效的公众参与成为可能所必需的信息。信息应当及时、清晰、可以理解、申请人无需不必要的经济负担即可获得。

　　——对可能影响环境和发展的规划、决策活动及过程的积极、自由和有意义的参与。其中包括对拟议行动的环境、发展和人权进行事前评估的权利。

　　——在针对环境损害或者这种损害的威胁所采取的行政或者司法程序中获得有效的救济和补偿。②

三　健康权的层次性

　　尽管对于人权或称基本人权究竟具有哪些内容也是一个有争议的问题，但有三条是多数人都同意的，即生存、发展和自由平等的权利。③ 健康权的概念几乎囊括了这三个方面，这也使得其本身具有了层次性。

　　（一）健康权的层次性：生存、发展和自由平等

　　1. 健康权的最低层次：生存权

　　健康权的最低层次即对生存权的保障。这也是国家在健康权保护义务中的最低限度。即确保不受歧视地使用健康设施、物品和服务的机会，特别是边缘群体和弱势群体；确保获得基本庇护所、住房、卫生条件、适当的食品和水源的机会；提供 WHO 确定的基本药品；确保平等地分配所有健康设施、物品和服务；制订一个确保每个人健康权的全国性健康战略和

---

　　① 世界卫生组织出版物：《关于卫生和人权的 25 个问答》，转引自孙晓云《国际人权法视域下的健康权保护研究》，博士学位论文，西南政法大学，2008 年，第 14 页。

　　② ［英］蒂姆·海沃德：《宪法环境权》，周尚君、杨天江译，法律出版社 2014 年版，第 22 页。

　　③ 黄楠森：《人学的足迹》，广西人民出版社 1999 年版，第 139 页。

行动计划。①

2. 健康权的中间层次：发展性权利

健康权的中间层次是一种个人的发展权利，其中又包括了许多侧面性的权利，比如受教育权、选举权、结社权、劳动权等。这是公民在实现基本温饱状况下寻求自我发展的另一个阶段的权利。

3. 健康权的最高层次：自由平等

健康权的最高层次就是自由平等。健康权中的自由，一方面是指公民有权采取任何措施，以便能够享受和获得最高体质和心理健康的标准，"免受国家干预"；另一方面也是指健康权的实现最终是为了实现"人的发展"，即"自由的发展"。②

社会的发展最终应以"人的发展"为目标，而不能反过来由于社会发展而牺牲了人的发展。如作为具体例子的城市公害，就源自各种各样的企业一味地把各种各样的生产流通都集中于城市，带来了城市人口的急剧膨胀，这也就意味着城市人口的过密化以及居住条件的恶化。噪声、房屋过密和阳光遮蔽，不仅损害了个人的健康，而且还让人们失去了精神上的舒裕，阻碍了人们内部的精神活动，即夺走了国民充分地维持健康的精神文化生活的基本条件。③ 那么，这种社会发展就是没有效率的。有效率的社会发展应是保障人的自由发展的社会发展。

另外，为了能使自由本身充分地发挥其自由的效能，每个人所具有的具体特质在任何意义上都不能与自由保障关联在一起。要确保做到这一点，自由的主体在形式这个意义上必须是完全平等的。④ 这种平等并不意味着一种实质上的平等，而应是一种程序上的平等和权利享有上的平等。即所有人在享有健康的程序性权利方面是平等的。

（二）健康权的层次性与环境基本公共服务提供的差异性

健康权本身具有层次性，这也使得政府在提供环境基本公共服务的时候存在层次性。比如我国的东部沿海发达地区的政府由于财政实力雄厚，所以在基本公共服务的提供上远胜于中西部经济落后地区。笔者认为，这

① 余少祥：《健康权性质的法理论析》（http：//www.iolaw.org.cn/showarticle.asp？id=2376）。

② ［日］大须贺明：《生存权论》，林浩译，法律出版社2001年版，第33页。

③ 同上书，第26页。

④ 同上书，第33页。

种差异性的存在是合理的，但是必须是以保障基本的公民健康权为前提的。环境基本公共服务应以体系化、系统化的建立和完善为前提，在保重公民基本健康权的前提下，个别地方根据其经济发展水平的不同再提供"附加式"的服务。即笔者在第三章中所建构的环境基本公共服务的体系是各级、各地方政府都应建立的最为基本的服务体系，在此前提下，各地方政府可以根据各自需要，提供具有差异性的其他环境基本公共服务。

第二章　我国环境基本公共服务
分配及存在的问题

第一节　我国环境基本公共服务的分配

一　我国环境基本公共服务分配的概念

环境基本公共服务作为一种由政府提供的公共服务，其权利主体应该是一国境内的全体公民，不分性别、年龄、政治身份和所在的地理区域，即政府应该平等、合理地对其所提供的环境基本公共服务进行分配。这意味着，只要是我国境内的公民，就应公平地享有政府所提供的环境基本公共服务，其中包括环境监管服务、环境卫生服务、环境治理服务、环境信息服务和环境应急服务。其中与人民有着更为直接联系的是环境卫生服务、环境信息服务和环境应急服务。公民享有这些服务的最终价值是能享有良好的环境质量，进而保障其环境权。

但在实际情况中，地方政府作为环境基本公共服务的主要提供者，基于地方政府财政能力的差异，各地区环境问题的差异和人们对环境利益需求的差异性，环境基本公共服务在政府间的分配也是有所差别的。比如在自然保护区域，其对污水处理厂的需求量就会远远小于工业园区；再比如在自然灾害频发的地区，如我国西南部，地震、泥石流等频发，其对环境突发事件应急处理的能力就会要求更高。但这种环境基本公共服务地区间提供的差别性应控制在合理范围内，即以不损害公民健康权为前提。

二　我国环境基本公共服务分配中的主体

在环境基本公共服务的提供中，有三个主体是非常重要的，即环境基本公共服务的权利主体、义务主体和第三方的生产者，这三者之间的关系是动态的。环境基本公共服务的义务主体,既可以是直接的"生产者",也可以是服务的"安排者",但不论何种身份,其均不能脱离其义务主体的本质,均须承担起环境基本公共服务提供上的责任。

(一)我国环境基本公共服务分配中的权利主体

环境基本公共服务的权利主体即享有环境基本公共服务权利的主体,其本质是消费者(Consumer),他们可以是个人、特定地理区域的所有人、政府机构、私人组织、拥有共同特征的社会阶层(学生、下岗工人、少数族裔等)或者获得辅助性服务的政府机构。[①]

我国环境基本公共服务的主体应该是所有具有合法身份的公民。但由于不同城市的经济发展水平和政府的财政能力的不同,其所提供的环境基本公共服务的水平和层次是不同的。比如大部分农村的垃圾回收处理系统还没有建立,部分农村的饮用水安全问题尚未解决,同时由于我国户籍制度的存在,很多流动人口并不能享受到其在地方提供的环境基本公共服务。

(二)我国环境基本公共服务分配中的义务主体

环境基本公共服务的义务主体,即有责任和义务提供环境基本公共服务的主体,这里特指政府。在其他的公共服务的义务主体的定位上,有特殊情况,比如 NGO 或者权利主体的自我供给。环境基本公共服务的义务主体的本质是服务的供给者(Service Provider),也称为服务的安排者。其责任是指派生产者给消费者,或者指派消费者给生产者,或者选择服务的生产者。[②] 在这里,环境基本公共服务的义务主体也可以自己"生产"服务,因为笔者在此所定义的环境基本公共服务是一种广义的公共服务,囊括了环境监管等方面。

(三)我国环境基本公共服务分配的相关主体

在此所提及的环境基本公共服务的相关主体主要指的是服务的"生产者"(Service Producer),是直接组织生产或者直接向消费者提供服务的单位,环境基本公共服务的生产者可以是政府组织、特别行政区、市民的

---

　　① 孙春霞:《现代美国城市公共服务供给机制研究》,博士学位论文,华中师范大学,2007 年。

　　② 同上。

志愿组织、私营公司、非营利组织或者在某种意义上的消费者本身。[①]比如环境基本公共服务的监管服务的生产者就是政府本身，但在环境卫生服务的提供上，政府可以通过合同外包等各种方式使得私营企业成为生产者，来提供垃圾处理、自来水供应等服务。这里值得说明的是，虽然某些环境基本公共服务可以由非政府的第三方生产者提供，但是并不意味着政府就免于承担环境基本公共服务提供的责任。

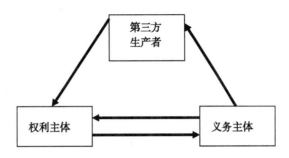

图 2 - 1　环境基本公共服务权利义务主体间关系

第二节　我国环境基本公共服务分配中存在的问题

一　我国环境基本公共服务总量不足

几乎所有的观点都指向我国高速的经济发展是以牺牲环境为代价的，粗放的经营方式和掠夺式的开发对自然资源造成了极大的浪费，而政府早年对环境问题认识的不足和近年来环境监管的不到位导致了环境问题日益严峻。

但是，近年来，我国政府在环境问题的处理上已面临了重大的情势变更。经济结构、能源结构和社会结构转型已经成为推动环境问题解决的背后动力；对外，基于"气候变化"问题的大背景，政府背负着节能减排的压力；对内，舆论监督日益完善，环保组织的日益壮大和政府本身的职能定位转型也促使其对环境问题日益重视。在具体的环境保护工作上，我国的综合治理和专项治理工作正在不断深入；政府对区域、

---

① E. S. Savas, *Privatization and Public Private Partnerships*, Chatham house, Seven Bridges Press, 2000, p.64.

流域环境问题的认识不断深化，对环境群体性事件的反应日益迅速；诸如环境公益诉讼制度的建立、环保法庭的推广和土壤保护等问题也成为社会热点问题。很多结果均表明，政府对生态保护和治理已并非早年的"不作为"态度。"循环经济""节能减排""两型社会建设"已成为实质性的环境政策选择；政府大气力投入的湖泊、流域的污染治理也初见成效；政府环境信息平台也在逐渐完善；而诸如"环境行政约谈首长负责制"①"河长制"②和"区域限批"这样的新型环境工具也取得了一定的效果。

那么，我们的环境基本公共服务到底是有成效的还是不足的呢？

2014年，在全国开展空气质量新标准监测的161个地级市及以上城市中，仅有16个城市空气质量年均值达标，145个城市空气质量超标。全国有470个城市（区、县）开展了降水监测，酸雨城市比例为29.8%。在4896个地下水监测点位中，水质较差的监测点比例为45.4%，极差的监测点比例为16.1%。春季、夏季和秋季，全海域劣于第四类海水水质标准的海域面积分别为52280平方千米、41140平方千米和57360平方千米。2013年，全国生态环境质量总体"一般"，生态环境质量为"较差"和"差"的县域占30.3%。③卢洪友等对山东、广东、广西、湖北、湖南等9个省的城乡居民进行了入户问卷调查，结果显示，城乡居民对环境基本公共服务的满意度仅为26.7%，有73.4%的居民认为一般或者不满意；城乡居民对环境状况的客观评价也并不乐观，约有44.9%的居民户认为所在地的环境综合状况较好或者很好，有55.1%的居民户认为所在地的环境综合状况一般、较差或很差。④在国家资源环境综合绩效评估方面，2012年，中国在参与排序的79个国家中排第77位，是世界平均水

---

① 环境行政约谈是行政约谈中的一种，是近几年各地环保部门探索与实践的创新的环境监管方式。如2011年8月，江苏省环保厅将2011年上半年列全省116个县（市、区）环境信访总量前十名的县领导和环保局长进行约谈，要求其对辖区内的环境质量负责。详见郭少青《环境行政约谈初探》，《西部法学评论》2011年第4期。

② "河长制"，即由各级党政主要负责人担任"河长"，负责辖区内河流的污染治理。由江苏省无锡市首创，主要针对的是太湖治理问题，后被多地推广。

③ 数据来源于2014年《中国环境状况公报》（http://www.zhb.gov.cn/gkml/hbb/qt/201506/t20150604_302942.htm）。

④ 卢洪友：《环境基本公共服务的供给与分享》，《学术前沿》2013年第2期。

平的 5 倍。[①]

　　虽然看似政府每年都在增大对环境基本公共服务投入的力度，但这种投入只是绝对值的投入增大，而不是相对值的投入增大。2000—2013 年，我国环境污染治理投资占国内生产总值的比例波动上升，2013 年达到了 1.62%，然后，这一比例距离环境综合治理较好的发达国家 2.5%—3% 的平均水平还有很大差距。2013 年，污水和垃圾处理投资占 GDP 的比重仅为 0.1%。[②] 因此，我们可以说，我国的环境基本公共服务还是总量不足的，其提供不足以满足人们对环境质量的需求。

二　我国环境基本公共服务分配之区际差异

(一) 东、中、西部之间的分配差异

　　原国家环保总局、中科院等部门于 2002 年针对西部生态问题做了一项系统性调查，调查报告显示："我国西部的水土流失面积已占全国水土流失面积的 62.5%，沙化面积超过 16000 万公顷，占全国沙化面积的 90%，毁林毁草开荒严重，新增耕地 90% 以上来自对林地和草地的破坏，草地面积持续减少且质量下降。因生态破坏造成的直接经济损失约 1500 亿元，相当于同期国内生产总值的 13%。"[③] 苏利阳等基于 1993—2006 年全国及各省的环境污染事故数据，探析了 20 世纪 90 年代以来中国环境污染事故的空间分布规律，结果表明 "东部地区环境污染事故的发生次数呈现明显的下降趋势，中部地区与西部地区则在上下波动"，"从环境污染事故的直接经济损失来看，东部、中部在一定程度上呈下降趋势，但西部却上升态势。""从单位 GDP 环境污染事故直接经济损失来看，西部地区亦明显高于其他区域。""根据单位 GDP 的事故发生率，东中西部呈明显的阶梯状，东部最低，中部居中而西部最高。"另外，根据中国科学院可持续发展战略研究组（2006）2013 年对中国各省的资源环境综合绩效

---

　　① 数据来源于中国科学院可持续发展战略研究组《2015 中国可持续发展报告》，科学出版社 2015 年版，第 274 页。其中，资源环境综合绩效指的是一个地区 N 种资源消耗或污染物排放强度与全国相应资源消耗或污染物排放强度比值的加权平均。该指数越大，表明资源环境综合绩效水平越低；该指数越小，表明资源环境综合绩效水平越高。

　　② 刘子刚、刘喆、卫文斐：《我国环境保护基本公共服务均等化问题和实现路径》，《环境保护》2015 年第 20 期。

　　③ 资料来源于国家环保总局、中科院等部门和西部 12 个省、市、区的联合调查报告《西部地区生态环境现状调查报告》，2002 年。

水平分析报告显示，中国的资源环境综合绩效水平存在明显的空间差异，呈现出东部地区明显高于东北地区，东北地区高于中部地区，中部地区又高于西部地区的分布格局。① 诸项研究结果均表明，生活在西部地区的人民承受着较高的环境污染事故压力，环境污染事故带给西部人民的人均经济损失也超过了东部与中部。②

造成以上结果的主要原因就是环境基本公共服务在东部、中部和西部之间的分配差异。以城市生活垃圾处理水平为例，我国不同城市的生活垃圾处理水平之间存在较大差异，发展不平衡。东部地区由于经济发展水平高、投入力度大，生活垃圾处理设施数量相对较多，处理率较高。经济欠发达地区，受财力限制，生活垃圾处理设施数量相对较少，生活垃圾处理水平较低。③ 卢洪友等试图从"投入""产出"和"受益"三个角度对中国环境基本公共服务绩效进行综合评价，这也是世界银行对各国公共服务进行测评比较的基本依据。其根据指标构建思路，得到了 2003—2009 年的中国环境基本公共服务绩效的评估数据。环境基本公共服务综合绩效较高的省份主要集中在东部地区；综合绩效较低的省份主要集中在西部地区。④ 经济发达地区相比经济落后地区、城镇地区相比农村地区能够享受更好的环境公共服务是不争的事实。⑤

（二）城市、乡镇之间的分配差异

由于我国的城乡经济社会二元结构的存在，城乡差别一直是学者们探讨的热点，而城乡环境差异也逐渐进入了人们的视野。笔者在这里所探讨的环境差异有别于以往的讨论，笔者并没有将城乡环境差异与"户口"制度、农民和城市居民之间的政治身份差异结合探讨，⑥ 而将其纳入一个

① 中国科学院可持续发展战略研究组：《2015 中国可持续发展报告》，科学出版社 2015 年版，第 257—258 页。

② 苏利阳、汝醒君：《中国环境污染事故的演变态势与空间分布研究》，《科技促进发展》2009 年第 4 期。

③ 详见《全国城市生活垃圾无害化处理设施建设"十一五"规划》。

④ 其结论具体为："北京、上海、天津、江苏、浙江、山东、广东、内蒙古、吉林和宁夏 10 省区环境基本公共服务综合绩效较高，而这些省份主要集中在东部地区。安徽、江西、河南、湖南、云南、贵州、陕西、甘肃、青海、新疆 10 省区环境基本公共服务综合绩效较低，省份主要集中在西部地区。"详见卢洪友、袁光平、陈思霞、卢盛峰《中国环境基本公共服务绩效的数量测度》，《中国人口·资源与环境》2012 年第 10 期。

⑤ 卢洪友：《环境基本公共服务的供给与分享》，《学术前沿》2013 年第 2 期。

⑥ 对户口制度和政治身份在环境问题上造成差异将在农民工问题上进行探讨。

"地理"上的区域差异。其中最重要的原因之一就是我国乡镇工业的发展是基于地理性的。而笔者在此将城市与乡镇做出划分，也是基于一种地理意义上的考察，有别于基于城市居民和农民的政治身份划分的考察。

中国的乡镇工业发展是中国1978年经济改革以来所获得的最为卓越的成果之一。中国的乡镇经济包括了数以百万计的小型工业，涵盖了135.7百万的工人。① 它们的出现成了一个新生的经济力量，即在私人所有经济和国家所有经济中的中坚力量。任何国家都没有中国的乡镇工业发展得如此迅速和声势浩大。② 从很大程度上来讲，这样的增长速度也并不是中国政府计划或者预期的。③ 但是我国乡镇工业的发展也带来了严峻的环境问题。根据相关数据显示，我国的工业废水有2/3都倾倒进了河流、湖泊和海洋，其中有80%未经处理，这些未经处理的废水人部分又都来自乡镇工业。④

如果说乡镇的这种环境污染状况更多地源于一种工业污染，那么农村的环境污染状况更多地显示出农业特征，比如化肥的使用、秸秆的燃烧、污水灌溉等。据相关数据显示，我国农业污染量占全国污染总量的1/3—1/2，已经成为我国农村水体、土壤、大气污染的重要来源。⑤ 目前，全国化肥当季利用率只有33%左右，普遍低于发达国家50%的水平；我国是世界农药生产及使用第一大国，但目前有效利用率同样只有35%左右；每年地膜使用量约130万吨，超过其他国家的总和。⑥

2004年潘岳指出："城市环境的改善是以牺牲农村环境为代价，通过截污，城区水质改善了，农村水质却恶化了；通过转二产促三产，城区空

---

① Tilt, Bryan, Xiao, Pichu, "Industry, Pollution And Environmental Enforcement In Rural China: Implications For Sustainable Development", *Urban Anthropology and Studies of Cultural Systems and World Economic Development*, 2007, 36 (1/2): 115–143.

② Wang, Mark, Webber, Michael, Finlayson, Brian, Barnett, Jon, "Rural Industries and Water Pollution in China", *Journal of environmental management*, 2008, 86 (4): 648–659.

③ Bruton, G. D.; Lan, H. L.; Lu, Y., "China's Township and Village Enterprises: Kelon's Competitive Edge", *Academy of Management Executive*, 2000, 14 (1): 19–28.

④ Wang, Mark, Webber, Michael, Finlayson, Brian, Barnett, Jon, "Rural Industries and Water Pollution in China", *Journal of environmental management*, 2008, 86 (4): 648–659.

⑤ 黄朝武：《农村污染占全国污染三分之一》，《农民日报》2008年11月28日；郭廷忠等：《中国农业污染问题研究》，《安徽农业科学》2009年第4期。

⑥ 数据来源于《2014年中国环境状况公报》（http://www.zhb.gov.cn/gkml/hbb/qt/201506/W020150605383406308836.pdf）。

气质量改善了，近郊污染加重了；通过简单填埋生活垃圾，城区面貌改善了，城乡结合部的垃圾二次污染加重了。"① 卢洪友所提供的数据分析上更为清晰地显示出，经济发展水平越高，非农人口占比越高的地区，环境基本公共服务综合绩效水平越高，相关性系数达到 0.7 以上。②

　　一方面，环境政策的实施，很大程度上改善了城市的环境污染状况，但这些政策却没有在农村污染中做出应有的贡献。Chan 等人认为这种现象叫作实现差距；③ 另一方面，地区所采用的环境标准和环境政策实施效果存在很大差异，比如在大中型城市及其近郊建立火电厂的要求已经非常严格，但是随着对电力的需求，新型的火电厂很多就选择建立在农村地区。④

　　由此可以得出，我国的环境法律、法规与政策的制定、实施，在城市和乡镇、农村之间存在着巨大的差异。这会直接导致环境监管服务和包括基础设施建设的卫生服务在内的各类环境基本公共服务，在城市、乡镇和农村之间的分配产生差距。

　　在环保机构的设置上，目前我国绝大部分乡镇还没有建立专门的环境管理保护机构。全国 4 万多个乡镇、60 多万个行政村，绝大多数没有环保基础设施。自 2009 年起，全国才开始开展农村环境质量试点监测工作，每个省份仅监测 3 个村庄，到 2012 年，每个省份仅至少监测 12 个村庄。据统计，2009—2012 年全国累计监测试点村庄也仅有 1510 村次。⑤

　　在污水处理方面，截至 2014 年年底，全国设市城市污水处理厂达1797 座，城市污水处理率达到 90.2%。但对生活污水进行处理的行政村仅为 5.5 万个，占行政村总量的 10.0%。在生活垃圾处理方面，全国设市城市生活垃圾清运量为 1.79 亿吨，无害化处理率达 90.3%。但 2014 年对生活垃圾进行处理的行政村仅有 25.7 万个，占行政村总量的 47.0%。在饮用水方面，2014 年，根据全国 329 个地级及以上城市的集中式饮用水水源地统计取水情况，全年取水总量为 332.55 亿吨，服务人口 3.26 亿

---

① 潘岳：《环境保护与社会公平》，《中国经济时报》2004 年 10 月 29 日。

② 卢洪友：《环境基本公共服务的供给与分享》，《学术前沿》2013 年第 2 期。

③ Chan, Hon S., Wong, Koon‑kwai, Cheung, K. C., Lo, Jack Man‑keung, "The Implementation Gap in Environmental Management in China: The Case of Guangzhou, Zhengzhou, and Nanjing", *Public Administration Review*, 1995, 55 (4): 333–340.

④ Ma, Chunbo, "Who Bears the Environmental Burden in China: an Analysis of the Distribution of Industrial Pollution Sources?" *Ecological Economics*, 2010, 69 (9): 1869–1876.

⑤ 数据来源于中国环境监测总站《全国农村环境质量监测工作实施方案》，2014 年 2 月。

人，其中达标率为 96.2%。但同年度，国家安排农村饮水安全工程投资仅为 339.2 亿元，解决了 5844 万农村居民和 812 万农村学校师生的饮水安全问题。①

在公共健康方面，城市水污染的发病案例比例也显著低于农村，城市水污染 108 起案例中有 58 起案例波及健康危害，占城市水污染案例总数的 53.7%；农村水污染 163 起案例中有 119 起案例波及健康危害，占农村水污染案例总数的 73.0%。② 近年来，"癌症村"的问题日益突出，其从另一个角度说明了当前农村环境公共健康方面的问题严峻（中国癌症村的分布详见表 2-1）③。

表 2-1　　　　　　　　　中国癌症村统计④

省份	癌症村数（个）	癌症村名称
北京	1	顺义区木林镇后王各庄村
天津	2	北辰区西堤头镇刘快庄村与西堤头村
辽宁	>2	沈阳市东陵区东陵乡汪北村等几个制鞋村
河北	>29	深泽县西南留村等 3 镇 12 村；涉县包括固新、神头、井店等镇在内的部分村庄；蠡县辛兴镇南宗村、辛兴村，郭afield乡吴家营村；唐山市路北区缸窑路 78 号小区；迁西县吴庄村；沧州市小戟庄；黄骅临港化工园区中捷农场场部、十六队、刘官庄村、辛庄子村；东光县小张村、小刑村、大刑村；故城县青罕镇吴夏庄村；廊坊市下垫镇下垫村

① 数据来源于《2014 年中国环境状况公报》（http：//www.zhb.gov.cn/gkml/hbb/qt/201506/W020150605383406308836.pdf）。

② 王强等：《1996—2006 年我国饮用水污染突发公共卫生事件分析》，《环境与健康杂志》2010 年第 4 期。

③ 据资料显示，中国已有 197 个癌症村记录了村名或得以确认，有 2 处分别描述为十多个村庄和 20 多个村庄，还有 9 处区域不能确认癌症村数量，这样，中国癌症村的数量应该超过 247 个，涵盖中国大陆的 27 个省份。而从数据可以得出结论，除西藏、青海、甘肃、宁夏 4 省份尚未发现癌症村外，全国 27 个省份都有分布，这些省份的癌症村数量也相差悬殊。河南省的癌症村数量超过 39 个，北京、上海、广西、贵州、新疆、黑龙江、吉林 7 省份都只有 1 个癌症村，数量相差 39 倍以上。若以县级单位统计，则这 247 多个癌症村分布在全国的 126 个县级单位。126 个"癌症县"（指有癌症村的县级单位）占全国 2862 个县级单位（2004 年数据）的 4.4%。足可见，癌症村的分布也显示出明显的地区差异。

④ 资料来源于孙月飞《中国癌症村的地理分布研究》，学士学位论文，华中师范大学，2009 年。说明：乐安河沿岸十多个村庄记录为 >11 个；沈丘县沙颍河沿岸至少 20 个村庄记录为 >21 个；林县、涉县、启东、东陵区、临朐、丹徒区、个旧锡矿、孝妇河沿岸、黑河上蔡段的癌症村均记录为 >2 个。

续表

省份	癌症村数（个）	癌症村名称
江苏	>21	阜宁县古河镇洋桥村；阜宁杨集镇东兴村、角巷村、东南村；仪征市大仪镇杭集村；宝应县泾河镇刘上村；盐城盐都区龙冈镇新冈村；南京市江宁区麒麟镇窦村；金湖县华鼎化工某小区；金湖县陈桥镇新桥村；启东市部分村庄；吴江盛泽镇幸福村、扬善村；吴江市梅堰镇上练村；无锡崇安区广益村黄泥头村、广丰村；常州市新北区春江镇新华村；镇江市丹徒区（高桥村、土门村等）；泰兴市古溪镇鲍顾村
上海	1	金山区增丰村
浙江	7	杭州萧山区南阳镇坞里村、赭山街村；台州市椒江区罗埠镇岩头村；天台县街头镇后坑塘村；湖州市织里镇林圩村；嘉兴田乐乡双塔村、西雁村
福建	4	东山县康美镇康美村；石狮市蚶江镇水头村；屏南县屏城乡溪坪村；长乐市湖南镇西宅村
山东	>20	肥城市安驾庄镇肖家店村；宁阳县华丰镇前吕村；阳谷县西关村、邵楼村、西汉庄村、国庄村；高唐县、茌平县等徒骇河沿岸的大高村、东街村、北街村、南街村、西街村；滨州麻大湖区付桥村、孟桥村；广饶县大王镇高卜纸村；淄博市张店区付家镇黄家村；邹平县孝妇河沿岸村庄；滕州市东郭镇后良村；临朐县辛寨镇李家沟村等
广东	25	翁源县大宝山矿区上坝村、凉桥村、塘心村、阳河村、小镇村5个村；深圳市南山区赤湾村、港湾小区；清远市阳山县江英镇斜塘村；徐闻县锦和镇后山溪村；惠州市惠城区马安镇上寮村；惠州市惠阳区淡水镇银坑村；广州市黄埔区南岗镇南岗村；汕头市潮阳区贵屿镇华美村；揭阳市东山区磐东镇（榕江中下游村镇）南河、溪墘、城南、浦东、河中5村；饶平县黄冈镇碧洲村；茂名市茂南区金塘镇上垌村、百福堂村等；雷州市北和镇龙斗村；廉江市安铺镇鹤塘村、二林村和二房村；东莞市虎门镇远丰村
广西	1	贺州市黄田镇东水村
海南	4	三亚市乐东莺歌海镇新村；万宁市东澳镇新群村；澄迈县老城镇马村；琼海市阳江镇上科村
山西	>5	临猗县嵋阳镇南智光村；清徐县马峪乡都沟村；临汾市尧都区刘村镇北芦村；山西襄垣红土坡村等
内蒙古	5	乌海市海南区公乌素镇北山村；赤峰翁牛特旗白音套海苏木响水村；包头市昆都仑区新光村、打拉亥村；内蒙古土右旗木头湖村
吉林	1	吉林市龙潭区龙潭乡龙兴村
黑龙江	1	泰来县明月村
安徽	25	淮北市杜集区石台镇刘庄村；淮南市田家庵区姚家湾村；阜阳市颍东区向阳办事处岳湖村；颍上县新集镇下湾村；蚌埠市龙子湖区长淮镇仇岗村；蚌埠市禹会区长青乡王岗村；肥东县桥头集镇太平村；肥西县滨湖滨光村；宿松县洲头乡金坝村吴灯组；宿州杨庄乡16个靠近奎河的行政村

续表

省份	癌症村数（个）	癌症村名称
江西	>21	新建县望城镇璜溪乡垦殖场；景德镇乐安河流经的 8 乡 10 多个村；玉山县岩瑞镇关山桥村；吉安市吉州区长塘镇荷洁村；宜黄县桃陂乡清溪村；南昌县黄马乡涂洪村老下自然村；余干县新生乡柏叶房村；分宜县高岚乡夏塘村；修水县马坳镇白土村和梧坪村
河南	>39	沈丘县东孙楼村、黄孟营村、孟寨村、孙营村、陈口村、大褚庄、杜营村等至少 20 个村庄；浚县屯子镇北老观嘴村、码头村、西皮村；长垣县常村镇前孙东村；西平县吕店乡洪村铺等沿洪河八村；黑河上蔡段；博爱县阳庙镇聂村；新乡县合河乡范岭村；林州市任村镇盘阳村等
湖北	6	襄樊市朱集镇翟湾村；应城市黄滩镇艾堤村；石首市孙家拐村、张城垸村；武穴市武穴办事处二里半村；黄石市河口镇牯牛洲村
湖南	5	醴陵市王仙镇三狮村；隆回县滩头镇大托院子村；攸县庙下村龙上组村；常德市武陵区丹洲乡桂花园村；常德市武陵区东江乡东江村
四川	5	渠县三汇镇丰乐乡茅滩村；什邡市双盛镇亭江村；蓬溪县文井镇广门桥村；简阳市简城镇民旺村、西风村
重庆	5	梁平县碧山镇黄桥村；合川区龙市镇飞龙村第六、第七两个村民小组；长寿区长寿湖镇东海村 10 组；铜梁县西泉镇嘉陵江支流小安溪沿岸村落
陕西	4	商洛市商州区刘湾街道办贺嘴头村；华县瓜坡镇龙岭村；高陵县雨金镇银王村；西安市未央区草滩农场
新疆	1	呼图壁县乱山子村
云南	>7	宣威市来宾镇虎头、来宾、高家、宗范、冷家村；个旧锡矿矿区
贵州	1	盘县柏果镇柏果村

在环境风险的分配上，垃圾处理场、高污染工厂等往往不成比例地建在农村地区特别是穷乡僻壤，以及低收入群体或者弱势群体占多数的地区。①

（三）资源型与一般城市之间的环境基本公共服务差异

资源型城市是指依托资源兴建或发展起来的城市，它的资源型产品在城市工业中占有较大比重，而这些资源大多是不可再生资源，如煤炭、有

---

① 卢洪友：《环境基本公共服务的供给与分享》，《学术前沿》2013 年第 2 期。

色金属、石油等。我国现今共有资源型城市共有 118 个,[①] 约占全国城市数量的18%。据不完全统计,这些资源型城市为我国经济社会发展提供了90%以上的煤炭和石油,80%以上的铁矿石,70%以上的天然气和重要矿产资源,其在加快我国城市化进程、促进区域发展和增强国家的综合国力等方面均发挥了重要作用,可以说,新中国60余年的飞速发展,与这些资源型城市的支撑性贡献是分不开的。[②]

在此之所以用资源型城市和一般性城市之间的环境质量差异作比较(图2-2将展现出资源型城市和一般的综合性城市之间的差别),是因为资源型城市的"外部性"特征,我国自然资源的不合理的价格,城市发展的非可持续性等因素,这些城市正面临着巨大的环境问题与社会问题。国家于2008年、2009年和2011年分三批公布了69个资源枯竭型城市的名单,[③] 这些城市面临着巨大的环境污染和生态破坏的问题,而其他尚处在发展期或者兴盛期的资源型城市,也普遍面临着严峻的环境问题。[④]

基于历史原因,大部分资源型城市在兴起之初和高速发展的过程中都走着"先生产、后生活"的模式,掠夺式的开发和粗放的经营管理模式使得这些资源枯竭型城市在发展过程中,开发速度大大超过了环境承载能力,环境污染问题相当严重,如重金属污染、固体废弃物堆积、"三废"污染等。这些城市因所依靠资源的属性不同,其所面临的环境问题也有所差异。如煤矿城市主要面临着水资源缺乏、粉尘污染、矸石堆放等问题;金属矿业城市主要面临着重金属土壤污染、地下水污染、大气污染、地质灾害等问题,但环境问题的严峻性均已迫在眉睫。

虽然一般的综合性城市也面临着部分的环境问题,但整体而言,由于

---

① 资源型城市(包括资源型地区)是以本地区矿产、森林等自然资源开采、加工为主导产业的城市类型。按照资源的种类,可分为煤矿城市、有色冶金城市、黑色冶金城市、石油城市、森工城市等类型。

② 王树义、郭少青:《资源枯竭型城市环境治理的政府责任》,《政法论丛》2011年第5期。

③ 按照"资源开发的生命周期理论",资源型城市都有发展、兴盛和衰竭的周期。资源枯竭型城市是资源型城市中的资源走向枯竭时的状态。

④ Suocheng, Dong, Zehong, Li, Bin, Li, Mei, Xue, "Problems and Strategies of Industrial Transformation of China's Resource - based Cities", *China Population, Resources and Environment*, 2007, 17(5): 12-17.

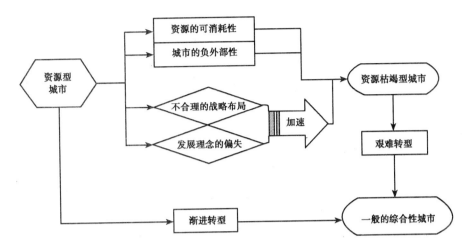

图 2－2 资源型城市转变成一般的综合性城市路线

产业结构不同，其面对的环境压力远远小于资源型城市。由于开采、冶金、化工等高耗能产业为资源型城市发展过程中的支柱产业，这些产业所带来的环境负面影响便均由这些城市承担。实际上，这些资源型城市长期充当低价格初级矿产资源产品输出者的角色，其产品价格中没有纳入应有的资源价格和环境成本。沿海的大城市、发达地区、消费这些工业成品的城市在这样的体制下，享受了极高的利益。它们既不用承担资源开采的高风险，又不用承担因资源开采所造成的种种生态破坏和环境污染的后果，反而享有了低廉的初级产品。①

三 我国环境基本公共服务分配之群际差异

我国的环境群际不公的问题是与其他社会福利提供上的不公平紧密相关的。以上海市为例（详见表 2－2），因户籍身份的不同使得住在相同区域的人们所接收的社会福利相去甚远。在教育、医疗、社会等方面的福利差异，导致人们在工作选择上和居住环境的选择上产生较大的差异。如没有住房保障安排的人，为了节省开支，必然会选择居住环境较差但价格较为便宜的区域居住；没有就业培训服务提供，人们的就业能力和工作选择范围会受到限制，使得其对"危险工种"的选择率提高；没有医疗保险，

① 观点详见张梓太等《结构性陷阱：中国环境法不能承受之重》，《南京大学学报》2013年第 2 期。

相关群体受到了环境侵害也得不到有效的救济等。所以，环境群际不公并不是一个单纯的环境不公的问题，而是同其他社会福利的提供和其他社会制度，如户籍制度、社会保险体系的制定等密切相关的。

表 2 - 2　　城市不同人群的权益与福利比较——以上海为例①

	户籍人口	人才类居住证	一般居住证（就业、投靠就学类）	临时居住证
养老、医疗和事业等社会保险	1. 城镇职工社会保险（包括养老、医疗、失业、工伤、生育保险）； 2. 小城镇社会保险；被征地农民养老待遇	城镇职工社会保险（包括养老、医疗、失业、工伤、生育保险）	外来从业人员综合保险（包括养老、医疗、工伤，强制参加、单位缴费）	无住房保障安排
社会救济	最低生活保障	无	无	无
子女教育	1. 子女接受义务教育和普通高中教育（义务教育可在户籍所在地就近入学）； 2. 参加上海卷高考	1. 子女在义务教育和普通高中教育阶段可享受市民待遇； 2. 子女可以参加上海卷高考，但与市民待遇有所差别	1. 子女可以申请接受义务教育（但公办学校就读人数有限）； 2. 不可以在上海参加高考	1. 子女可以申请接受义务教育（以农民工子弟学校为主）； 2. 不可以在上海参加高考
就业与培训	除居住证相关待遇外， 1. 包括下岗再就业培训在内的各种公益性技能培训； 2. 公务员报考； 3. 部分企业事业单位招聘户籍优先性； 4. 对就业困难群体协保等照顾性安置政策	除一般居住证待遇外， 1. 以短期、项目聘用方式接受行政机关聘用； 2. 境外人员可以以技术入股或投资等方式创办企业	1. 可按规定参加本市专业技术职务资格评定、考试和登记； 2. 按规定参加各类非学历教育和职业技能培训以及国家职业资格鉴定； 3. 可申请认定高新技术成果转化项目、参与科技项目招投标、申报科技奖励等； 4. 参加劳动模范、三八红旗手评选	可持临时居住证办理就业

---

　　① 郭秀云：《从"选择制"到"普惠制"》，《社会科学》2010 年第 3 期。根据《上海市居住证暂行规定》及其实施细则、《引进人才实行〈上海市居住证〉制度暂行规定》《上海市外来从业人员综合保险暂行办法》以及与户籍人口相关的制度法规和实际执行的政策整理而得。

续表

	户籍人口	人才类居住证	一般居住证（就业、投靠就学类）	临时居住证
住房保障	1. 城镇职工享有住房公积金和住房补贴； 2. 享有经济适用房和廉租房政策待遇； 3. 住房动拆迁补偿安置	按规定缴存和使用住房公积金	无住房保障安排	无住房保障安排
其他福利或权益	享有居住证持有者所有的待遇外， 1. 享受更多的本市计划生育服务； 2. 结婚登记注册； 3. 政治权利（如选举权、被选举权等）	除一般居住证待遇外， 1. 境内人员可以办理因私出国商务手续； 2. 随同配偶或未成年子女可申领《居住证》； 3. 境外人员外汇兑换	1. 国家规定的基本项目的计划生育技术服务； 2. 十六岁以下随行子女可接受本市计划免疫等服务； 3. 境内人员可以申报上海市发明创造专利奖； 4. 申请机动车驾驶证	1. 国家规定的基本项目的计划生育技术服务； 2. 十六岁以下随行子女可接受本市计划免疫等服务

　　本书将我国的环境群际不公问题分为三组，第一组为"城中村居民与一般城市居民之间的环境不公"；第二组为"农民工及一般城市居民之间的环境不公"；第三组为"特种职业从业人员和一般职业从业人员之间的环境不公"①。

表 2 – 3　　　　　　　　我国环境群际非正义的相关社群

	第一组	第二组	第三组
环境基本公共服务 分配之群际差异	城中村居民	农民工	特种职业从业人员
	一般城市居民	一般城市居民	一般职业从业人员

（一）城中村与一般城市居民之间的分配差异

城中村问题是由我国特殊的城乡二元社会结构和快速的城市化进程所

---

　　①　其中，城中村居民和农民工群体之间有相当大的比例重复，在此笔者将农民工群体特别列出，以期相关部门能对此问题给予关注。另一方面，城中村居民同"农民"之间也有相当大的重复比例，原则上在"城乡环境差异"中也有所体现，但是正如笔者所言，笔者所谈及的城乡环境差异注重在"地理区域上"的分析，城中村由于其地理上的特殊性，其同城市在地理方位上并无异处，所以笔者在此将其纳入"环境群际不公"的问题分析当中。

共同导致的。城中村具体指的是在城市化进程中，由于全部或者大部分耕地被征用，农民仍在原村落宅基地上居住而演变形成的居民区。城中村居民由于耕地已被征用，其丧失了正常的经济来源，却又地处城市之中，大多数情况下，其村民便于用地理上的优势兴建房屋，租售给外来务工人员，成了流动人口在城市中的主要聚集地。

村庄内部所有公共设施几乎没有国家或者公共财政的投入。按现行法律，这些公共投入归村民自治解决。比如自来水、污水处理、垃圾回收等都是靠集体解决，落后的管理方式使其内部的环境公共服务系统相较于城市而言，显得落后许多；同时由于居住建筑的普遍高密度，造成公共绿地和其他公共设施的严重缺乏，使整个城中村脏、乱、差现象极为突出。①

很多城中村内部居民还沿袭着农村的生活方式，一些北方的城中村调查报告中显示，城中村虽然地处城市，但由于基础设施没有同城市对接，其环境污染问题呈现出更多的农村"特色"。如呼和浩特市"城中村"由于天然气、城市集中供热管道未能延伸至此，清洁能源使用率低，居民采暖、炊事、餐饮业和其他商业网点普遍燃用煤炭，年煤炭消耗量20.6万吨，全部按燃用精煤计算，排放烟尘1854吨，二氧化硫2884吨。②

再者，由于城中村成了城市环境监管的盲区，其依托城市优势，"城中村"建有较多小企业和加工业，如小机械加工厂、食品加工点等。这些企业大部分规模小、分布零散、设施简陋、生产工艺落后、流动性和临时性的较多，存在较大环境污染问题。③

更为值得关注的是，由于大多数的城中村居民文化程度不高，缺乏相应的环境健康方面的知识，不能正确地认识环境中的健康危险因素，致使城中村居民在高暴露的情况下，不采取或不能采取有效的应对措施，从而增加了居民的环境健康风险。④

① 崔崎：《呼和浩特市"城中村"环境污染现状及防治对策》，《内蒙古环境保护》2005年第3期。
② 同上。
③ 同上。
④ 赵斌：《昆明市城中村居民与环境相关健康问题研究》，硕士学位论文，昆明医学院，2011年，第30—32页。

（二）农民工与一般城市居民之间的分配差异

我国的户口制度建立于 20 世纪 50 年代，由于当时城市的食品和能源短缺，户口制度可以限制从农村流往城市的移民。[①] 但户口制度让城市居民在诸如食品补助、城市就业、住房、医疗、退休金、教育、社会福利和文化活动等方面都优于农村人口。[②] 这就产生了我们熟知的"城乡二元经济社会结构"。这种社会结构在诸多社会福利方面，包括环境保护的投入方面都呈现出极大的不均衡性，在此不再赘述。笔者在此所强调户口制度的目的，旨在指出环境基本公共服务分配不公的问题，即农民工的环境利益分配不公的问题。

自 20 世纪 80 年代开始，中央制定了政策鼓励乡镇工业化以吸收农村剩余的劳动力，为乡镇政府提供主要的税收，同时提高乡镇地区的家庭收入。[③]到 2013 年，我国已经有 670 多万个乡镇企业，吸纳了 1 亿名工人，粗略计算产值为 47.6 亿万元。[④] 另外，我国的乡村移民[⑤]从 1990 年的 5000 万人增长到 2014 年的 27395 万人，在我国第三产业中的比重占到了 42.9%，第二产业中的比重占到了 56.6%。[⑥] 这为我国的经济增长提供了强大的劳动力保障。但由于户口政策，他们并没有被当作城市居民，不能享有城市居民所享有的相应权利，同时处于较低的社会地位。[⑦] 国家统计局 2006 年的数据显示，大部分的农村移民居住在他们的工作环境当中，同时传统观点和实证的证据也显示出农村移民大部分都在艰苦且肮脏的环

[①]　Ma, Chunbo, "Who Bears the Environmental Burden in China: an Analysis of the Distribution of Industrial Pollution Sources?" *Ecological Economics*, 2010, 69 (9): 1869 – 1876.

[②]　Ibid.

[③]　Tilt, Bryan, Xiao, Pichu, "Industry, Pollution And Environmental Enforcement In Rural China: Implications For Sustainable Development", *Urban Anthropology and Studies of Cultural Systems and World Economic Development*, 2007, 36 (1/2): 115 – 143.

[④]　数据来源于 2013 年《中国农业年鉴》。

[⑤]　指的是中国城市化进程中居住在城市中，却没有享有城市居民身份的人们，其可能是城中村的农民，也可能是城市近郊居住的农民。

[⑥]　数据来源于 Li, Lu, Wang, Hong – mei, Ye, Xue – jun, Jiang, Min – min, Lou, Qin – yuan, Hesketh, Therese, "The Mental Health Status of Chinese Rural‐urban Migrant Workers: Comparison with Permanent Urban and Rural Dwellers", *Social Psychiatry and Psychiatric Epidemiology*, 2007, 42 (9): 716 –722 和《2014 年全国农民工监测调查报告》。

[⑦]　Chan, Kam Wing, Zhang, Li, "The Hukou System and Rural – Urban Migration in China: Processes and Changes", *The China Quarterly*, 12/1999, Volume 160, Issue 160, pp. 818 – 855.

境中工作。[1]

（三）特种职业与一般职业从业人员之间的分配差异

与在相应的工厂里工作相联系的是来自工作压力、放射性物质和有毒化学物质的风险，在不同职业间的分配是不平等的。特别是临近工业生产中心的居住区——永久地接触着空气、水和土壤中的各种污染物——它们对于低收入群体来说是比较便宜的。因为害怕失去收入，就会有更高的忍受限度。[2]

笔者在此所提及的特种职业主要指的是更具有环境风险的相关行业，卫生部提供的数据可以显示，2014 年国内共报告职业病 29972 例，其中煤炭开采、洗选业、有色金属矿采选业和开采辅助活动行业的职业病病例数较多，共占全国报告职业病例数的 62.52%。[3] 卢文婷在对某镍镉电池生产厂进行作业场所职业病危害因素检测和作业健康检查后得出结论，该厂有 11 个岗位空气中的镉及其化合物短时间接触浓度超过国家职业卫生标准，占总岗位比例的 73.33%。其中短时间接触浓度最高达 0.831—0.848mg/m^3，超过国家标准近 42 倍。[4]

职业病已经日益成为人们关注的焦点，如广州的尘肺病问题一度掀起了社会舆论高潮。实际上，在当下的中国，职业病问题是同弱势群体问题紧密相关的。愿意从事这些高危行业的从业人员，往往是愿意以牺牲个人健康为前提而谋生的弱势群体，往往是外来务工人员，其中不乏大部分的农民工群体。这些弱势群体一方面在知识积累上不足以清晰地认识到这些高危行业在未来给他们所带来的环境损害的严重性，也没有相应的知识体系来诉诸法律途径寻求帮助；另一方面，目前的环境损害赔偿制度尚不完善，相关的职业病患者只能从环境损害中获取有限的赔偿。而更值得关注的是，由于在职业病患者中有大部分都属于农民工群体，他们的医疗保障制度并不归属于城市体系，所能得到的赔偿就更为微薄。即我们社会发展中的最为危险的职业从业者，赚取的是最为微薄的利益，却承担着最为严重的环境损害。

① Ma, Chunbo, "Who Bears the Environmental Burden in China: an Analysis of the Distribution of Industrial Pollution Sources?" *Ecological Economics*, 2010, 69 (9): 1869 – 1876.

② ［德］乌尔里希·贝克：《风险社会》，何博闻译，译林出版社 2004 年版，第 37 页。

③ 《我国 2014 年报告职业病 29972 例》，《山西晚报》2015 年 12 月 4 日。

④ 卢文婷：《某镍镉电池厂职业病危害调查分析》，硕士学位论文，中南大学，2011 年，第 15 页。

第三章　我国环境基本公共服务分配不公的原因分析

第一节　根本性原因：中国式分权的影响

一　中国式分权与地方发展型政府的行为逻辑

"中国式分权"是建立在财政分权的制度基础上的，但又有别于一般国家的地方分权。1994 年所实施的"分税制"是我国目前财政分权的基础，也成为政府间责任划分的基础性制度。而伴随着我国的经济体制改革，政治权力的下放也成为趋势。但这种行政分权却是"犹豫不决"的，进而形成了"纵向的行政问责"体制。地方财政的联邦主义加之纵向的行政问责体制，最终形成了具有中国特色的"中国式分权"（Fiscal Decentralization，Chinese Style）。Montinola 等是最早提出"中国式分权"理论的学者，并总结出了中国式分权同西方联邦制的差异：首先，西方的联邦主义是建立在一个明显的以保护个人权利为基础的系统上的；其次，西方的联邦主义有一个很强大坚实的宪政基础；最后，西方的联邦主义同政治自由、代表制和民主紧密相连，但这些在中国都得不到体现。[1]

所谓中国式分权，应该是将政治集中和经济分权结合在一起进行讨论的一种分权模式。[2] 其核心内涵是地方政府财政分权和垂直的政治治理体

---

[1]　Montinola, Gabriella, "Federalism, Chinese Style: the Political Basis for Economic Success in China", *World Politics*, 1995, 48（1）: 50 – 81.

[2]　Shleifer, Andrei, Blanchard, Olivier, "Federalism with and without Political Centralization: China versus Russia", *IMF Staff Papers*, 2001, 48（Special issue）: 171 – 179.

制的统一，缺一不可，这同西方的财政与政治治理的联邦制存在很大的差异。从更宏大的视野看，中国式分权是中国经济改革先行、政治改革滞后的渐进道路的一个表征。①

（一）中国式的财政分权②

1. 纵观历史：我国财政体制的集权与分权

纵观我国自新中国成立开始的财政体制改革，跌宕起伏，多次的权力上收和权力下放，其实就是中央政府根据经济形势和政治形势所采取的分权和集权的交替政策。总的来说，我国的财政集权和分权是和中央与地方的政治权力变迁完全同步的，我国经历了三次大规模的财政分权：1958—1961 年的"大跃进"、1970—1976 年的"文化大革命"混乱以及改革开放以来的"放权让利"。经过几次循环之后，我国才采取了目前的分税制。③

（1）新中国成立初期高度集中的统收统支的预算管理体制

新中国成立初期，中国政府处在"强政府"时期。国家为了扭转财政经济的困难局面，采取了统一财政经济管理的重大决策，财政管理体制也实行了高度集中的统收统支办法。在第一个五年计划（1953—1958 年）期间，中央财政收入占总收入的 80%，总支出的 75%，全国的经济活动纳入中央计划之中，地方机动性和灵活性很小。④ 此种财政管理休制，在短时期内改变了过去长期分散管理的局面，并稳定了物价，促进了财政经济状况的好转。⑤ 但随着社会和经济的发展，这种僵硬的管理体制渐渐显露出其问题，并不再适应形势需要。

（2）"大跃进"时期的下放财权和最终的权力上收

20 世纪 50 年代末的财政权力下放是顺应当时权力下放的大环境的政

---

① 傅勇：《中国式分权、地方财政模式与公共物品供给：理论与实证研究》，博士学位论文，复旦大学，2007 年，第 9 页。

② 其研究为什么提供物品和服务的职能、权力要在不同层级之间划分，并且研究这种划分在某时的决定和随实践的变化。关于支出、调控、再分配、稳定和税收职责的讨论会自然导致关于这些权力的协调的讨论。反映在政府间转移支付的上下财政不平衡也是一个重要问题。See Breton, Albert, *Competitive Governments: An Economic Theory of Politics and Public Finance*, Cambridge University Press, 1996.

③ 张千帆：《中央与地方财政分权——中国经验、问题与出路》，《政法论坛》2011 年第 5 期。

④ 同上。

⑤ 尹一宽：《中国财政体制改革与新税制》，武汉大学出版社 1996 年版，第 1 页。

策改革，其主旨是为了克服官僚问题。如果各地能建立相对自给自足的经济体系，那么一个庞大的中央管理体系就没有必要存在了。①

1957 年国务院发布了《关于改进工业管理体制的规定》《关于改进商业管理体制的规定》和《关于改进财政管理体制的规定》，并于 1958 年开始实施，将一部分中央企业下放给地方政府管理，同时进行的财政管理体制改革与工业、商业管理体制改革同步，扩大了地方政府的财政管理权限。

1957—1961 年，中央直属企业的工业产值占总产值比重从 40% 下降到 14%，地方政府占财政预算支出的比重从 29% 上升到 55%。中央政府的财政开支下降 14%，省财政开支增加近 150%。②

但由于"大跃进"时期政府在经济上的错误判断、三年自然灾害的侵袭和当时苏联政府的撕毁合同，我国的国民经济在 20 世纪 50 年代末 60 年代初一度出现严重的困难。于是 1961 年，中央提出了对国民经济实行"调整、巩固、充实、提高"的方针，又将财政权力上收，以统一调配人力、物力和财力。③

（3）从"定收定支、收支包干"到"增收分成、收支挂钩"

1970 年，国家再度决定把大部分企业下放给地方政府管理，并在财政管理体制上实行"定收定支、收支包干、保证上交、结余留用、一年一定"的办法。即每年中央根据国民经济发展计划指标，核定各地方政府的预算收支总额，收大于支的地方，其超出部分由地方包干上交中央；支出大于收入的地区，由中央预算按差额给予补贴。这一体制的实施扩大

① 王绍光：《分权的底线》，中国计划出版社 1999 年版，第 34 页。20 世纪 50 年代末毛泽东的下放权力政策首先下放的是财权，第二个下放的是计划管理权，第三个下放的是企业管理权。但是由于地方手里的钱躲起来以后，就急不可待地扩大基本建设规模，一时间，计划外项目遍地开花。就全国而言，1958 年的基建投资达 267 亿元，比 1957 年增加了 97%。基建膨胀导致了宏观失衡，结果导致了巨额的赤字。详见王绍光《分权的底线》，中国计划出版社 1999 年版，第 35—36 页。

② 张千帆：《中央与地方财政分权——中国经验、问题与出路》，《政法论坛》2011 年第 5 期。

③ 1961 年后，中国恢复了对国民经济的集中统一管理。前几年下放的生产、基建、劳动、收购、财务等管理权限统又收回到中央手中。中央先后颁布了"银行六条"和"财政六条"。"双六条"的实施有效地改变了财政分散、制度不严、管理松弛的现象。重新集中财权使中央能在短期内实现压缩基建、调整国民经济各种比例关系、消除财政赤字等宏观目标。到 1965 年，国民经济已全面好转。详见王绍光《分权的底线》，中国计划出版社 1999 年版，第 36—37 页。

了地方的财权，调动了地方对社会经济事业发展的积极性，但也不利于调动地方政府增收节支和平衡国家预算的积极性，因此，从 1976 年开始，中央又恢复了"总额分成、一年一变"的办法。① 同时，为了更好地发挥中央与地方两者的积极性，1978 年，除在多数地方政府实行"总额分成"的财政体制外，国家在部分省市还试行了"增收分成、收支挂钩"的办法。②

（4）20 世纪 80 年代的"划分收支、分级包干"体制

1982 年中央颁发了《关于实施"划分收支、分级包干"的财政管理体制的暂行规定》，全面进行财政管理体制改革，即"分灶吃饭"的财政体制。③ 除了推行财政包干制以外，中央大规模下放了经济管理权限，"条条为主"逐渐过渡到"块块为主"④。

表 3－1   中国财政改革路线⑤

时间	财政改革
新中国成立初期	中央实行全国统一的财政收支管理体制。人、财、物和产、供、销由中央部委统一管理，实行"条条专政"
20 世纪 50 年代末	除了少数中央直接管理的企业收入，其他财政收入全部划归地方。1958 年"大跃进"，计划失控，1959 年 3 月开始，中央又将下放的权力上收
20 世纪 70 年代	1971—1973 年，中央对地方实行收支包干的体制。1976 年又重新集中。1977 年开始，江苏、四川开始实行包干分成制

---

① 尹一宽：《中国财政体制改革与新税制》，武汉大学出版社 1996 年版，第 6—8 页。

② "增收分成、收支挂钩"的具体内容是：第一，国家核定地方增收分成比例，一定三年不变，以便于地方有计划地安排和使用其机动财力。增收分成比例，由中央和地方协商确定。第二，实行增收分成后，原来作为机动财力分配给地方政府的"体制分成"部分，不再分成。第三，增收分成的计算方法是：以上年决算收入为基数，计划年度收入执行结果比上年决算数增加部分，乘以增收分成比例，即为地方机动财力。第四，国家每年根据核定的地方预算收支指标，确定地方当年收支挂钩的收入留成比例。收入任务完成后，地方可以按支出指标开支，支出有结余时，除国家另有规定者外，全部留给地方使用。收入任务未完成的，地方要相应紧缩开支，自求平衡。

③ "分灶吃饭"的财政体制主要包括：第一，按照经济管理体制规定的隶属关系，明确划分中央和地方的收支范围；第二，合理确定地方财政的收支基数和上解补助额；第三，设立老、少、边、穷地区发展资金；第四，其具体形式为固定收入比例分成、调剂收入分成办法、定额补助、民族地区财政体制、大包干体制；等等。

④ 丁骋骋、傅勇：《地方政府行为、财政、金融关联与中国宏观经济波动》，《经济社会体制比较》2012 年第 6 期。

⑤ 同上。

时间	财政改革
20世纪80—90年代中期	中央实行"收支划分、分级包干"的财政管理体制，从原来的"大锅饭"过渡到"分灶吃饭"的新体制。除了推行财政包干制以外，中央大规模下放了经济管理权限，"条条为主"逐渐过渡到"块块为主"
20世纪90年代中期	实行分税制改革。划分中央与地方的事权和支出，同时以税种划分中央和地方的财政收入，税收实行分级管理，成立国税局，这彻底改变了过去所有税收主要依靠地方征税机关征收的做法

纵观1949年至20世纪90年代初的财政改革，总体而言有如下特点：首先，中央和地方财权分配大起大落，缺乏稳定的法律规范；其次，财政包干体制导致地区分配不公，不同形式的包干在基数和比例上都不统一，容易产生地方冲突。① 于是，为了进一步理顺中央和地方的财政分配关系，更好地发挥国家财政的职能作用，我国于20世纪90年代中期实行了"分税制改革"，划分了中央与地方的事权和支出，彻底改变了过去所有税收主要依靠地方征税机关征收的做法。

2. 财政分权的基础：分税制改革②

（1）分税制改革的基本内容

1993年12月15日国务院发布了《关于实行分税制财政管理体制的决定》，自1994年起对各省、自治区、直辖市以及计划单列市实行分税制财政管理体系。建立分税制财政管理体制的总体目标是：适应社会主义市场经济发展的客观需要，按照税种划分中央和地方的收入范围，合理界定中央和地方政府间的财政分配关系，促进社会资源的优化配置。③ 中央和地方之间的财政支出划分为：中央财政主要承担国家安全、外交和中央国

---

① 张千帆：《中央与地方财政分权——中国经验、问题与出路》，《政法论坛》2011年第5期。

② 1994年的财政改革涉及以下几个方面的变化：第一，这次改革从根本上改变了中央和地方政府间的税收分成方法。过去各种税收名义上化成了三类：中央税、地方税和共享税。其实中央与地方的分成取决于双方协商的地方上解比例，而各种税款是杂在一块的。在新体制下，税种仍可分为三类，但对各类所包含的税种做了调整。第二，确立了一种以规则为基础的税收分成方法，即中央税归中央政府，地方税归入地方财政，而共享税则按规定的比例进行分配。第三，不再允许地方政府擅自批准减免税。第四，统一了税收管理，中央不再委托地方税务机关完成征收几乎所有税目的工作，而是建立了自己的税收机构。详见王绍光《分权的底线》，中国计划出版社1999年版，第118—120页。

③ 朱丘祥：《以完善分税制改革为契机促进中央与地方关系的和谐发展》，《中央与地方关系法治化国际学术研讨会论文集》，2007年1月6日。

家机关运转所需经费，调整国民经济结构、协调地区发展、实施宏观调控所必需的支出以及由中央直接管理的事业发展支出。[①] 地方财政主要承担本地区政权机关运转所需支出以及本地区经济、事业发展所需支出。[②] 实际上，1994 年实行的分税制也旨在提高"两个比重"，即财政收入占 GDP 的比重和中央财政收入占全国财政收入的比重（详见表 3 – 2）。

表 3 – 2　　　　　　　　中国 1994 年分税制改革的主要内容[③]

类别	中央	地方
事权和财政支出范围	中央财政主要承担国家安全、外交和中央国家机关运转所需经费，调整国民经济结构、协调地区发展、实施宏观调控所必需的支出以及中央直接管理的事业发展支出	本地区政权机关运转所需支出以及本地区经济、事业发展所需支出
中央和地方收入划分	划分为中央税、地方税和共享税。中央与地方共享收入包括：增值税、资源税、证券交易税。增值税中央分享 75%，地方分享 25%。资源税按不同的资源品种划分，大部分资源税作为地方收入，海洋石油资源税作为中央收入。证券交易税，中央与地方各分享 50%	
中央对地方税收返还数额	返还额以 1993 年为基期年核定。按照 1993 年地方实际收入以及税制改革和中央与地方收入划分情况，核定 1993 年中央从地方净上划的收入数额。1993 年中央净上划收入，全额返还地方。1994 年以后，税收返还额在 1993 年基数上逐年递增，递增率按全国增值税和消费税的平均增长率的 1：0.3 系数确定。如若 1994 年以后中央净上划收入达不到 1993 年基数，则相应扣减税收返还数额	
妥善处理原体制中央补助、地方上解以及有关结算事项	原体制中央对地方的补助继续按规定补助。原来中央拨给地方的各项专款，该下拨的继续下拨	原体制地方上解仍按不同体制类型执行。地方 1993 年承担的 20% 部分出口退税以及其他年度结算的上解和补助项目相抵后，确定一个数额，作为一般上解或一般补助处理，以后年度按此定额结算

（2）分税制改革的制度效应

首先，分税制改革使中央政府的权威地位得到确立与巩固。分税制改

---

　①　中央财政的支出具体包括：中央统管的基本建设投资、中央直属企业的技术改造和新产品试制费、地质勘探费等，由中央财政安排的支农支出、国防费、武警经费、外交和援外支出，中央级行政管理费，以及应由中央负担的国内外债务的还本付息支出，公检法支出和文化、教育、卫生、科学等各项事业费支出。

　②　地方财政主要支出具体包括：地方统筹的基本建设投资、地方企业的技术改造和新产品试制经费，支农支出，城市维护和建设经费，地方文化、教育、卫生等各项事业费和行政管理费，地方公检法支出，部分武警经费，民兵事业费，价格补贴支出以及其他支出。

　③　参见赵佳佳《财政分权与中国基本公共服务供给研究》，东北财经大学出版社 2011 年版，第 61—62 页。

革的一个重要的现实考虑就是提高中央政府的财力，加强中央对地方经济社会的宏观调控能力。因此，在划分税种时，将一些收入量大而稳定的税种都划分为中央税或共享税。自 1998 年后，中央财政收入占全部财政收入的比重逐年增高，彻底改变了中央财政依靠地方上解的局面，稳定了中央财政的主导地位。[1]

其次，分税制改革实现了中央与地方的财政规范分权。分税制后，国家建立了"国税"和"地税"两套征管机构。中央税和共享税由中央税务机构征收，地方税由地方税务机构征收（详见表 3 - 3），改变了以前的税收征管中中央与地方的"委托—代理"关系。[2]

表 3 - 3　　　　　　1994 年分税制改革中央和地方收入的划分[3]

税种归属	税种名称
中央固定收入	关税、海关代征消费税和增值税，消费税，中央企业所得税，地方银行和外资银行及非银行金融企业所得税，铁道部门、各银行总行、各保险总公司等集中缴纳的收入（包括营业税、所得税、利润和城市维护建设税），中央企业上交的利润及外贸企业出口退税等
地方固定收入	营业税（不含铁道部门、各银行总行、各保险总公司集中缴纳的营业税），地方企业所得税（不含上述地方银行和外资银行及非银行金融企业所得税），地方企业上缴利润，个人所得税，城镇土地使用税，固定资产投资方向调节税，城市维护建设税（不含铁道部门、各银行总行、各保险总公司等集中缴纳的部分），房产税、车船使用税、印花税、屠宰税、农牧业税、耕地占用税、契税、遗产和赠与税、土地增值税、国有土地有偿使用收入等
中央地方共享收入	增值税（中央 75%，地方 25%）、资源税（按照不同的资源品种划分）、证券交易税（各占 50%）

最后，分税制改革使地方政府获得部分财政权力。分税制改革前的统收统分的集权财政体制，使得地方政府完全失去了独立的公法人地位，地方政府缺乏明确的财政权力，难以摆脱对中央的财政依赖，其自主性格难以张扬。[4] 但分税制后，虽然较好的税基均归属于中央政府，但是地方政府的财政独立性使其可以通过政策争取"预算外资金"。自负盈亏的财政体制为地方政府创造了一个强有力的逐利动机。在财政收益最大化目标的

---

[1]　朱丘祥：《以完善分税制改革为契机促进中央与地方关系的和谐发展》，载张千帆、[美] 葛维宝主编《中央与地方关系的法治化》，译林出版社 2009 年版，第307—310 页。

[2]　同上。

[3]　资料来源于《国务院关于实行分税制财政管理体制的决定》。

[4]　李安泽：《地方政府职能与地方财力研究》，《江西财经大学学报》2005 年第 6 期。

指引下，地方政府愿意而且积极参与到有利于推进经济发展、增加地方财政盈余的活动中。[①] 这也是我国取得卓越的经济发展的重要因素之一。实际上，经济学家已经实证研究证明了财政分权与经济增长之间存在正向关系。[②]

（二）纵向的政府问责机制

1. 垂直的权力转委托关系

单一制国家的所有权力都归中央享有，区域政府的任何权力都是中央政府的授权，因此单一制下，只有"授权"的问题。[③] 我国地方政府的权力主要来自中央政府或上级政府的府际授权。《宪法》第 89 条规定：国务院（即中央政府）统一领导全国地方各级国家行政机关的工作。即中央政府拥有最终的行政决定权，地方政府在中央政府的严格监督和控制下行使职权。政府内部自上而下的层级间的授权，构成了我国地方政府权力的重要来源。上下级的政府授权，一是通过文件、命令、指示；二是上级政府行政首长向特定地方政府发出批示、重要讲话等形式。第一种形式往往表现为规范性、稳定性和制度性，第二种形式往往表现为即时性、即事性、灵活性和应激性。[④]

由此可见，我国的地方官员权力并非由人民赋予，本质上是来自上一级政府的"权力转委托"。Tsui 和 Wang 把 20 世纪 80 年代的财政体制改革理解为一个政府治理的管理体系，在这个体系中，中央或上级政府制定一系列指标，而地方或下级政府则承诺实行目标责任制，甚至签订责任书。[⑤] 下级政府面对的是上级政府交给的多任务委托合同。[⑥] 由表 3 - 4 可

[①]　Oi, Jean C. , "Fiscal Reform and the Economic Foundations of Local State Corporatism in China", *World Politics*, 1992, 45（1）：99 - 126.

[②]　对财政分权与经济增长关系的实证研究可以参见 Tao Zhang, Heng - fu Zou, "Fiscal Decentralization, Public Spending, and Economic Growth in China", *Journal of Public Economics*, 1998, 67（2）：221 - 240；Justin Yifu Lin, Zhiqiang Liu, "Fiscal Decentralization and Economic Growth in China", *Economic Development and Cultural Change*, 2000, 49（1）：1 - 21.

[③]　参见王振民《中央与特别行政区关系———一种法治结构的解析》，清华大学出版社 2002 年版，第 134 页。

[④]　马斌：《政府间关系：权力配置与地方治理：基于省、市、县政府间关系的研究》，浙江大学出版社 2009 年版，第 52 页。

[⑤]　Tsui, Kai - yuen, Wang, Youqiang, "Between Separate Stoves and a Single Menu: Fiscal Decentralization in China", *The China Quarterly*, 2004, 177（177）：71 - 90.

[⑥]　马斌：《政府间关系：权力配置与地方治理：基于省、市、县政府间关系的研究》，浙江大学出版社 2009 年版，第 4 页。

知，这种任务合同的要求是全方位的，从"经济建设"到"社会发展和精神文明建设"，再到"政党建设"，多达 15 个方面，无疑是一个多任务的委托—代理关系。①

表 3－4　　　　　　　　　中国的政府治理：目标责任体系

经济建设	社会发展和精神文明建设	政党建设
经济总量、增长率和人均水平	人口和计划生育	意识形态和政治建设
国家税收和地方财政能力		
城乡生活水平	社会稳定	领导队伍建设
农业生产和农业发展		
国有资产管理	教育、科技、文化、体育事业	民主集中制建设
企业运营和发展		
基础设施建设，包括交通、能源、通信、市政建设、供水等	环境保护和生态环境	基层党组织建设

2. 垂直的官员任命与晋升

由以上分析可知，由于我国上下级政府间的实质关系是一种权力转委托，即地方官员的权力来自中央，下一级政府官员的权力来自上一级官员，则他们必须听命于上级官员，从而形成层层对上负责的制度体系。②上级政府在很大程度上掌握着下级政府主要官员的任免权，而政绩良好的官员一般能得到更多的晋升机会。③

中央高度集权往往辅之以地方行政首长的选拔任命制度，其权力的更新方式是自上而下的，它通过上级选拔方式产生各级地方政府行政首长。在选拔任命制度下，地方行政首长的权力来源于上级赏识，不受普通民众制约。地方官员必须服从中央指令，否则将面临被中央政府随时解除职务的危险。因此，地方行政首长主要是对上级领导负责，而不是对地方居民负责。④

---

①　沈荣华：《政府间公共服务职责分工》，国家行政学院出版社 2007 年版，第 43 页。

②　参见谢庆奎、杨宏山《府际关系的理论与实践》，天津教育出版社 2007 年版，第 112—113 页。

③　马斌：《政府间关系：权力配置与地方治理：基于省、市、县政府间关系的研究》，浙江大学出版社 2009 年版，第 4 页。

④　谢庆奎、杨宏山：《府际关系的理论与实践》，天津教育出版社 2007 年版，第 38—39 页。

3. 垂直的行政管理机构

自20世纪90年代中期开始，为了保障国家政策的权威性和统一性，中央政府开始"试水"行政集权，由中央政府或省级政府对其在地方设立的分支机构或派出机构实行垂直领导。[1] 这些部门虽然"身在地方"，却"心在中央"，他们的经费来源和人员配置均归属于中央。可见，中央政府从未放弃对地方的监督与控制，并且采用各种办法试图完善针对地方政府的纵向问责机制。[2]

表 3 - 5　　　　　　　　　　　**中国政府部门垂直管理体系概览**[3]

实体性垂直管理体系		
中央部门	地方分支机构（个）	层级
海关总署	直属海关（41）	2
中国人民银行	地区分行（9）	4
外汇管理局	省级分局、部（36）	3
国家税务总局	省级国家税务局（36）	3
银监会	省级银监局（36）	3
保监会	省级保监局（35）	1
证监会	省级证监局（36）	1
电监会	区域电监局、办（17）	1
铁道部	地区铁路局、公司（18）	2
国家统计局	统计调查队（按区划设置）	3
国家质检总局	出入境检验检疫局（35）	2
水利部	流域水利委员会（7）	1

---

① 沈荣华：《分权背景下的政府垂直管理：模式和思路》，《中国行政管理》2009年第9期。

② Pierre F. Landry, *Decentralized Authoritarianism in China：The Communist Party's Control of Local Elites in Post - Mao Era*，转引自郁建兴、高翔《地方发展型政府的行为逻辑及制度基础》，《中国社会科学》2012年第5期。

③ 资料来源于中国政府网站，转引自沈荣华《分权背景下的政府垂直管理：模式和思路》，《中国行政管理》2009年第9期。

续表

实体性垂直管理体系			
工业和信息化部	省级通信管理局（31）		1
公安部出入境管理局	出入境边防检查总站（9）		1
农业部渔业局	渔政渔港监管局（3）		2
国土部国家海洋局	海区分局（3）		2
安监局煤矿安监局	地方煤矿安监局（27）		2
发改委物资储备局	储备物资管理局（26）		2
交通运输部	民用航空局	地区管理局（7）	2
	国家邮政局	省级邮政管理局（31）	1
	海事局	直属海事局（20）	2
		航务管理局（2）	1
督办性垂直管理体系			
中央部门	地方派出机构（个）		层级
财政部	驻各地财政监察办（35）		1
商务部	驻各地特派员办事处（16）		1
国家审计署	驻各地特派员办事处（18）		1
国土资源部	国家土地督察局（9）		1
环境保护部	执法监督机构（11）		1
国家林业局	森林资源监督专员办（14）		2
省级实体性垂直管理体系			
省级政府部门	地方分支机构		层级
省级工商行政管理局	市级工商局（按区划设置）		3
省级质量技术监督局	市级质监局（按区划设置）		3
省级地方税务局	市级地税局（按区划设置）		3

（三）地方发展型政府的形成及其行为逻辑

从《中国统计年鉴2012》公布的数据显示，进入20世纪90年代以后，中央财政支出占国家财政总支出的比重相对较低，除了个别年份，一直都在30%以下（见表3-6）。[①] 从国家的财政支出结构来看，中央财政

[①] 高翔：《地方发展型政府的行为逻辑及制度基础》，《中国社会科学》2012年第5期。

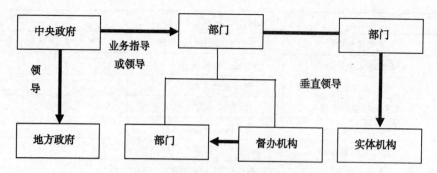

图 3 - 1　中国部门垂直管理体制

支出主要集中在外交、国防两个项目（见表 3 - 7）。地方财政成为履行政府对内职能的主要支出者，即地方政府是政府职能的实际履行者。则地方政府能够有效履行政策才是我们考察的重点。

表 3 - 6　　　　　　　　　中央和地方财政支出及比重①

年份	财政支出总数（亿元）	财政支出（亿元）		财政支出比重（%）	
		中央	地方	中央	地方
2002	22053.15	6771.70	15281.45	30.7	69.3
2003	24649.95	7420.10	17229.85	30.1	69.9
2004	28486.89	7894.08	20592.81	27.7	72.3
2005	33930.28	8775.97	25154.31	25.9	74.1
2006	40422.73	9991.40	30431.33	24.7	75.3
2007	49781.35	11442.06	38339.29	23.0	77.0
2008	62592.66	13344.17	49248.49	21.3	78.7
2009	76299.93	15255.79	61044.14	20.0	80.0
2010	89874.16	15989.73	73884.43	17.8	82.2
2011	109247.79	16514.11	92733.68	15.1	84.9

---

① 数据由《中国统计年鉴 2012》整理而得。

表 3-7 **2011 年中央财政支出主要领域**[1]

中央、地方 2011 年财政支出主要领域对比（亿元）		
中央财政支出总额: 16514.11	地方财政支出总额: 92733.68	
国防	5829.62	教育	15498.28
科学技术	1942.14	社会保障和就业	10606.92
国债付息支出	1819.96	一般公共服务	10084.77
公共安全	1037.01	农林水事务	9520.99
教育	999.05	城乡社区事务	7608.93

  由上文的分析可知，中国式分权的核心内容有两点，一是财政分权，二是纵向的政府问责机制。[2]

  财政分权赋予了地方政府处理辖区内经济社会事务的管理权限，建立了促进地方政府参与经济发展的激励机制，还使得地方政府形成了相对独立于中央的地方利益，从而选择性地履行有利于地方财政收益最大化的政府职能。[3] 可以说，这是一种自负盈亏的财政体制，地方政府出于一种"理性经济人"的思维方式，会在财政收益最大化的目标指引下，积极参与到有利于推进经济发展、增加地方财政盈余的活动中去。[4] 但是，地方政府毕竟不是一个"真正的"市场参与主体，其对追求利润最大化的要求必然会被其公共服务的职能所约束。但在我国，虽然政府的权力不断下放，但中央政府仍然通过牢牢掌握干部人事权实现了对地方的强有力控制，即"分权化威权主义"[5]。纵向的政府问责机制进一步加强了这种"地方发展型政府"[6] 以经济发展为导向的发展逻辑（详见图 3-2）。纵向的问责机制意味着地方政府并不以当地居民的利益为行为导向，而更在意纵向的行政考核机制。这使得地方政府在经济增长的同时，并不会提供

  ① 数据由《国家统计年鉴 2012》整理而得。
  ② 郁建兴、高翔:《地方发展型政府的行为逻辑及制度基础》,《中国社会科学》2012 年第 5 期。
  ③ 同上。
  ④ Oi, Jean C., "Fiscal Reform and the Economic Foundations of Local State Corporatism in China", *World Politics*, 1992, 45 (1): 99-126.
  ⑤ Landry, Pierre F., *Decentralized Authoritarianism in China: The Communist Party's Control of Local Elites in the Post-Mao Era*, New York: Cambridge University Press, 2008, p.293.
  ⑥ 关于地方发展型政府的概念参见郁建兴、高翔《地方发展型政府的行为逻辑及制度基础》,《中国社会科学》2012 年第 5 期。

相应的公共服务或产品，特别是具有明显"外溢性"的公共服务。①

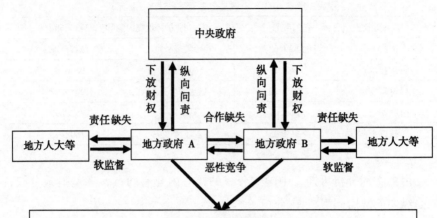

图 3 - 2　地方政府的发展逻辑

二　政府间事权、责权的偏差

（一）事权与财权的内涵

有学者指出，政府事权是指一级政府所拥有的从事一定社会、经济事务的责任和权力，是责、权、利的统一。② 在这个定义中，政府事权实际上囊括了部分的政府财权。也有学者指出，政府事权就是管理国家事务的

---

① "外溢性"分为正的外溢性和负的外溢性（有别于正外部性和负外部性）。正的外溢性指从辖区范围内看，某项活动的"辖区成本"大于"辖区收益"，是不合算的，但从社会范围看，却是"社会收益"大于"社会成本"，如在本地受教育，日后搬迁到其他辖区；负的外溢性指在辖区范围内看，某项活动的"辖区收益"大于"辖区成本"是最理想的，但是从社会范围看，却是"社会成本"大于"社会收益"，如大力推动工业化，由此产生的污水、废气等不加处理自然排放，导致其他地方受到影响。在有辖区间外溢的情况下，如果赋予地方政府资助决策的权力，往往结果是对正的外溢性的行为激励不足，而具有负的外溢性行为激励过度。

② 王国清、吕伟：《事权、财权、财力的界定及相互关系》，《财经科学》2000 年第 4 期。

权力，是对行政权的细化和分类，政府事权的来源是管理相应事务的责任。[1] 实际上，"事权"既非严格的法学概念，也非严格的经济学和管理学概念，应当是一种非学术化和非标准化的称谓，它泛指处理事务的权力。[2] 更类似于"公共服务职责"的概念。笔者在此取政府事权为政府履行公共服务职责的范围之意。

财权即财政收入权，指政府按照宪法和相关法律法规的规定所拥有的取得和管理财政收入的权力。其中征税权是财权的核心。[3] 在此值得提出的是"财权"与"财力"之间的区别。财权是指财政收入权，其对应的是"事权"，即财政支出权，其不匹配会导致政府的赤字。而财力是指政府实际所掌握的资金，其可以享有许多预算外资金。实际上1994年分税制改革后，地方政府的财力大大膨胀了。[4]

（二）央、地政府的事权、财权划分

中央政府专有的公共服务职责主要包括国防事务、外交事务、全国性行政立法和执法事务，全国性度量衡标准，国土空间与海洋开发利用，全国性金融制度（含货币、外汇等制度），义务教育、基本社会保障、气象服务等全国性公共服务的提供，全国范围内基本公共服务的均等化，全国性生态环境的规划和治理，全国性区域协调发展事务，国家产业指导和规划，国家科学文化建设以及中央国家机关的运转保障等。

地方政府专有公共服务职责主要包括区域性行政管理、社会治安、环境保护、文化教育、基础设施、公益事业等。

其中还有一部分公共服务的职责需要由中央政府和地方政府共同承担供给责任。一般来说，这种公共服务职责带有比较明显的中央宏观意图，由中央决策并制定相关政策，中央和地方共同负有执行责任。主要包括基本公共服务、经济运行、生态环境保护、国土资源规划和基础设施建设等内容。按照财政支出资金结构可以分为中央委托型、中央补助型。混合性

---

[1]　宋卫刚：《政府间事权划分的概念辨析及理论分析》，《经济研究参考》2003年第27期。

[2]　冷永生：《中国政府间公共服务职责划分问题研究》，博士学位论文，财政部财政科学研究所，2010年。

[3]　同上书，第38页。

[4]　但值得注意的是，即使政府的"财力"丰沛，但是当中央政府下达某些支出决策时，如果没有给予相应的配套资金或者转移支付，地方政府是不愿意拿出地方的预算外资金来支出的。所以当财权和事权不匹配的时候，即使地方政府"有钱"来提供中央政府下达的政策，地方政府也不会愿意实施。这一点，在后文中将详细讨论。

公共服务职责有两种承担方式：一种是将某项事务分成许多细项，然后明确规定中央与地方的责任范围；另一种是对于某项事务，确定中央与地方的经费负担比例。[①]

政府间的公共服务职责划分与政府间财权安排是一对具有必然联系的概念。首先，政府间公共服务职责划分是政府间财权划分安排的前提和基础。财权是为了保障政府履行其法定职能而做出的收入安排。其次，政府履行职责的财政支出能力必须具备相应的财政收入能力，否则，再合理的公共服务职责划分也会成为无源之水。因此，公共服务职责与财权的关系一方面表现为公共服务职责决定财权；另一方面最大化政府履行职能的效率目标要求公共服务职责和财权必须相适应。[②]

表 3 – 8 公共服务职责的类型及特征[③]

	确定性公共服务职责		混合性公共服务职责	
	中央政府专有公共服务职责	地方政府专有公共服务职责	中央委托型	中央补助型
承担主体	中央政府	地方政府	中央与地方共同承担	中央与地方共同承担
承办主体	中央政府	地方政府	地方政府	地方政府
公共服务职责内容	全国性公共服务	区域性公共服务	混合型公共服务	
经费保障	中央财政	地方财政	中央拨付或中央补助	

（三）政府间事权、财权的不确定性与后果

对于各级地方政府来说，政府职能的定位，在很大意义上并不是一个理论认知问题，而是政府行为偏好与约束条件相互作用的产物。[④] 虽然从上文中，似乎可以得出我国的中央和地方政府在职能划分上有着明晰的界限，但实际上，政府职能的理论定位与政府职能的实际履行之间总是存在

---

① 冷永生：《中国政府间公共服务职责划分问题研究》，博士学位论文，财政部财政科学研究所，2010年，第37—40页。
② 同上书，第38页。
③ 同上书，第40页。
④ 何显明：《地方政府研究：从职能界定到行为过程分析》，《江苏社会科学》2006年第5期。

着极大的差异。①

　　我国的政府间关系属于"行政主导型"的府际关系。② 在行政主导型的府际关系中，国家宪法和法律不对中央政府与地方政府的职权范围作出具体划分，地方政府的事权和财权范围主要受制于中央政府的行政指令。③ 从某种意义而言，行政主导型的府际关系会造成政府间关系的非制度化和不确定性。虽然我国的中央政府力图以集权的方式保证中央政策的有效落实，但却由于这种政府间关系的"非制度化"因素，使得中央政府的高度集权并未能保证中央政策的有效落实。④

　　1. 权力的部门化与中央政策的无法有效落实

　　由于政府间事权与财权划分的不确定性，在政府管理的许多领域，一些本来应该由中央管的却没有部门管理或管理不力，如打击走私行为和假冒伪劣产品，遏制"诸侯经济"和地方保护主义，纠正司法不公和执法不力现象，防范地方政府权力黑恶化，维护公民权利等。⑤ 实际上，中央集权并不表明中央领导层拥有相应权力。大多数中央集权实际上是权力部门化，是部门集权。中央权力分散在各官僚机构之中，而各机构集中起来的无限的权力和财富并没有如领导层所设想的那样取之于民、用之于民，而是流向了形形色色的既得利益集团。⑥ 有些中央不该管的事情却有太多的部门在管，如行政审批泛滥，部门垄断和行业垄断，争夺有利可图领域

　　① 马斌：《政府间关系：权力配置与地方治理：基于省、市、县政府间关系的研究》，浙江大学出版社 2009 年版，第 54 页。

　　② 近年来，在公共行政和公共政策领域的国际研究文献中，府际关系（Intergovernmental Relations）也称为政府间关系，已成为一个高频率使用的概念。"府际关系"是指不同层级政府之间的关系网络。其中"府"为政府，它由立法机关、行政机关和司法机关等国家政权机关构成。在现代国家治理中，各级各类政府为管理日益复杂的社会公共事务，形成了错综复杂的多元关系网络。这些关系网络包括各级各类政府的管理分工关系、权责配置关系、财政税收关系、监督制约关系、立法和司法关系、互赖与合作关系等。这些关系网络背后所潜藏着的，是各级各类政府之间的管理收益关系。各级各类政府除具有谋求公共利益的"利他"动机之外，也都具有追求自身利益最大化的"自利"动机，以权力配置和利益分配关系为主导，乃是府际关系的真谛和本质所在。详见谢庆奎《中国政府的府际关系研究》，《北京大学学报》2000 年第 1 期。同时，"行政主导型"的府际关系指的是中央政府以行政授权形式将部分行政权力下放给地方政府行使，地方政府在中央政府的严格监督和控制下行使职权，中央政府拥有最终的行政决定权。

　　③ 谢庆奎、杨宏山：《府际关系的理论与实践》，天津教育出版社 2007 年版，第 34 页。

　　④ 同上书，第 109 页。

　　⑤ 同上。

　　⑥ ［新加坡］郑永年：《中国的"行为联邦制"》，邱道隆译，东方出版社 2013 年版，中文版序，第 8 页。

的管理权等。①

2. 事权、财权倒挂与基层政府的财政困境

1994 年的分税制改革奠定了中国市场经济条件下政府间财政关系的基础，这一制度的建立有利于加强中央政府的经济调节能力，也使许多不规范的地方政府财政行为得到了抑制。但这一制度的建立，也造成了地方的财政困境。分税制后，地方预算由 1993 年 61 亿元的盈余一跃成为 1994 年的 1727 亿元的赤字，且自 1994 年开始，各省每年均有预算赤字。地方政府的赤字 1994—2001 年以 16% 的年增长率增加。分税之后，地方政府必须依靠从中央财政大量的转移支付才能实现预算平衡②（详见表 3 - 9）。

表 3 - 9   分税制改革中央政府与地方政府财政收支比例变化③

年份	财政收入比	财政支出比
1978	16：84	47：53
1993	22：78	28：72
1994	56：44	30：70
2005	52：48	26：74

地方的财政困境其重要原因之一就是"财力层层上移，职责层层下移"所造成的事权与责权的倒挂。由于缺乏明确的制度性安排，上下级政府间往往形成一种不确定的非制度化的"讨价还价"的关系④（详见图 3 - 3）。许多地方出现了财力层层上移，职责层层下移的情况，而且上级政府和部门经常布置新的任务，却又不向下级政府提供相应的配套资金，形成"上级请客，下级买单"的现象，造成地方政府主要是县乡政府财政困难，缺乏财力提供公共服务。⑤ 以我国基层政府建构县级政府为例，

① 谢庆奎、杨宏山：《府际关系的理论与实践》，天津教育出版社 2007 年版，第 109 页。

② 时红秀：《财政分权、政府竞争与中国地方政府的债务》，中国财政经济出版社 2007 年版，第 86 页。

③ 同上。

④ 王小龙：《中国地方政府治理结构改革：一种财政视角的分析》，转引自马斌《政府间关系：权力配置与地方治理：基于省、市、县政府间关系的研究》，浙江大学出版社 2009 年版，第 6 页。

⑤ 沈荣华：《政府间公共服务职责分工》，国家行政学院出版社 2007 年版，第 10 页。

其是我国政权体系中的一级基层政权组织，它在整个县域内承担着促进经济增长和就业、兴建和维护基础设施、维护社会治安、实施义务教育、环境保护等职能，直接向全国70%的人口提供公共服务，但在财力分配方面处于十分不利的地位，平均财政自给能力仅为0.5。[①] 在环境保护方面，虽然近年来中央政府通过提供一般性的转移支付和专项的转移支付提高了地方生态环境保护能力，但是多数地方难有与法律规定相应的财力，不少地方政府履行生态环境保护职责得不到财政支出保障。以国家环境空气质量自动监测点为例，监测6项污染物指标（PM10、PM2.5、O_3、SO_2、NO_2、CO）的仪器，一年的运行费用大约20万元，但中央只出2万—5万元，其余都需要地方财政支出。[②]

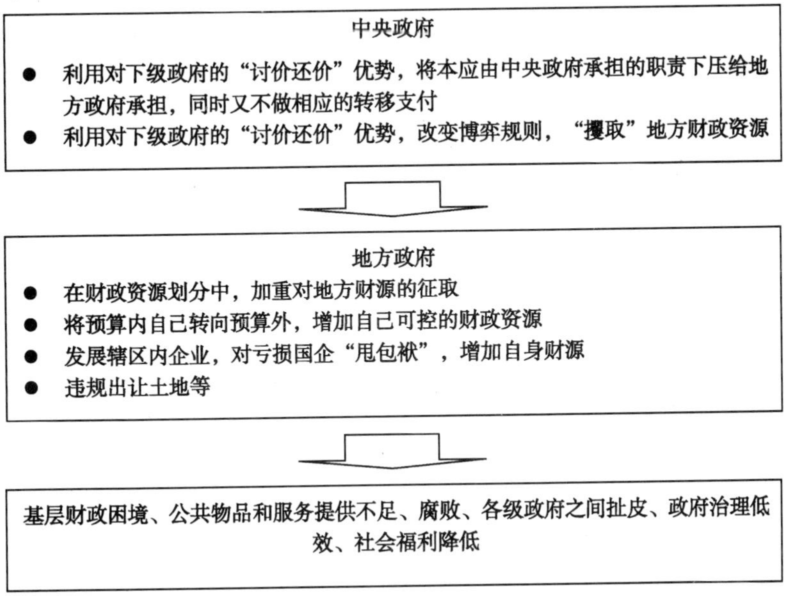

中央政府

- 利用对下级政府的"讨价还价"优势，将本应由中央政府承担的职责下压给地方政府承担，同时又不做相应的转移支付
- 利用对下级政府的"讨价还价"优势，改变博弈规则，"攫取"地方财政资源

⬇

地方政府

- 在财政资源划分中，加重对地方财源的征取
- 将预算内自己转向预算外，增加自己可控的财政资源
- 发展辖区内企业，对亏损国企"甩包袱"，增加自身财源
- 违规出让土地等

⬇

基层财政困境、公共物品和服务提供不足、腐败、各级政府之间扯皮、政府治理低效、社会福利降低

图3－3　我国纵向政府间竞争造成的事权财权倒挂示意图[③]

（三）事权、财权的错愕与环境基本公共服务分配的困境

1. 环境保护责任承担者的不明确

一方面，《环境保护法》对各级政府的环境事权作了部分规定。另

---

① 陈秀山、张启春：《我国转轨时期财政转移支付制度的目标体系及其分层问题》，《中央财经大学学报》2004年第12期。

② 中国科学院可持续发展战略研究组：《2015中国可持续发展报告》，科学出版社2015年版，第16页。

③ 参见刘剑雄《财政分权、政府竞争与政府治理》，人民出版社2009年版，第131页。

外,《大气污染防治》《水污染防治法》等环境法律法规中也依据《环境保护法》的要求作了具体的规定。但整体而言,我国政府在环境保护、土地规划使用、资源开发利用等公共服务上,由于缺乏明确的职责划分,各级政府似乎都在管,又都可不管,出现问题往往找不到具体的责任主体,① 政府间环境事权的划分较为笼统,可操作性不强。比如,在污染防治管理方面,虽然职能主要由环保部门负责,但是工信、住建、水利、交通、海洋等部门均承担各自领域的污染防治职能。②

另一方面,当前我国政府与市场、中央与地方之间的环境保护事权划分还不十分明确(见图3-4),由于环境保护事权划分不清,导致环境保护财权和资金责任不明,政府越位与缺位,以及地方政府向中央政府推脱责任的现象也比较普遍。③

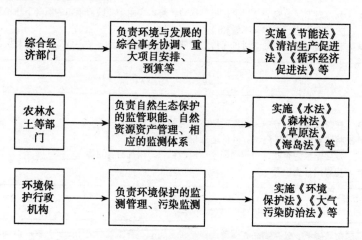

图3-4   生态环境行政管理体制的"三大部门板块"

环境基本公共服务的提供也不能豁免于此种情况,特别是如环境治理这种偏重于责任承担的基本公共服务,就更难明晰主体。因此,由谁来实施,怎样实施,谁来筹措资金,都变成了制约环境基本公共服务公平分配的桎梏。

---

① 沈荣华:《政府间公共服务职责分工》,国家行政学院出版社2007年版,第103页。
② 中国科学院可持续发展战略研究组:《2015中国可持续发展报告》,科学出版社2015年版,第10页。
③ 逯元堂:《中央财政环境保护预算支出政策优化研究》,博士学位论文,财政部财政科学研究所,2011年,第2页。

2. 基层政府无力提供环境基本公共服务

由上文可知，事权和财权的倒挂直接造成了地方基层政府的财力不济，自20世纪90年代后期开始，我国基层（县、乡级）政府财政困难的呼声越来越高，有一则顺口溜耐人寻味："中央财政喜气洋洋，省级财政蒸蒸日上，地市财政勉勉强强，县级财政哭爹喊娘，乡级财政名存实亡。"①

环境基本公共服务的提供需要资金和支持，但我国地方政府财税支撑条件与环境责任不对等，在贫困地区、经济欠发达地区财力更难以承担治污投入，"211环境保护科目"在相当一部分地方处于"有渠无水、有账无钱"的状态。② 同时，由于公共服务的公益性和义务性，地方政府又无法通过收费等经济手段来收回成本，③ 这就进一步导致了公共服务供给能力的不足。

3. 地方政府没有动力提供环境基本公共服务

中央政府层层将环境责任的事权下放，致使"重地方政府环境责任、轻中央政府环境责任"④ 的格局形成。在这样的前提下，环保部门的职能分工基本上是中央负责立法、地方负责执法，因而环保执法基本上依赖地方的主动性、积极性。⑤ 在环境基本公共服务的提供上也是如此。实际上，环境保护具有较强的负外部性，由地方政府来完全负担也是不符合公共产品供给的受益归宿原则的。如果没有给予相应的配套资金或者财政转移支付，地方政府也并没有动力来花钱。

三　地方政府发展理念的偏颇

（一）政治晋升的考核标准：经济增长

我国的政治治理体制是一种自上而下的模式，且每一级政府都对上一级政府负责。官员的晋升体制从某种意义而言也是"唯上"的，

---

① 时红秀：《财政分权、政府竞争与中国地方政府的债务》，中国财经经济出版社2007年版，第3页。
② 逯元堂：《中央财政环境保护预算支出政策优化研究》，博士学位论文，财政部财政科学研究所，2011年，第42页。
③ 赵佳佳：《财政分权与中国基本公共服务供给研究》，东北财经大学出版社2011年版，第80页。
④ 蔡守秋：《论政府环境责任的缺陷与健全》，《河北法学》2008年第3期。
⑤ 张千帆：《流域环境保护中的中央地方关系》，《中州学刊》2011年第6期。

即上级所制定的"考核标准"将直接左右下级的政府行政行为。实际上，我国自改革开放以来政治晋升的最实质性的变化就是考核标准的变化。①

由于在地方政府所承担的各项职责中，促进经济快速增长最具政绩显示功能，因此，地方政府向上显示政绩的行为倾向最终必然表现为经济增长至上的行为倾向。② 地方政府一味地铺摊子、上项目，就是为了争取"政绩考核"上的好成绩。③ 经济改革和发展成为各级党委和政府的头等大事，经济绩效也就成了干部晋升的主要目标之一。④ 这样的体制一方面促进了我国经济的"大发展"，但另一方面也使得社会的发展陷入"唯经济是瞻"的局面。

（二）地方政府自利性下的"以经济发展为导向"

各级各类政府除具有谋求公共利益的"利他"动机之外，也都具有追求自身利益最大化的"自利"动机。⑤ 在我国目前的财政分权的格局下，虽然中央政府扩大了其财政收入的比例，但也给予了地方政府一定的财政自主权，主要体现在其在预算外资金的获取上。地方政府基于自身特殊利益结构和效用目标，总是倾向于最大限度地扩张和利用这种自主空间。⑥ 这就可能造成地方政府更倾向于对能扩大其预算外资金的政策或项目更为青睐，其具体行政行为的实施并不是以当地居民的需求和喜好为基础的，而是以实现 GDP 增长为目标而开展的。

实际上，政府的这种自利性、积极性也许是发展各地方经济所必不可少的，但是地方利益的最大化并不等于当地居民利益的最大化。⑦ 政府在提供各种基本公共服务时就存在着各种各样的问题。

---

① 沈荣华：《政府间公共服务职责分工》，国家行政学院出版社 2007 年版，第 34 页。
② 马斌：《政府间关系：权力配置与地方治理：基于省、市、县政府间关系的研究》，浙江大学出版社 2009 年版，第 9 页。
③ 王绍光：《分权的底线》，中国计划出版社 1999 年版，第 19 页。
④ 沈荣华：《政府间公共服务职责分工》，国家行政学院出版社 2007 年版，第 34 页。
⑤ 谢庆奎：《中国政府的府际关系研究》，《北京大学学报》2000 年第 1 期。
⑥ 何显明：《市场化进程中的地方政府角色及其行为逻辑》，《浙江大学学报》（人文社会科学版）2007 年第 6 期。
⑦ 王绍光：《分权的底线》，中国计划出版社 1999 年版，第 19 页。

（三）唯经济是瞻的发展理念与环境基本公共服务分配的困境

1. 地方政府忽视增长的"质量"

在政治集中的情形下，地方官员由中央政府选拔任命，为了追求任期内的"政绩最大化"，地方政府对其所承担的经济、社会、文化等各项职责会表现出不同的取向。[①] 由于科教文卫投资的短期经济增长效应不明显，在我国以 GDP 考核为主的官员晋升体制下，地方政府存在忽视科教文卫投资、偏向基本建设制度激励的态度。[②] 实际上，地方政府将其在科教文卫项目上的支出一再压缩，国家规定的最低支出标准长期沦为一纸空文。地方政府未尽其责的结果是公共物品供给的不足和过度市场化所带来的不公。[③] 地方官员过度注重经济增长率，注重政绩工程，忽视了增长的质量，如忽视环境质量维护和效益指标的提高就是一个例证。[④]

实际上，即使是一种"充裕的"公共产品的提供格局，也很可能由于"中国式分权"的复杂因素而导致一种"结构性失衡"。同时，地方政府在提供公共产品时，偏向于能给本地带来税收增长的企业。[⑤] 环境基本公共服务的提供并不能给当地带来"税收"，从某种意义上还会减少"税收"，同时由于事权和财权的倒挂，地方政府并没有充足的资金来开展"环境保护"（详见表 3－10，可知环保投入的不充分），更不会利用"预算外资金"来提供环境公共服务，这一切因素都将导致环境基本公共服务均等化政策在实施上的困境。

表 3－10　　　　　　　我国环保公共财政支出占 GDP 比重[⑥]

	2009 年	2010 年	2011 年	2012 年
国内生产总值 GDP（亿元）	340507	397983	473104	519322
环保支出金额（亿元）	1934	2442	2618	2932
环保支出占 GDP 总量比例（%）	0.57	0.60	0.55	0.56

① 傅勇：《中国式分权与地方政府行为》，复旦大学出版社 2010 年版，第 2 页。

② 傅勇、张晏：《中国式分权与财政支出结构偏向：为增长而竞争的代价》，《管理世界》2007 年第 3 期。

③ 傅勇：《中国式分权与地方政府行为》，复旦大学出版社 2010 年版，第 2 页。

④ 傅勇：《中国式分权、地方财政模式与公共物品供给》，博士学位论文，复旦大学，2007 年，第 28 页。

⑤ 刘剑雄：《财政分权、政府竞争与政府治理》，人民出版社 2009 年版，第 144 页。

⑥ 数据由国家财政部官网提供的历年国内生产总值 GDP 数据整理而得。

2. 地方保护主义与环境基本公共服务分配的困境①

财政分权不仅赋予了地方政府处理辖区内经济社会事务的管理权限,建立了促进地方政府参与经济发展的激励机制,还使得地方政府形成了相对独立于中央的地方利益,从而选择性地履行有利于地方财政收益最大化的政府职能。② 可以说,这是一种自负盈亏的财政体制,地方政府出于一种"理性经济人"的思维方式,会在财政收益最大化的目标指引下,积极参与到有利于推进经济发展、增加地方财政盈余的活动中去。③ 从某种意义而言,环境保护的财政支出是减损地方财政盈余的一项活动,所以据大多数学者研究,均得出地方政府会出于"地方保护主义"而忽视"环境保护"。

地方保护主义特指地方政府维护其辖区内经济主体利益(包括其自身利益)的各种保护行为。④ 1994 年的分税制赋予了地方政府保留一定比率的税收收入的权力,其结果是地方政府获得动力去保护作为它们税基的当地企业和作为它们政治权力基础、私人收益以及财政收入来源的企业。⑤

地方保护主义对地方环境违法企业的保护和纵容,制约了环境基本公共服务的公平分配。比如根据 2007 年 4 月的报道,在对山西省孝义市违法建设项目的调查中,山西省纪委发现全市 40 余个焦化项目经过合法审批的仅有 10 个,而这是个项目都没有严格执行环保"三同时"制度,全

---

① 张曙光在《地区经济发展和地方政府竞争》中指出,我国自改革开放以来出现了多次大规模的地方保护高潮。第一次是 1980—1982 年,各地大办加工工业时为保护本地幼稚的加工业而采取保护措施;第二次是 1985—1988 年,各地为争夺原材料而展开各种大战;第三次是 1989 年各地为保护本地市场而发展起来的保护主义,这些地方保护主要有两个方面:一是阻止短缺产品和稀缺要素流出,以满足本地企业的需求;二是阻止与本地产品有竞争关系的产品的流入。一般而言,可以将地方保护主义的主要表现形式分为四种:对产品市场、劳动力市场、金融市场和技术市场的保护。本书所指的地方保护主义,主要是地方政府为了防止资本流出,而给企业在经营上给予的各种便利条件,很多是以压低土地价格、牺牲环境为代价的。

② 郁建兴、高翔:《地方发展型政府的行为逻辑及制度基础》,《中国社会科学》2012 年第 5 期。

③ Oi, Jean C. , "Fiscal Reform and the Economic Foundations of Local State Corporatism in China", *World Politics*, 1992, 45 (1): 99 – 126.

④ 冯兴元:《中国的市场整合与地方政府竞争——地方保护与地方市场分割问题及其对策研究》, FED Working Papers Series, No. FC20050096, HTTP://WWW. FED. ORG. CN。

⑤ Bai, Chong – En, Du, Yingjuan, Tao, Zhigang, Tong, Sarah Y. , "Local Protectionism and Regional Specialization: Evidence from China's Industries", *Journal of International Economics*, 2004, 63 (2): 397 –417.

市焦化项目违法建设率达到81%。[1] 实际上,环境领域的"违法成本低"已经成为学界的"通说",这也是环境政策难以执行的重要因素之一。如果一家民营企业家要开办化工厂,它可以选择安装控制污染的设备,也可以选择违法并承担由此引起的法律后果;假如认为违法成本低于环保费用,那么任其污染将是其理性选择。[2]

四　政府横向间的不当竞争

在中央集权的制度下,由于下级政府的权力来自上级政府,地方政府之间的纵向关系具有明显的领导与被领导、监督与被监督关系。[3] 在这样的金字塔式的结构中,地方官员向上晋升的机会是越来越有限的,这使得晋升竞争本质上变成一个零和博弈,地方官员合作动机不足,而相互"攀比""较劲"和"拆台"的激励有余。[4] 地方官员之间围绕 GDP 增长而进行的"政治锦标赛"是理解政府激励与增长的关键线索。[5] 这同时也导致了地区间的市场保护、重复建设和经济分割。

另外,地方政府间的恶性竞争也使得中央的很多政策无法实施。虽然中央政府集权,但并不拥有足够的支配权力。中央具有政策制定权,但政策实施权在地方。[6] 环境保护、控制低水平重复建设、抑制投资过热、消除地方保护主义等领域的公共管理法律法规和有关政策,都是因地方政府的非合作博弈而降低了中央政府的执行力。[7] 很多政策根本落实不下去。

（一）压低环境成本以吸引资本流入[8]

由于资本流动在我国国内已经放开,一些地方政府为了提升经济增

---

[1] 胡早:《山西纪检监察督办环境违法案件》,《中国环境报》2007 年 4 月 5 日。

[2] 张千帆:《宪政、法治与经济发展——走向市场经济的制度保障》,北京大学出版社 2004 年版,第 3 页。

[3] 谢庆奎、杨宏山:《府际关系的理论与实践》,天津教育出版社 2007 年版,第 15 页。

[4] 周黎安:《转型中的地方政府:官员激励与治理》,格致出版社、上海人民出版社 2008 年版,第 251—252 页。

[5] 周黎安:《中国地方官员的晋升锦标赛模式研究》,《经济研究》2007 年第 7 期。

[6] ［新加坡］郑永年:《中国的"行为联邦制"》,邱道隆译,东方出版社 2013 年版,中文版序,第 11 页。

[7] 马斌:《政府间关系:权力配置与地方治理:基于省、市、县政府间关系的研究》,浙江大学出版社 2009 年版,第 10 页。

[8] 在这里值得注意的一个问题是,我国的中西部地区的生态环境较为脆弱,其吸引投资需要付出更多的努力与代价,进而使地区生态环境面临更加严峻的威胁。因此,在区域开发过程中,需要关注中国式财政分权改革对中西部地区经济可持续发展的影响。

长，谋取政绩，想尽办法来吸引企业到本地投资，在基础设施建设、土地使用等方面给予到本地投资的企业各种各样的便利。① 而这种"政策优惠"随着政府间的恶性竞争而变得"不符合市场价格"，其最明显的例子便是"廉价的土地资源"。一些地方政府为了吸引投资便放松了环境规制力度、降低了环保保护门槛。② 在长三角地区开发区在招商引资中，土地出让价格一般都小于征地费用与其他开发费用之和。比如苏州工业园区开发后土地市场价格大概为 20 万元/亩，出让价平均仅 8 万—12 万元/亩；昆山开发区的土地成本平均为 10 万元/亩，但平均出让价格低于 8 万元/亩。③ 为了招商引资而进行的土地竞争不仅导致了土地实际价格的扭曲，而且还可能导致环境的恶化和重复建设。

（二）减少外溢性与环境基本公共服务分配的困境④

环境基本公共服务是一种具有负"外溢性"的公共产品。即良好的空气质量、水污染的治理等都可能惠益于行政辖区外的地方。在地方发展型政府形成的理念下，地方政府会尽可能地减少资本的外溢，即其只愿意"搭便车"而不愿意提供"便车"，这便制约了地方政府对环境治理的主动性。这一点，在张泉的实证性分析中得到了印证。张泉用中国 1996—2004 年省级面板数据，对财政分权和中国环境质量关系进行检验，发现财政分权度的提高对环境质量具有显著的负面影响，且分权式改革可能会导致地方政府降低环境管制的努力。⑤

---

① 刘剑雄：《财政分权、政府竞争与政府治理》，人民出版社 2009 年版，第 144 页。

② Lan, Jing, Kakinaka, Makoto, Huang, Xianguo, "Foreign Direct Investment, Human Capital and Environmental Pollution in China Environmental and Resource Economics", *Environmental & Resource Economics*, 2012, 51 (2): 255 – 275.

③ 罗云辉、林洁：《苏州、昆山等开发区招商引资中土地出让的过度竞争》，《改革》2003 年第 6 期。

④ "外溢性"分为正的外溢性和负的外溢性（有别于正外部性和负外部性）。正的外溢性指从辖区范围内看，某项活动的"辖区成本"大于"辖区收益"，是不合算的，但从社会范围看，却是"社会收益"大于"社会成本"，如在本地受教育，日后搬迁到其他辖区；负的外溢性指在辖区范围内看，某项活动的"辖区收益"大于"辖区成本"是最理想的，但是从社会范围看，却是"社会成本"大于"社会收益"，如大力推动工业化，由此产生的污水、废气等不加处理自然排放，导致其他地方受到影响。在有辖区间外溢的情况下，如果赋予地方政府资助决策的权力，往往结果是对正的外溢性的行为激励不足，而具有负的外溢性行为激励过度。

⑤ 杨瑞龙、章泉、周业安：《财政分权、公众偏好和环境污染——来自中国省级面板数据的证据》，中国人民大学经济学院 2008 年工作论文（http://3y. uu456. com/bp - 0bda7090dd88d0d233d46a30 - 1. html）。

（三）区域间环境基本公共服务合作的动力不足

实际上，由于环境问题的特殊性，即部分资源要素的流动性，如空气、水等，其治理如果单靠单一的政府是无法解决问题的，因为这些资源要素不会以行政辖区的边界为分割。但是由于地方政府的"竞争性"，其并没有动力为了辖区外的利益而开展合作，其中最明显的例子就是"流域生态补偿"。

对大部分的流域生态补偿实践而言，都面临着"跨区域"的利益协调问题。河流这种单一的自然资源要素被人为地分割在了不同的行政辖区内，致使本应统一、整体的"流域利益"被不同的行政区域分割成了不同的"地方利益"。地方政府的自利性使得其只会对自己辖区内的"地方利益"负责，这种责任被限定在了明确的地理边界上，不会对行政边界以外的问题负责。但河流所具有的资源价值和生态价值不会被限定在地理边界上，河流具有流动性，于是这种价值也便产生了流动性，使其外溢。虽然流域的下游地区因此受惠，却由于其仅对自己辖区负责，不会有动力对上游地区为其提供的良好生态环境所付出的代价而给予补偿。

比如，深圳市政府高度重视深圳发展的"质量"，投入了大量的人力、物力治理环境，努力打造生态文明城市的良好形象，在环境治理的制度创新方面可谓不断推陈出新，可以说，深圳在城市环境治理方面，走在了全国的前列，但是在河流污染治理的问题上并不尽如人意。据深圳市人居环境委员会2015年第三季度的环境状况报告显示，深圳的河流状况与上年同期相比，西乡河和皇岗河水质污染程度明显加重，坪山河、福田河和沙湾河水质污染程度有所加重。深圳的茅洲河、观澜河和深圳河的污染在广东省排前三位。茅洲河流域仍有部分污水未经处理就直接排入河道。[1]

根据周沂等人的研究，深圳市的城区污染企业不断在向城市外围迁徙，其实质是通过污染企业的迁移来降低环境的负外部性对城市的影响。这其中有深圳市政府为了缓解群众和污染企业之间的矛盾而进行的规划原因，但更多的是可以方便深圳将辖区内的污染问题转移至辖区外。深圳的废水污染企业有靠近跨界河分布的特征，如茅洲河（深圳和东莞的界

---

[1]　相关数据详见深圳新闻网（http://www.sznews.com/news/content/2015-01/28/content_11115459.htm）。

河)、龙岗河（深圳和惠州的界河）、坪山河（深圳和惠州的界河）、观澜河（深圳和东莞的界河）。据相关数据显示，深圳市流出的水质达标率仅为13.9%。[①] 可以说，工业布局是这几条河流污染严重的重要原因之一。而更为深层次的原因是，在中国式分权的框架内，地方城市政府之间所存在的"竞争关系"，很难促进其之间进行环境治理上的合作。城市群之间水污染联合防治机制的缺失，是导致跨界河流污染的重要原因。深圳市人居环境委员会公布的环境质量公报显示，相关部门也正在积极创建跨界河流污染治理的城市间的合作平台，但是进度缓慢。这其中最主要的原因就是基于地方发展型政府的行为逻辑，地方城市政府在治理跨界河流的问题上动力不足。

五　问责机制的缺位

（一）地方人大难于发挥横向监督作用

法国的《公民与人民权利宣言》中称："社会有权利要求每一位公共服务者说明其行事作为……所有公民都有权利透过个人或其选出代表决定是否有必要缴税……并且了解钱用到哪里去。"这意味着，辖区内居民对于地方政府的财政资源的使用应该有知情权和质询权。然而我国的现实是，普通老板姓根本无从监督政府的财政资源的使用。[②] 其中最主要的因素之一就是地方人民代表大会的力量孱弱。

地方人民代表大会是保障地方公民权益、促进人民表达自我诉求的重要机制，虽然近年来地方人民代表大会制度的能力在不断提升，但不可否认的是，在实践中，其仍处于相对的弱势地位。地方人大的职能履行高度依赖地方党政领导一把手的支持力度，从而缺乏对地方政府行为的实质影响力。[③] 实际上，如果在横向问责体制健全的前提下，财政分权和纵向的政府问责体制并不一定会导致地方政府对环境保护投入的减损。但在我国，虽然设置了人民代表大会，其功能却很难完整发挥。实际上，地方人

[①] 贾生元：《关于规划环评与建设项目环评联动的思考》，转引自环境保护部环境工程评估中心《重点领域规划环境影响评价理论与实践》第二辑，中国环境科学出版社2012年版，第10—16页。

[②] 刘剑雄：《财政分权、政府竞争与政府治理》，人民出版社2009年版，第159页。

[③] 郁建兴、高翔：《地方发展型政府的行为逻辑及制度基础》，《中国社会科学》2012年第5期。

大和地方政府之间的关系更应被看作是分工而不是分权，对地方政府的实际影响力也高度依赖地方党政领导干部特别是党委书记的支持力度。[1] 这就减损了公民在参与政府决策中的可能性。关乎公民健康权的环境基本公共服务建设问题也就很难被真正纳入到政府决策的考量体系中去。

（二）纵向问责实难进行微观问责

在现行行政体制中，这种"向上负责"制度、动员预算外资源行为的合法性和社会期待，一旦与上级政府官员的类似激励机制相结合，便会产生稳定而强大的组织保护屏障，大大削弱了组织设计上所预期的自上而下的制度性约束机制。[2] 即中央政府很难真正探知地方政府的行为逻辑，中央政策也很难在地方具体实行，形成"政策不出中南海"的尴尬局面。

另外，这种纵向的问责机制要求上级政府对下级政府的行为进行评估。但上级政府并不一定实际了解情况，同时，公共服务的提供也确实很难以量化的方式进行评估，造成了对地方政府公共服务提供考核上的困境。

同时，在我国的财政体制设计中，"预算内的软约束"和"预算外的无约束"也成为制约纵向问责的一个重要方面。下一级政府很容易以其偏好改变预算内支出的结构，或者以一种更为隐蔽的方式进行支出，比如加大基础设施的建设（实际也为公共服务的提供）。上一级政府很难在微观上进行评价。

（三）户籍制度下居民难以"用脚投票"

在居民可以自由流动的情况下，地方政府通过满足居民对公共服务的需求来吸引选民。一旦居民认为某地的公共服务水平不能满足自己的要求，便会迁徙到能够令自己满意的地方，这也能提高政府提供公共服务的效率。但是在我国，长期以来一直实行着限制人口流动的户籍制度和城乡区别对待的政策，人口并不能自由流动，且流动的人口仍然受到"户籍制度"的影响，其所享有的福利仍然被牵制在户口所在地。所以传统财政分权理论中"用脚投票"的公民监督机制在我国起不了作用。人口的

---

① Kevin O'Brien, "Chinese People's Congresses and Legislative Embeddedness: Understanding Early Organizational Development"，转引自郁建兴、高翔《地方发展型政府的行为逻辑及制度基础》，《中国社会科学》2012 年第 5 期。

② 周雪光：《"逆向软预算约束"：一个政府行为的组织分析》，《中国社会科学》2005 年第 2 期。

流动对政府的公共服务的提供起不到监督和督促的作用。

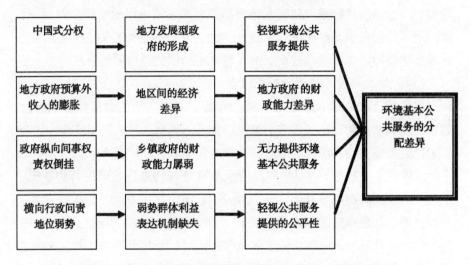

图 3 – 5　中国式分权下的环境基本公共服务非均等化示意图

第二节　结构性困境：三重障碍的影响

一　能源消费结构不合理

（一）高耗能与以煤为主的能源消费结构

一方面，我国是能源消费大国，目前的能源消费总量已居于世界第二位，且保持着高速的能源消费增长率。2000—2008 年，我国能源消费增长速度平均达到 8.9%，而世界同期能源增长速度只有不到 2%；[1] 另一方面，由于资源禀赋的制约，煤炭成为我国主要的能源消费产品。2009年，煤炭占中国能源消费总量的 70%，其探明储量约占中国全部化石能源探明储量的 93%。[2] 2014 年煤炭占中国能源消费总量的 66%，人均能源消费总量约 3.1 吨标准煤。[3] 即使到 2050 年，煤炭仍将占能源消费总量

---

　　① 中国能源中长期发展战略研究项目组：《中国能源中长期发展战略研究综合卷》，科学出版社 2011 年版，第 5—6 页。
　　② 《中华人民共和国 2009 年国民经济和社会发展统计公报》。
　　③ 钱伯章：《BP 公司发布 2015 年世界能源统计年鉴》，《石油科技动态》2015 年第 7 期。

的 40% 左右。[①]

由此可见，我国高速的经济发展现状是以高耗能为前提的，且以煤炭为主的能源消费结构将在相当长的一段时间内无法转变，这也就决定了政府若要提供良好的环境质量给民众，必须以"污染防治"为中心。

但实际上，当前的能源消费结构为我国的污染防治工作设下了重重关卡。首先，燃煤的过程将产生大量的有毒有害气体，相关数据也表明，我国的二氧化硫排放量的 90% 、氮氧化物排放量的 67% 、烟尘排放量的 70% 和人为源大气汞排放量的 40% 都来自燃煤。2014 年我国二氧化硫排放量为 1974.4 万吨，在全国开展空气质量新标准监测的 161 个地级及以上城市中，仅有 16 个城市空气质量年均值达标。全国酸雨城市比例达到 29.8% ，出现酸雨的城市比例为 44.3% 。[②] 其次，煤炭开采的过程将对自然环境造成严重的影响，如导致地下水系结构破坏、地表塌陷、水土流失、植被破坏、矸石堆占等问题。据相关数据显示，我国采煤塌陷土地面积已达到 80 万公顷，而且仍以约每年 4 万公顷的速度递增；2005 年，全国煤矿的瓦斯排放量达 153.3 亿立方米，合 2.8 亿—3.5 亿立方米；全国每年因为煤炭自燃排放到环境中的有害气体为 20 万—30 万吨。[③] 以上数据皆表明，在以煤为主的高耗能能源消费结构前提下开展污染防治和生态恢复工作，确实较为困难。[④]

（二）利用率低下的能源消费结构

我国目前所产生的高耗能的能源消费状况，同我国的能源利用率低下相关，集中体现在单位 GDP 能耗过高上面。[⑤]

依据世界权威数据库（包括 WB 数据库、FAO 统计数据库、UNEP 数据库等）和国际组织的公开出版物提供的数据，2013 年中国的 GDP 占世界的 12.2% ，却消费了世界的 22.4% 的一次能源（包括世界 50.3% 的煤

[①]　王伟、郭炜煜：《低碳时代的中国能源发展政策研究》，中国经济出版社 2011 年版，第 2 页。

[②]　数据来源于《2014 年中国环境状况公报》（ http://www.zhb.gov.cn/gkml/hbb/qt/201506/W020150605383406308836.pdf）。

[③]　中国能源中长期发展战略研究项目组：《中国能源中长期发展战略研究综合卷》，转引自张梓太等《结构性陷阱：中国环境法不能承受之重》，《南京大学学报》2013 年第 2 期。

[④]　张梓太等：《结构性陷阱：中国环境法不能承受之重》，《南京大学学报》2013 年第 2 期。

[⑤]　同上。

炭、24.1%的水电），46.8%的粗钢和48.4%的成品钢材，64.3%的铁矿石、58.8%的水泥，46.8%常用有色金属等。[①] 这种效率低下的能源利用效率将导致更多的不可再生资源被浪费，也将致使更多废弃物的产生。以我国煤矸石的利用为例，目前我国对煤矸石的综合利用率仅为66%左右，远远低于发达国家90%的利用水平。大量的煤矸石一方面会产生自燃，排放毒害气体造成大气污染；另一方面，煤矸石的堆放将侵占土地，浪费土地资源，同时还会造成土壤污染。截至2007年年底，全国煤矸石累计存量已达38亿吨，占用土地面积约1.6万公顷，并且占地面积以每年200—300公顷的速度递增。[②] 由此可见，在我国目前煤炭燃烧利用率较低，科技较为落后，设备尚未升级的前提下进行经济发展，必然会导致环境和生态的恶化。在保持GDP增长率的前提下要做到环境质量的良好提供是极其困难的。

（三）产业结构使得经济发展与环境保护难两全

1. 世界贸易市场链条的前端与发达国家产业转移

我国的工业发展虽已取得了举世瞩目的成就，在产业升级方面也取得了一定成效，但放眼世界市场，其还属于世界贸易市场链条的前端。我国从国外转移了大量的化工、印染、电镀、造纸、炼钢、硅铁、电子垃圾处理和拆船等产业，形成污水、有害气体、粉尘和固体垃圾等环境污染。[③] 但在如此高耗能、重污染的工业发展过程中，我国赚取的也仅仅是低廉的初级产品利润，并不能填补其对资源造成的损失和对环境造成的破坏。

2. 重工业为主的产业结构

在我国的产业结构中，第二产业对GDP的贡献率仍排在首位，其增加值在GDP中的比例高达48.6%，是世界第二产业比重最高的国家。而自20世纪50年代以来，我国工业内部重工业所占比重在多年都高于轻工业。亚洲金融危机之后，由于居民消费结构升级，以住房和汽车为主导的消费结构进一步带动了重工业比例的提高。按照工业总产值计算，2000—

①　数据转引自中国科学院可持续发展战略研究组《2015中国可持续发展报告》，科学出版社2015年版，第269页。

②　中国能源中长期发展战略研究项目组：《中国能源中长期发展战略研究综合卷》，科学出版社2011年版，第12—13页。

③　周天勇、张弥：《全球产业结构调整与中国产业发展新变化》，《财经问题研究》2012年第2期。

2009 年，中国重工业占全部工业的比重从 50.8% 上升到 70.5%，提高了近 20 个百分点。[1] 以重工业为主的产业结构将不可避免地导致对基础原材料的消耗，致使我国的工业在最终能源消费量中的比重已达到了 70% 以上。[2]

另外，金属制造加工业比重的上升加大了国内能源消费压力。随着我国房地产市场的崛起和汽车制造业的发展，对金属耗材的需求量不断提升。金属工业是高耗能产业，金属工业比重提高，意味着环境治理的压力会进一步提升（详见表 3-11）。

表 3-11　　　　　　　按照六大产业分类的工业内部结构变化[3]

	2000 年	2005 年	2008 年	2009 年	累计变化
工业合计	100.0	100.0	100.0	100.0	0
采掘业	6.4	5.9	6.6	6.0	-0.4
消费品加工业	24.5	20.6	19.7	20.5	-4.0
材料加工业	22.9	20.5	20.4	20.5	-2.4
金属制造加工业	11.0	14.3	15.9	14.5	3.4
机械设备制造业	27.8	30.2	29.9	30.9	3.0
其他工业	7.3	8.4	7.4	7.7	0.3

二 资源开发体制不顺畅

我国的自然资源在开发利用的过程中存在诸多问题，如资源价格的市场化程度不高，资源价格构成不完整，资源之间的价格关系不合理，资源市场体系不健全等，这些问题导致了资源的低价格，使得资源开发的补偿不足，进而导致环境污染与生态破坏。在这个层面上，仅仅依靠环境基本公共服务的提供来遏制因资源开采和利用过程中产生的污染和生态破坏，是"徒法不足以自行"的。

---

① 赵晋平：《2010—2030 年中国产业结构变动趋势分析与展望》（http://www.esri.go.jp/jp/prj/int_ prj/2010/prj2010_ 03_ 04.pdf）。

② 赵晓丽：《产业结构调整与节能减排》，知识产权出版社 2011 年版，第 22—23 页。

③ 图表来自赵晋平《2010—2030 年中国产业结构变动趋势分析与展望》，根据国家统计局工业总产值统计计算（http://www.esri.go.jp/jp/prj/int_ prj/2010/prj2010_ 03_ 04.pdf）。

（一）资源价格畸低

受计划经济体制的制约，我国改革开放后至 20 世纪 90 年代初，资源价格一直处于很低的水平，资源企业基本处于亏损状态，由于长期实行的能源低价战略，导致能源供不应求，能源紧缺状况到了 20 世纪 80 年代中期已经非常严重。目前，虽然我国能源价格已经在逐步提高，这对增加能源供应，抑制能源消费起到了积极作用，但目前我国整体的能源价格水平仍然偏低。[①] 与国外相比，我国的煤、焦炭、天然气、水、电等价格均相对较低，尤其是居民用电价远远低于世界发达国家水平。资源的低价格完全不能体现资源因耗竭而产生的潜在的风险损失、矿产资源开采带来的环境成本、生态成本等。因此，会导致资源的开发不计成本，形成掠夺性开采的状况；生产型企业会浪费资源，也没有设备更新和技术升级的动力。同时，资源低价使得生态型补偿不足，不利于资源开采过程中造成的污染治理和生态恢复。

（二）矿产资源税费体制不顺

资源外部性解决的有力途径之一就是税收，矿产资源税费体制建立的初始原因之一就是解决资源的外部性问题。但我国现行的这一套矿产资源税费制度存在诸多问题：利益关系混乱、理论依据模糊，税费性质不清；有偿使用制度不统一，税费率总体偏低，计征依据不科学；税费政策多变和不规范；代际利益关系不规范等。这些问题导致矿产资源在开发过程中效率低，利益相关方得不到应有的补偿，税收机制无法有效刺激相关矿产的经济开发等。[②] 以上问题不仅会导致资源开采的无序经营、掠夺式开发，也难以对资源的外部性问题进行有效的解决。

三　城乡二元结构的限制

在我国的社会转型中，最为艰巨的便是城乡架构的调整，这已成为制约我国发展的桎梏。当许多城市居民在追求幸福指数和享受发展权的时候，很多村民还在为生存权的实现挣扎。这种存在巨大差异的城乡二元经济体制，带来的是社会地位的二分和资源分享的二分。以城市为中心的环

---

① 赵晓丽：《产业结构调整与节能减排》，知识产权出版社 2011 年版，第 223 页。
② 蒲志仲：《矿产资源税费制度存在问题与改革》，《资源与人居环境》2009 年第 1 期。

境法发展方向使得农村的环境保护问题被束之高阁。[1]

（一）权利缺失、贫困与环境不公

1. 城乡二元结构下公民基本权利的缺失

城乡二元结构使得农民的基本权利受损，其中最为显著的便是其选举权和劳动权的被限制。根据《选举法》的规定，凡年满 18 周岁的中华人民共和国公民，不分民族和种族、性别、职业、社会出身、宗教信仰、教育程度、财产状况和居住期限，均有选举权和被选举权。但 1995 年第八届人民代表大会常务委员会第十二次会议通过的《关于〈修改中华人民共和国全国人民代表大会和地方各级人民代表大会选举法〉的决定》规定，全国各级人大代表城乡每一名代表所代表的人口数为 4∶1。这意味着每四个农民所享有的选举权等于一个城市居民所享有的选举权。另外，由于选举权和被选举权只能按照户籍进行，所以大量的农民工虽然在城市工作，却不能享受到与当地居民同等的政治权利。这进一步限制了农民在环境政治参与中的权利。

另外，由于对城市居民就业的保障，相关政策对农民工在城市就业中权利进行了限制。第一，对行业的限制，农民工基本上只能进入城市居民不愿进入的行业和职业；第二，对工资的差别对待，农民工的工资一般是当地城市居民的 70% 左右；第三，农民工不能享受或差别性地享受城市的各项基本公共服务，如教育培训、医疗保障、工伤保险等。[2] 这种劳动权利上的限制使得农民工毫无选择地要去参与环境损害较大的工作，且相关工作基于这种不平等的就业政策并不给予其应有的"补偿"。

2. 贫困、环境问题与健康权的损害

由于城乡二元经济结构的存在和农民在劳动就业、政治参与上的权利被限制，导致了城市居民和农民之间的贫富差距日益显著。十余年前农村家庭人均年收入是 3100 元左右，城镇家庭人均年收入是农村的两倍。根据 2015 年国务院公布的数据显示，2015 年上半年各地居民人均可支配的收入，城乡差距为 2.83 倍。[3]

---

[1]　张梓太等：《结构性陷阱：中国环境法不能承受之重》，《南京大学学报》2013 年第2 期。

[2]　桂家友：《中国城乡公民权利平等化问题研究（1949—2010）》，博士学位论文，华东师范大学，2011 年，第 217 页。

[3]　《上半年居民收入出炉》（http：//www.xinwenge.net/know/news/678446d3.html）。

　　贫困所导致的不仅是农民在消费上处于弱势地位，而且意味其会通过牺牲环境利益的方式而得到经济地位的提升，这最终会导致进一步的贫困和健康权的损害。从城市到乡镇的产业转移就是最明显的一个例子。再比如，在环境良好、资源丰富的贫困地区，由于人们长期低价甚至免费获得资源物品和环境服务，资源和环境的价值被极大地贬低，纵容了不合理地利用或滥用自然资源，进而导致生态退化、环境污染等后果，生存的自然屏障被破坏，逐渐陷入贫困的泥潭。[①] 可以说，贫困和环境问题是一对互为关联的要素。

　　（二）以城市为中心的环境基本公共服务建设

　　我国的城乡二元结构是以户籍制度为基础的城乡壁垒，其实质是将城乡居民按照户籍划定不同的社会身份，这种社会身份的差异性导致了城市居民和农村人口在教育、社会保障、医疗、就业乃至经济发展等各个方面都存在机会不公平和实质不公平的现象。城乡二元结构所构建的是一个以城市为中心的制度性体系。不论是公共资源还是公共权力的配置都以城市为中心，农村被边缘化（见表3－12）。[②]

表3－12　　　　我国城乡公共服务差异化的供给：以社会保障为例[③]

时期	年份	城镇居民的社会保障	年份	农民的社会保障
改革开放前	1949—1978	行政事业单位：退休制度、公费医疗、工伤及生育保险、国家救济、国家福利事业、军人保障、教育福利、住房福利；各类企业：职工劳动保险（包括退休保险、医疗保险、工伤及生育保险等）、职工福利、职工生活困难补助	1949—1978	"五保户"供养制度；农民合作医疗；军属优待；集体救济
改革开放后	1978—1993	养老保险费用社会统筹改革；企业职工待业保险制度；医疗保险制度改革试点	1978—2002	初级卫生保健；农村社会养老试点；农村合作医疗改革试点

　　① 吴健、马中：《公共财政背景下的环境与贫困关系问题》，《环境保护》2012年第10期。
　　② 观点详见张梓太等《结构性陷阱：中国环境法不能承受之重》，《南京大学学报》2013年第2期。
　　③ 王玮：《基于人口视角的公共服务均等化改革》，《中国人口·资源与环境》2011年第6期。

时期	年份	城镇居民的社会保障	年份	农民的社会保障
	1994 年至今	城镇职工基本养老保险社会统筹与个人账户相结合改革、做实个人账户；失业保险制度；城镇职工基本医疗保险制度	2003 年至今	新型农村合作医疗制度；新型农村社会养老保险试点

在环境基本公共服务的提供上，首先，农村的环境立法缺位。目前我国农村的土壤污染问题极其严重，由于农业化肥的使用和污水灌溉还有乡镇企业的污染等因素，农村土壤的重金属化的程度已达到骇人听闻的状态，但相关的土壤污染防治立法却仍未颁布。在现已颁布的环境立法中，与农村环境保护相关的条文也屈指可数。其次，在环境监管方面，农村基本还属于环境监管的盲区，这使得乡镇企业有空可钻，其使用的设备简陋、工艺落后，造成进一步的环境污染。再次，农村的环境卫生状况堪忧。最典型的例子就是农村饮用水安全的问题和农村垃圾回收处理的问题。最后，基于城乡二元结构，农村的农民在享受教育资源上比城市居民要少许多，这也就意味着其在环境污染、自我保护、风险防范方面的意识和能力都相对较弱，且其信息获取的能力也要比城市居民弱很多（详见第二章）。

（三）城乡污染产业转移使得农村环境问题严峻

城乡二元结构不仅使政府在提供基本公共服务的时候偏向于城市，使农村与城市间的基本公共服务呈现出巨大的差异，更为重要的问题是，由于农村的环境监管工作尚在起步阶段，相关的环境标准较低，便会导致城市工业转移到农村，致使本身就受到农业污染侵袭的农村环境质量更加雪上加霜。以浙江省为例，由表 3 – 13 可以很明晰地看出，重污染企业已大部分分布在农村。

城乡污染企业转移的问题已在《2010 年中国环境状况公报》中明确指出："我国农村环境保护形势依然严峻，突出表现为生活污染加剧，工矿污染凸显，饮用水存在安全隐患，城市污染向农村转移有加速趋势。"

表 3 – 13　　　　　2012 年浙江省重点污染行业的城乡地区分布比较①

企业类别	合计（家）	城市（家）	农村（家）	农村企业占比（%）
电镀	1174	161	1013	86.3
重金属冶炼	36	5	31	86.1
皮革鞣制	113	4	109	96.5
铅蓄电池	62	10	52	83.9
总计	1385	180	1205	87.0

① 数据来源于王学渊、周冀翔《经济增长背景下浙江省城乡工业污染转移特征及动因》，《技术经济》2012 年第 10 期。

第四章 环境基本公共服务
分配的国外考察

第一节 国外环境基本公共服务分配的实践

一 环境监管服务的国外实践

（一）环境监管体系

1. 美国的联邦主义的环境监管体制

在美国，环境保护管理体制主要分为联邦和州地方两个层次。在联邦层次上，主要包括联邦环保局（Environment Protection Agency，EPA）和国家环境质量委员会（Council on Environmental Quality，CEQ）。联邦环保局（EPA）共设有 12 个主管部门，① 集中主管全国各种形式的污染防治工作。同时，联邦环保局还在全国设立了 10 个地区分局，其任务之一就是协调和地方政府的关系。② 国家环境质量委员会（CEQ）在白宫，直接为总统提供环境问题的建议并审评环境影响报告。这些报告要

---

① 这 12 个部门包括行政与资源管理部门（Office of Administration and Resources Management），大气和辐射部门（Office of Air and Radiation），化学安全和污染防治部门（Office of Chemical Safety and Pollution Prevention），财务总监部门（Office of the Chief Financial Office），执行保障部门（Office of Enforcement and Compliance Assurance），环境信息部门（Office of Environmental Information），法律咨询部门（Office of General Counsel），监察长部门（Office of Inspector General），国际和部落部门（Office of International and Tribal Affairs），研究和发展部门（Office of Research and Development），固体废弃物及应急反应部门（Office of Solid Waste and Emergency Response），水管理部门（Office of Water），EPA Organizational Structure，See http：//www2. epa. gov/aboutepa/epa – organizational – structure。

② 这 10 个分局所在的地区分别是波士顿、纽约、费城、亚特兰大、芝加哥、达拉斯、堪萨斯、丹佛、旧金山、西雅图，EPA Organizational Structure，See http：//www2. epa. gov/aboutepa/epa – organizational – structure。

求包括所有联邦机构的规划项目和其所产生的主要环境结果。其主要目标是促使社会、经济和环境的平衡发展。① 其特色在于其既是环境保护的管理机构，又是总统的咨询与协调机构，还是地方行政机关之间的协调机构。

在地方层次，各州的环境问题主要还是由地方解决。各州的环境管理独立于联邦环境管理体系，各州环保机构依据本州法律履行职责，只是依照联邦法律就具体事项与联邦环保局进行合作。而以上所提及的 10 个地方分局，就是联邦环保局同地方州环保局协调、合作的关键。

2. 日本分权式的环境监管体制

自 2001 年以来，日本政府在中央省厅进行了大规模的行政体制改革，提升了环境保护部门的地位，将原来的环境厅升格为环境省，同时，环境省长官在内阁中也成了主要成员。② 在地方，日本各地方政府也设立了相应的环保管理机构，称为地方公共团体。但是与我国的地方环保局不同的是，日本的地方环境管理机构仅对当地政府负责，环境省与地方环境管理机构之间是相互独立的，没有上下级的领导关系。从这个意义上讲，日本倾向于建立一种比较彻底的分权管理体制，带有明显的联邦主义色彩。

（二）环境监测主体的能力建设

我国环境保护部门的人员、设备和财政配置都不足以应对繁重的生态环境保护需要。例如，目前环保部的机关行政编制为 311 名，即使加上环境监测总站和区域督查中心的事业编制人员，也不足千人，导致很多行政职能或工作由事业单位承担。③ 但如表 4-1 所示，国外的环境保护机构人员的配备就较为充足。

---

① See http：//www. whitehouse. gov/administration/eop/ceq/about.
② 现在日本的环境省，除了环境大臣、副大臣、大臣政务官、环境事务次官以及地球环境审议官以外，由 1 个官房（秘书局），4 个局（综合环境政策局、地球环境局、水和大气环境局、自然环境局），2 个部（废弃物再生利用对策部、环境保健部），5 个审议官，25 个课组成。此外，还设有作为独立行政法人的国立环境研究所、作为审议会等的中央环境审议会等、作为设施等机关的环境调查研究所，以及作为特别机关的公害对策会议。资料来源于［日］交告尚史等《日本环境法概论》，田林、丁倩雯译，中国法制出版社 2014 年版，第 169—170 页。
③ 中国科学院可持续发展战略研究组：《2015 中国可持续发展报告》，科学出版社 2015 年版，第 17 页。

表4-1 国外环境保护机构人员数与全国总人口数比较①

国家名称	中央环保机构名称	人员数（人）	全国总人口数（人）
加拿大	环境部	6800	3542万（2014年）
丹麦	环境与能源部	超过1300	561万（2013年）
日本	环境省	1134	1.27亿（2013年）
美国	国家环境保护局	超过18000	3.16亿（2013年）
新西兰	环境部	300	444万（2013年）
德国	联邦环境、自然保护、建筑与核安全部	1200	8065万（2013年）

（三）跨区域的环境监管机构

跨区域的环境管理、协调机制是西方国家的环境管理体制特色。环境问题的整体性和差异性使得环境问题永远不可能被局限在行政辖区内，不论在哪个国家和地区，解决跨区域的环境问题都是难题。很多国家和地区都在此方面做了有益的探索和尝试，并制定了相关的管理政策和制度。② 这主要体现在水污染的治理和大气污染的跨区域环境监管机构的设立方面。

1. 水污染的跨区监管机构设置

在水污染治理方面，自1992年以来，至少已经有8个有关跨界水污染问题的国际公约。跨界水污染问题一直是环境管理的热点问题。如1950年，欧洲便成立了"保护莱茵河国际委员会"（International Commission for the Protection of the Rhine，ICPR），该委员会内不仅有政府和非政府组织组成的观察小组，还有许多技术和专业协调的工作组。其目标是保障莱茵河作为饮用水水源、防洪、改善水质、保证整个莱茵河生态系统的可持续发展和保证疏浚物中无对环境有害的物质等。③

再如法国，为了加强水资源环境的保护，法国全国被划分为6个流域区，每个区设立了一个水流域管理局。

---

① 数据来源于World Bank及其他相关调研，转引自中国科学院可持续发展战略研究组《2015中国可持续发展报告》，科学出版社2015年版，第17页。

② Tuinstra W., Hordijk, "Moving Boundaries in Transboundary Air Pollution Co-production of Science and Policy Under the Convention on Long Range Transboundary Air Pollution", *Global Environmental Change*, 2006, 16（4）：349-363.

③ See http：//www.iksr.org/index.php? id=58&L=3.

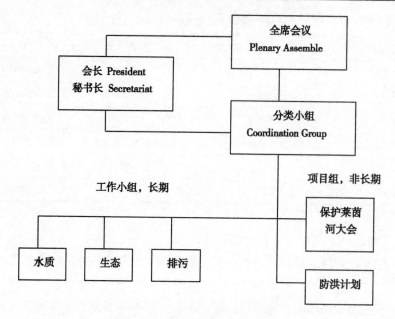

图4-1　保护莱茵河委员会框架

2. 大气污染的跨区环境监管机构设置

在大气污染防治方面,美国分为州内跨界和州之间跨界两个层面的管理。在州内,1976 年加利福尼亚州政府设立了南海岸大气质量管理区(the South Coast Air Quality Management District, SCAQMD)。在管理区内,设置了立法、执法和监测三个主要职能部门,其主要职责就是加强跨界合作,与地方政府和其他社会团体共同制订和实施跨界合作计划。[①] 在州与州之间,针对各种不同的化学污染物,美国建立了不同的跨州的管理机构。以臭氧问题为例,美国东海岸成立了臭氧传输委员会 (the Ozone Transport Commission, OTC) 这样一个跨行政区划的机构,其不仅负责美国东北部的 11 个州和华盛顿特区的臭氧运输工作,还推动着这些区域间的氮氧化物的抵换制度。OTC 的各成员州通过协议、协商等方式,共同控制合作区域内的流动污染源。[②]

① Nordenstam, Brenda J., Lambright, William Henry, Berger, Michelle E., Little, Matthew K., "A framework for Analysis of Transboundary Institutions for Air Pollutionpolicy in the United States", *Environmental Science and Policy*, 1998, 1: 231 - 238.

② Bergin, Michelle S., West, Jason J., Keating, Terry J., Russell, Armistead G., "Regional Atmospheric Pollution and Transboundary Air Quality Management", *Annual Review of Environment and Resources*, 2005, 30: 1 - 37.

（四）环境监测体系

在环境监测体系的建构上，西方国家的体系构建更为权威。以辐射环境监测为例，切尔诺贝利核泄漏事故后，欧盟加强了核事故辐射监测数据交换的平台和预警系统的建设，开发了欧洲委员会辐射紧急通知系统（ECURIE）和欧洲辐射环境实时监测数据交换平台（EURDEP）。[①] 该数据交换平台旨在接收和发送欧洲各国辐射环境监测网络的数据，以便在核事故应及时发挥作用。截至 2006 年，欧洲共有 30 多个国家将辐射监测数据发送至 EURDEP。[②]

再以上文所提及的"保护莱茵河国际委员会"为例，其建立了 9 个莱茵河国际监测断面和 7 个国际监测与警报中心，一旦有水污染事故发生，发生地所在的国际监测与预警中心便会负责发布和向其他各中心发送预警信息。

二　环境治理服务的国外实践

（一）环境污染治理模式

1. "命令—控制"型环境治理方式

在美国环境法的发展过程中，最早是基于普通法（Common Law）的模式，即透过传统的侵权行为（Nuisance）、侵害行为（Trespass）、过失行为（Negligence）和无过错责任（Strict Liability）来解决环境问题上的争议。在这样的情况下，政府就很难介入到私人的民事关系当中去，且矫正行为必须等到损害发生后才能开展，具有被动性，不利于环境保护的预防功能的实现。于是自 20 世纪 70 年代以来，美国制定、通过了许多重要的环保规范，普通法逐渐成为成文法下的补充性规范。而至今最重要的环境规范方式仍然是"命令—控制"规范（Command – and – Control Regulations）。命令控制指的是政府据相关的法律、法规、标准等来确定管制目标，企业必须严格遵守，如必须达到相关的生产工艺、污染物排放标准等，对不达标者给予相应的处罚。

---

① De Cort M., De Vries G., Galmarini S., "European Commission International Data and Information Exchange Systems to Assist EU Member States in Case of Radiological and Nuclear Emergencies", 转引自黄彦君等《欧洲的辐射环境监测》，《辐射防护通讯》2008 年第 4 期。

② Szegvary T., Conen F., Stohlker U., "Mapping Terrestrial γ – dose Rate in Europe Based on Routine Monitoring Data", *Radiation Measurement*, 2007, 42: 1561 – 1572.

在日本，为了克服产业公害，形成了一系列与其相适应的强有力的规制体系。其中，设定"污染物质排放容许限度的排放标准"，强制要求排放污染物质的事业者遵守，这种命令监督手段（Command & Control）可以说是这一体系的中心。① 设立排放标准、环境标准、总量控制等都是命令—控制型环境治理的手段。

2. 市场激励型环境治理方式

实际上，环境政策均包含了两个要素，其一是设定一个总体的目标，其二是通过一些方法来实现这些目标。而基于市场的市场激励措施就是实现这些总体目标的重要工具。② 市场激励（Economic Incentives）指的是制定相关的规范，通过价格体系引导和激励企业的经济行为来达到环境保护的目标，而不是设定一个规范标准强制企业达标。这种经济手段，并不是将特定的增加环境负荷行为认定为违法并果断予以禁止，而只不过是通过金钱诱导人们从事减轻环境负荷的行为。③

市场激励的工具主要有环境收费制度、环境补贴制度、排污权交易制度等。④ 目前这也是广泛运用于西方国家的环境管理工具之一。如美国联邦政府和许多州政府已经制定税法从而激励环境友好产品的生产和使用，促进有利于环境的行为的发生，抑制不利于环境的产品和活动。⑤

3. 信息型环境治理方式

这里所讲的信息，指的是环保标志、环境规格等信息手段，其实质仍是市场激励方式的一种。当消费者开始认可具有环保标志的产品时，讲究环保的企业可以提高品牌价值在竞争中获胜，相反，不讲环保的商品和事业者则被淘汰。例如，对有着适当管理、考虑可持续发展的森林产出的木材进行认证的 FSC（Forest Stewardship Council）标志，是国际上非常有名的环保标志。CFP（Carbon Footprint of Products）为人们能够看得见商品

---

① ［日］交告尚史等：《日本环境法概论》，田林、丁倩雯译，中国法制出版社 2014 年版，第 185 页。

② Robert N. Stavins, "Vintage – Differentiated Environmental Regulation", *Stanford Environmental Law Journal*, 2006, 25: 29 – 259.

③ ［日］交告尚史等：《日本环境法概论》，田林、丁倩雯译，中国法制出版社 2014 年版，第 196 页。

④ Robert N. Stavins, "Vintage – Differentiated Environmental Regulation", *Stanford Environmental Law Journal*, 2006, 25: 29 – 259.

⑤ Thomas F. P. Sullivan, *Environmental Law Handbook*, The Scarecrow Press, 2005, p. 8.

中的温室气体排放量也做出了贡献。①

4. 公众参与型环境治理方式

公众参与（Public Participation）也是西方国家主要的环境管理手段之一。公众参与意味着公众可以通过听证会、说明会等形式参与到政府的环境治理决策当中，保障了公民的环境知情权。以法国的"公众调查"为例，其适用于由公法法人或私法法人实施的领土整治的实现、工程的建设等。环境保护领域的公众调查的目标是告知公众，收集他们的喜好、建议以及反对意见，然后将其作为影响评价的反对意见。经过公众调查程序之后，有的还会进行公众辩论，然后进行地方公民投票，投票结果直接影响政府的环境决策。

5. 契约式环境治理方式

还有一种环境契约的方式在欧洲和日本比较普遍。就是通过政府与特定企业或者整个行业订立一份协议或契约，针对特定的或者一般的环境问题，要求缔约者履行相应的义务。② 以日本为例，事业者和地方公共团体、居民之间为防止公害签订的契约，称为公害防止协定或环境保全协定。例如地方公共团体，可以和绿地保全地域或特别绿地保全地区内的绿地的土地所有缔结管理协定，可以代替土地所有者进行绿地的管理。③

（二）环境治理资金保障

国外发达国家环境治理的资金主要来源于税收。比如法国的主要环境税种有污染税、公司车辆税、生活垃圾清理税、矿物油消费税、民航税、道路税、能源税等，且95%以上的环保税收入都是专款专用的。在德国，主要的环境税种有能源税、废水污染税和机动车辆税。同时，有相当一部分的环保资金是根据各地污染状况、经济发展水平，通过政府间横向转移支付进行分配的。④ 另外，政府的财政补贴和政府推广的环保类投资也是主要的环境治理的资金来源。

---

① ［日］交告尚史等：《日本环境法概论》，田林、丁倩雯译，中国法制出版社2014年版，第200页。

② 宫文祥：《以咨询揭露作为环境保护规范手段之研究——以美国法为参考》，《台湾法学新论》2008年第5期。

③ ［日］交告尚史等：《日本环境法概论》，田林、丁倩雯译，中国法制出版社2014年版，第204页。

④ 卢洪友等：《外国环境公共治理：理论、制度与模式》，中国社会科学出版社2014年版，第288页。

值得注意的是，不仅政府在财政上有比较充足的保障，而且来自企业、家庭和其他社会组织的资金也比较充足。以法国为例，2010 年度企业的环境治理资金略高于政府的环保资金，家庭提供的环保资金也占了很大比例（详见表 4 - 2）。

表 4 - 2　　　　　　　法国环境保护资金的来源①　　　（单位：百万欧元）

资金来源	2005 年	2006 年	2007 年	2008 年	2009 年	2010 年
政府	13030	13264	14266	15473	15840	16340
企业	13706	15369	15810	15851	16325	16620
家庭	9858	10575	11162	11671	11905	12473
欧盟	173	211	155	211	238	240
合计	36768	39419	41393	43205	44308	45673

三　环境卫生服务的国外实践

（一）环境卫生服务的提供方式

环境卫生服务是和人民生活息息相关的环境基本公共服务，在美国，相关的环境卫生服务包括卫生检查、公共健康项目、公立医院的运营、水净化处理、供水配给、居民的固体废物回收、固体垃圾处理、商业固体废物回收、污水收集和处理、污水处置等方面，② 全面而系统。

总的来说，现代美国的环境卫生服务机制供给过程有三个基本环节：计划（Planning）、融资（Financing）和监控（Monitoring）。

表 4 - 3 所列出的就是政府在环境卫生服务的供给和生产方面的各种机制安排。其中，直接安排（Direct Arrangement）指的是由政府承担公共服务的供给和产出各个环节的工作。服务合同（Service Contracting）指的是政府可以雇用或者付费给企业或者其他政府组织来提供公共服务，如果

---

① 资料来源于 SOes，转引自卢洪友等《外国环境公共治理：理论、制度与模式》，中国社会科学出版社 2014 年版，第 249 页。

② Sanitary Inspection（卫生检查），Public Health Programs（公共健康项目），Operation of Public Hospitals（公立医院的运营），Purification（水净化处理），Distribution（供水配给），Solid Waster Collection，Residential（居民的固体废物回收），Solid Waste Disposal（固体垃圾处理），Solid Waster Collection，Commercial（商业固体废物回收），Sewerage Collection and Treatment（污水收集和治理），Sewerage Disposal（污水处置）。

是雇用其他政府的话，其实就是政府间协议（Intergovernmental Agreements），联合合同（Joint Contracting）指的是政府将某部分公共服务用合同外包出去，如固体垃圾的回收问题就是由政府在特定地理范围内保留部分服务生产者的责任，将其服务范围内的部分服务生产和配给通过合同外包出去。补贴制（Subsidy）是由政府出资补贴生产商提供服务。凭单制（Voucher）是指特定群体（如弱势群体）利用凭单获取服务，其是可以通过市场购买到需要的商品或服务的。税收激励（Tax Incentives）是指为了给生产公共服务的公共部门提供财政帮助，城市政府在州政府授权下可以征税。特许经营权（Franchise）指的是在特定区域内颁发给私营公司的排他性或非排他性的提供某种服务的执照。非税收激励（Nontax incentives）指的是城市政府可以通过其他非税收的激励手段吸引服务商执行城市政策。志愿服务（Volunteerism）是由市民自由向政府提供公共服务的生产和供给。自助服务（Self–Help）是个人、社区采取行动以减少政府原本需要提供的服务。

表 4–3　　　　　　　　美国环境卫生服务供给的各种机制安排[①]

服务模式		服务供给			服务生产	
		计划	融资	监控	生产	分配
传统	直接安排	+	+	+	+	+
	完全合同	+	+	+	0	0
	联合合同	+	+	+	+/0	+/0
财政调控	补贴制	+	+	+	0	0
	凭单制	+	+	+	0	0
	税收激励	+/0	+	+	0	0
非财政调控	特许经营权	+/0	0	+	0	0
	非税收激励	+	0	+	0	0
	志愿服务	+	0	+	0	0
	自愿服务	+	0	+	0	0

注：+指政府起主导作用；0指政府没有起到主导作用；+/0指政府所起到的作用有限。

　　总而言之，政府在这里主要采取了两种基本形式：一是政府代替私营

　　① Robert M. Stein，*Urban Alternatives*，University of Pittsburgh Press，pp. 46–50，转引自孙春霞《现代美国城市公共服务供给机制研究》，博士学位论文，华中师范大学，2007 年。

供应商来直接生产或者分配如垃圾回收这样的卫生服务；二是政府通过各种外包或者联合服务的方式提供环境卫生服务。美国采取如此多样化和系统化的环境卫生公共服务模式，是因为财政压力和节约成本等方面的考虑。

再以德国的垃圾处理为例，按照德国法律的规定，垃圾要分类存放，并按照不同的分类进行分别处理。无毒无害的分类垃圾可以由商业公司处理，价格相对便宜，而没有分类的混合垃圾及有害垃圾，则只能由政府统一处理，将被征收高额费用。因此，无论企业还是个人，都会将垃圾进行分类和减量，以降低自己所缴纳的费用。①

（二）3E 环境卫生服务绩效评估标准

环境卫生服务分配中的最大问题就是供给问题。对于任何一种环境公共服务，如垃圾回收、饮用水、污水处理等，都存在应以什么样的标准评估环境卫生服务提供的绩效的问题，而在美国，这三个关键因素就是3E，即效力（Effectiveness）、效率（Efficiency）和公平（Equity）。

其中效力指的是环境卫生服务的提供是否全面、是否稳定；效率是对环境卫生服务分配过程与结果的全面监督，可以提高政府行政能力，同时促进服务型政府的建立；公平是指居民享受环境卫生服务的机会必须平等。②

（三）农村环境卫生服务

发达国家十分重视农村的环境卫生服务，一些国家和地区还针对农村垃圾处理专门进行了规定，比如美国的俄克拉荷马州和肯塔基州，对农村地区路边倾倒垃圾的问题颁布了法规。加拿大的卡佩勒地区颁布了关于村庄垃圾收集设施的规定。

1. 农村环境卫生服务提供

在美国，其收运理念是"垃圾公司深入农村"。美国的农村垃圾处理市场化程度很高，一般由规模较小的公司承担，全国范围内存在非常多的小型公司负责垃圾的收集运输。美国的农民居住得比较分散，完善的手机网络能够覆盖到每家每户，每户的生活垃圾都能得到有效处理。③ 在日本，农村垃圾分类比较细致，能回收的垃圾与生活垃圾分开投放，农民也

① 卢洪友等：《外国环境公共治理：理论、制度与模式》，中国社会科学出版社2014年版，第302页。
② 参见孙春霞《现代美国城市公共服务供给机制研究》，博士学位论文，华中师范大学，2007年，第57—59页。
③ 程宇航：《发达国家的农村垃圾处理》，《老区建设》2011年第5期。

可以是公司的员工。公司收取农村生活垃圾的同时也收取一定的费用。每户将分类后的垃圾用轮式垃圾箱收集。[①] 在德国，垃圾处理公司负责当地垃圾分类与标准的制定。垃圾公司会给农户发放小册子，对生活垃圾的分类进行指导。比如德国的绿点公司，其要求农户将废弃物分装在黄色、综合和灰色的垃圾桶内。黄色垃圾桶放置有"绿点"标志的包装类废弃物，棕色垃圾桶放置厨余垃圾，灰色垃圾桶放置不能回收的垃圾。[②]

2. 农村环境卫生服务的技术支持

以农村污水处理为例，我国农村的污水处理设施相当缺乏，造成了严重的水体污染。国外发达国家在农村污水处理方面不仅有较为完善的法律、法规支持，财政支持，同时也有有效的技术支持（详见表4-4）。

表4-4　　　　　　　　国外农村污水处理新技术[③]

国家	技术名称	技术内容	主要功效
澳大利亚	Filter 污水处理系统	将土壤保护、土地处理与地下暗管排水相结合的污水再利用系统	满足了农作物对水分和养分的需求，减少了农作物的种植成本；降低了氮、磷等元素的含量，使其达到排放标准
荷兰	一体化氧化沟	集进水、曝气、沉淀、泥水分离、污泥回流、出水等功能于一体	流程短、处理效果稳定、剩余污泥产生量少、固液分离效果比一般二沉池高
日本	生物膜技术	利用微生物具有氧化分解有机物将其转化为无机物的功能，运用人工措施来创造适宜水处理微生物生长和繁殖的环境，使微生物大量繁衍，以提高其对污水中有机物污染物的氧化降解效率	设备简单、能源消耗低、成本和维护费用低、污水处理率高
美国	高效藻类塘系统	充分利用菌藻的共生关系，对水中的污染物进行处理	占地面积少、结构简单等

四　环境信息服务的国外实践

（一）环境信息知情权的法律法规体系

目前世界上已有美国、加拿大、澳大利亚、英国、韩国、日本等90

①　程宇航：《发达国家的农村垃圾处理》，《老区建设》2011年第5期。
②　唐艳冬等：《借鉴国际经验推进我国农村生活垃圾管理》，《环境保护》2015年第24期。
③　廖秋阳、曹辉：《借鉴国外经验探索中国农村污水处理新技术》，《世界农业》2010年第11期。

多个国家和地区制定了专门的信息公开法、信息自由法或者是保障公众知情权的法律。除了一般性的信息公开法外，一些国家和地区还专门制定了环境信息公开法。

在欧洲，1990 年，欧盟前身的欧共体根据《关于成立欧洲环境署和欧洲环境信息与观察网络 1210/90 条例》① 建立了欧洲环境署（European Environment Agency，EEA），该机构保障了有效的和广泛的环境科学信息的提供。同年，欧共体发布了《关于环境信息取得自由的指令 90/313》，② 该指令确认了环境信息知情权是一种基本权利，并第一次以专门立法的形式规定了环境信息公开的相关问题，并要求欧共体各成员国根据指令，将内容转换为国内法加以实施。③

1998 年，欧洲经济委员会（The United Nations Economic Commission for Europe，UNECE）通过并签署了《奥胡斯公约》（Aarhus Convention），④ 该公约是目前对环境信息公开规定得最为完善的公约。经过多年的实践和发展，2003 年欧盟制定了《公众参与起草有关环境规划第 2003/35/EC 号指令》⑤ 和《关于公众获取环境信息和废止 90/313 指令的 2003/4 指令》，⑥ 至此，"两个指令一个公约"构成了欧盟公众环境知情权的立法框架性规定。

在美国，政府采取了一系列的手段来促进环境信息的公开。最主要的两部有关信息公开的法律是《信息自由法》（Freedom of Information Act，

---

① Regulation 1210/90, Council Regulation of 7 May 1990 on the establishment of the European Environment Agency and the European Environment Information and Observation Network, O. J. L120/1 (1990).

② Directive 90/313, Council Directive of 7 June 1990 on the freedom of access to information on the environment, O. J. L 158/56 (1990).

③ Dietrich Gorny, "The European Environment Agency and the Freedom of Environmental Information Directive: Potential Cornerstones of EC Environmental Law", Boston College International and Comparative Law Review, 12: 279 - 300.

④ 即《关于环境事务领域信息使用权、公众参与决策和司法途径的公约》, Convention on Access to Information, Public Participation in Decision - Making and Access to Justice in Environmental Matters。

⑤ Directive 2003/35/EC of the European Parliament and of the Council of 26 May 2003 providing for public participation in respect of the drawing up of certain plans and programmes relating to the environment and amending with regard to public participation and access to justice Council Directives 85/337/EEC and 96/61 EC.

⑥ Directive 2003/4/EC of the European Parliament and of the council of 28 January 2003 on public access to environmental information and repealing Council Directive 90/313/EEC.

FOIA）和《国家环境政策法》（*National Environmental Policy Act*，NE-PA）。其中《信息自由法》赋予了公众的环境信息知情权，并确立了"以公开为原则，不公开为例外的原则"①。而《国家环境政策法》规定了公众参与环境监管的权利。

针对环境信息公开方面，首先，美国非常重视企业的环境信息公开，如《清洁空气法》（*Clean Air Act*）、《清洁水法》（*Clean Water Act*）要求企业必须向环境管理部门提交相关的环境行为信息。美国联邦环保局同时制定了《有毒物质控制法》（*Toxic Substances Controls Act*，TSCA）和《紧急计划与社区知情权法》（*the Emergency Planning and Community Right - to Know Act*，EPCRA），建立了针对有毒物质排放的环境信息公开制度。

在日本，环境公开制度是在《行政机关保有信息公开法》这一框架内设定的。其规定，任何人都有权利要求政府的所有独立行政法人和特殊法人公开除"非展示信息"以外的其他政务信息。后政府各部门根据该法律制定了相关的信息公开法律。在环境领域，日本环境省率先颁布了《对环境省保有的行政公文提出公开请求作出公开决定的审查基础》。该条例规定了环境公开原则。② 同时，日本的《环境基本法》《环境影响评价法》和《污染物排放与转移登记法》（以下简称《PRTR 法》）中都对公众环境知情权和参与权作出了明确具体规定。③

（二）环境信息公开制度

在美国，环境信息服务相当的系统化，因为其认为，信息本身就是环境保护相当关键的问题。④ 在环境法领域，需要平衡多种利益冲突，传统的环境规制手段如通过普通法的模式解决环境问题，⑤ "命令—控制"手

---

① See http：//www. foia. gov/，其中九种例外情形包括了国家安全，机构内部规则、惯例，机构内部备忘录，商业秘密，被其他联邦法令定为秘密的档案，一些执法记录，银行记录，油气井数据，所含信息如被透露会对个人隐私构成不当侵犯的档案。

② 郭山庄：《日本的环境信息公开制度》，《世界环境》2008 年第 5 期。

③ 谢茗、曾军龙：《国外企业环境信息公开制度的经验及其对我国的启示》，《环境保护与循环经济》2012 年第 12 期。

④ Daniel C. Esty，"Next Generation Environmental Law：A Response to Richard Stewart"，29 *Cap. U. L. Rev.* 183，199 - 200（2001）. See also Mary L. Lyndon，"Information Economics and Chemical Toxicity：Designing Laws to Produce and Use Data"，87 *Mich. L. Rev.* 1794，1798（1989）.

⑤ 即通过侵扰行为（Nuisance）、侵害行为（Trespass）、过错行为（Negligence）和无过错行为（Strict liability）来解决环境上的正义。

段解决环境问题，① 或者市场的手段解决问题，② 都存在着诸多的问题，如政府失灵和市场失灵的情况。所以学者们提出，应以信息公开来促进环境保护。在这个方面，《有毒物质控制法》和《紧急计划与社区知情权法》发挥着极其重要的作用。

《有毒物质控制法》的颁布实施建立了"有毒排放登记系统"（Toxic Release Inventory，TRI），要求企业登记并定期报告有毒物质排放的具体情况。《紧急计划与社区知情法》的立法目的是希望能在各州和地方层级上建立有效的紧急应变计划，并确立公众的知情权。同时，是让相关企业公开相关环境信息，接受其对环境所造成的可能性影响的评估，使其可以改善自己的经营行为。③ 其中该法的第 312 条规定企业必须每年申报其工厂内所使用的有毒化学物质清单，并向环保局申报其排放情形。凡企业涉及制造、处理或是其他情况使用了所列举的化学物质每年达到法定门槛之上的，以及员工达到 10 人以上的，④ 企业每年都负有申报其工厂内、外，以及经过回收、处理的每一化学物质使用的最大数量。⑤ 企业如果不申报或者捏造申报信息，就会受到惩罚。⑥

（三）环境信息管理体制

为了加强政府信息资源管理，提升电子政务建设的效率，美国建立了首席信息官制度（Chief Information Officer，CIO）。⑦ 根据 1996 年颁布的克林哥—科恩法案（*Clinger Cohen Act*），美国联邦环保局在总部机构内任命一名首席信息官（CIO），而在下属区域办公室和机构，分别指派助理/地区局长（Assistant/Regional Administrators，AA/RA）、高级信息官

① "命令—控制"（Command – and – Control）手段至今都是美国环境管制中最重要的依据。其指的是根据不同的社会需求和对象，制定不同的法规。这些规范可能是以科技为基础（Technology – Based Regulation）、以健康为依据（Health – Based Regulation）的标准设定的。以科技为基础指的是制定出具有特定的技术标准的规范，以规范环境行为；以健康为依据指的是所制定的规范必须能在适当的安全范围内（an Adequate Margin of Safety），保护大众的健康。这又是以不合理的风险或者重大风险（Unreasonable or Significant Rist）作为是否在适当安全范围内的标准的。

② 市场手段也称为经济诱因制度（Economic Incentive System），很多学者认为这是第二代环境法的变革，其中排污权交易（Cap – and – Trade）制度就是一个成功的市场手段。

③ Durham – Hammer，Supra note 59，at 333.

④ EPRCA 313（a）（g），42 U. S. C. 11023（a）（g）.

⑤ EPRCA 313（a）（b），42 U. S. C. 11023（a）（b）.

⑥ EPCRA 313（g）（1）（C）（ii），42 U. S. C. 11023（g）（1）（C）（ii），and Pollution Prevention Act（PPA）607（b）（2），42U. S. C 13106（b）（2）.

⑦ See http：//dodcio. defense. gov/.

（Senior Information Officials，SIO）、信息管理员（Information Management Officers，IMO）等负责相关技术工作。① 同时，美国联邦环保局对环境信息政策的制定和审议有着一套严格的流程。其中质量与信息理事会指导委员会（Quality and Information Council Steering Committee，QIC SC）负责对政策建议提出意见并提交首席信息官批准。

（四）环境教育服务

环境信息的有效获取同时也有赖于民众的环境意识和获取环境信息的能力。在这个方面，国外很多国家都通过法律的形式明确规定了环境教育服务的重要性。

以德国为例，早在 1980 年，联邦德国文化部长联席会议便作出决定，环境教育是德国中小学的义务。20 世纪 90 年代初期，环境教育的内容直接或间接写入联邦各州中小学教育大纲，范围涉及各个学科。② 印度最高法院规定，环境教育必须在包括正规的高等教育在内的各个阶层普及。印度的大学、研究所、规划管理学院、农业大学、工程学院和众多的其他机构都提供了较高质量的环境教育。③

五　环境应急服务的国外实践

（一）环境应急法律法规体系

在美国，1988 年《斯塔福德救灾和紧急援助法》④ 正式成为法律。此援助法建立了一个联邦对州政府和地方政府的援助系统，并要求所有州准备独立的紧急行动计划。⑤ 在全国范围内，应急计划早在 1968 年便存在，但是效力范围仅在石油泄漏事故方面，1973 年因《清洁水法》的生效，全国应急计划的效力范围纳入了有害物质泄漏事故。1980 年，《综合

---

① 刘立媛：《美国环境信息政策制定经验及对我国的借鉴意义》，《中国环境管理》2010 年第 3 期。

② 卢洪友等：《外国环境公共治理：理论、制度与模式》，中国社会科学出版社 2014 年版，第 291 页。

③ 同上书，第 336—340 页。

④ Robert T. Stafford Disaster Relief and Emergency Assistance Act（Public Law 93 - 288）as amended，see http：//www. fema. gov/robert - t - stafford - disaster - relief - and - emergency - assistance - act - public - law - 93 - 288 - amended.

⑤ See http：//www. au. af. mil/au/awc/awcgate/frp/frpintro. htm.

环境反应、补偿及责任法》① 通过，联邦应急计划的范围进一步扩张。1992 年后，其效力范围扩大到各种灾害方面。1994 年，《联邦民防法》② 也被纳入《斯塔福德救灾和紧急援助法》中。到 1996 年，《联邦辐射应急预案》正式生效，③ 有关辐射问题也纳入到应急系统体系内。到 1996 年，联邦紧急事务管理局制订了一个被称为"一切危险的紧急行动计划指南"的行动计划。自此，全国范围内有关环境应急突发的法律、法规体系完成。④

在欧洲，1996 年欧盟颁布了《重大事故控制法规Ⅱ》（*COMHA Ⅱ*），规定要对符合明细表所指定的标准的地点进行管理，同时现场工作人员要采取所有的必要措施，以预防重大事故并限制事故造成的结果，并向主管单位加以证明。同年，其颁布了《污染综合防治法》（*IPPC*），要求采用能防治或者使得意外泄漏危害降低到最小化的最佳可用技术。2000 年，欧盟颁布了《水框架指令》（*WFD*），设定对水体可能造成危险的物质名单。

在日本，1961 年日本国会制定了《灾害对策基本法》，并于 1995 年进行了修改，其主要内容包括：各个行政部门的救灾责任、救灾体制、救灾计划、灾害预防、灾害应急对策、灾后恢复重建、财政金融措施、灾害应急状态等。该法律针对各个条款都制订了具体的行动计划，同时配备了一些领域的专门性法律，形成了一套比较全面的应急管理法律、法规体系。⑤

（二）环境应急体系

美国的环境应急服务的特色在于"全过程管理"和"系统化管理"，即其法律规范囊括了各种可能产生的环境突发事件，并本着"风险预防"的原则进行全过程管理，而并非是在环境突发事件产生之后进行被动式的处理。

联邦政府建立了联邦紧急事务管理局（Federal Emergency Management

---

① Comprehensive Environmental Response, Compensation and Liability Act，也被称为《超级基金法》。

② Federal Civil Defense Act.

③ See http：//www. fas. org/nuke/guide/usa/doctrine/national/frerp. htm.

④ Guide for All - Haard Emergency Operations Planning，see http：//www. fema. gov/pdf/plan/slg101. pdf.

⑤ 王新：《国外环境应急管理经验及其对我国的启示》，《WTO 经济导刊》2011 年第 9 期。

Agency，FEMA）。① 截至 2011 年 8 月，FEMA 在全国范围内有 7474 名雇员，在全国设立了 10 个分局，并建立了全国应急培训中心等机构。② 突发事件发生后，各级机构听从现场协调员的统一指挥，保证国家有效应对紧急情况。2003 年 3 月，该机构联合其他 22 个联邦机构成立了美国国土安全部，以跨部门协调合作的方式共同应对由人为和自然灾害共同导致的国家紧急情况。同时，美国 FEMA 还提供旨在教育美国人具备应对灾难性事件能力的计划：其包括了突发事件发生前、发生时和发生后公民该怎样应对的常识，怎样拟订家庭应急计划和准备应急包等知识。③ 值得注意的是，美国的环境应急系统还将公共卫生事件纳入视野，由美国疾病控制和预防中心（Centers for Disease Control and Prevention，CDC）推出的紧急事件准备与应变的相关信息也囊括在了环境应急系统内。④

在化工类的突发事件应急处理方面，美国成立了化工安全和危害调查委员会（U. S. Chemical Safety Board），以科学调查化工事故。其调查委员会的特色在于化工事故调查的独立性和调查事故过程与结果的公开性。首先，该调查委员会是一个独立的机构，不受任何其他政府部门左右，其可以通过公证的调查评估现有美国职业安全健康局或美国环境署相关法规的适用情况，以作为法规修订的参考依据。其次，根据该调查委员会的规定，调查的过程和结果具有相当的公开性，可以通过各种方式接受媒体现场采访。⑤

在欧洲，欧盟设定了重大事故灾害管理局（MAHB），通过对过去事件的审查，确定高风险区。同时，1992 年，欧盟建立了事故应急预警系统（Accident Emergency Warning System，AEWS），其重点放在跨界合作与预警方面，同时还设立了国际警报中心网络（Network of Principal International Alert Centers，PIAC）。

（三）环境应急服务的资金保障制度

美国《综合环境应急、补偿和责任法》（*Comprehensive Environmental Response, Compensation and Liability Act*，CERCLA）中规定建立超级基金（Superfund）的关键目的就在于建立一个反应机制，即迅速清理因事故性

---

① See http：//www. fema. gov/.
② See http：//www. fema. gov/about－agency.
③ See http：//www. ready. gov/zh－hans.
④ See http：//emergency. cdc. gov/.
⑤ See http：//www. csb. gov/about－the－csb/mission/.

泄漏危险物质和倾倒危险废物的场所泄漏污染。① 根据相关数据显示，2005 年的转移支付已达到 12. 47 亿美元。②

第二节　国外环境基本公共服务的借鉴意义

一　区域一体化的环境治理

（一）整体主义的环境立法模式

区域一体化的环境治理首先应体现在一种整体主义的环境立法模式当中。以部门立法为主导的立法模式不可避免地会涉及部门利益的诉求，各部门之间的利益博弈将会使得立法最终的目标实现不是以解决问题为导向的，而是强势部门压制弱势部门后的无奈之果。③ 所以，整体主义的环境立法模式是跨地区、跨部门合作的基石。整体主义的环境立法模式的重中之重是要在法律体系内部实现污染防治和自然资源保护的价值统一。特别是在自然资源保护的过程中，不仅要承认其经济价值，还要重视其生态价值，加快生态补偿制度的建立和完善，逐步缩小城乡差距和区域差异。

其次，在环境法律体系外部，实现和民法、行政法、刑法、经济法、诉讼法等相关部门的对接。充分发挥民法中相邻关系和地役权的环境保护作用，推进环境信托产业、环境金融行业的发展，建立和完善自然资源产权制度，扩大环境法益和推进环境公益诉讼制度的建立、完善。④

（二）区域合作下的环境治理

区域一体化的环境治理同时还体现在区域环境问题的共同治理方面。从大气污染防治上的欧盟的分区、分块管理体制，美国的加利福尼亚州南海岸大气质量管理区和臭氧传输委员会等环境管理模式都证明了跨部门、跨地区的合作在环境基本公共服务中的重要作用。跨部门、跨地区的合作要求政府打破行政壁垒，实现资源整合，防止重复建设，优化配置资源，

---

① See http：//www. epa. gov/superfund/.
② See http：//www. epa. gov/superfund/accomp/budgethistory. htm. 根据相关数据显示，超级基金自 1993—2005 年的转移支付金额一直超过 11 亿美元每年。
③ 郭少青等：《更新立法理念，为生态文明提供法治保障》，《环境保护》2013 年第 8 期。
④ 同上。

减少污染，促进可持续发展。[①]

在我国，由于环境管理体制的条块分割导致了环境问题无法通过整体目标得到统一解决。这种弊端近年来逐渐显露，地方上也在积极研究以推出相应对策。如2008年，云南省推出了"大环保"的概念，推出了《关于建立环境保护执法协调机制的实施意见》。该意见建立了环境执法联动制度和环保联络员制度，起初由昆明市人民法院、人民检察院、昆明市公安局和昆明市环境保护局联合成立环境执法联席会议，联席会议成员单位由当初的4家发展成为19家，联席会议由环保部门召集，就整个区域的环境执法中遇到的问题进行协调。这种协调机制在一定程度上解决了动态环境执法不协调、不配合问题。在流域问题的管理上，我国在长江、黄河、淮河、珠江、海河、辽河和太湖七大流域都成立了作为水利部派出机构的流域管理机构，行使《水法》《防洪法》《水污染防治法》《河道管理条例》等法律、法规规定和水利部授予的水资源管理和监督职责。[②] 另外，我国建立了环保督察制度，即华东、华南、华北、西北、西南和东北六个区域环保督查中心，强化了环境保护方面中央对地方的调控能力。[③]

二　一体化的发展进程

环境基本公共服务的合理分配并不是一个单一要素的问题，其是社会问题的一个集中反映。就这个概念而言，环境基本公共服务要能真正做到公平合理的分配，必须将其纳入整个社会发展进程当中。笔者认为，环境基本公共服务的合理分配，特别是在我国，在城乡二元结构、户籍制度的限制下，必须要同区域协调发展、区域一体化进程一起开展，其关涉社会的经济发展、人权保障、基础设施建设等各个方面的问题。

以日本为例，日本在环境基本公共服务合理分配的实践方面，是在"综合开发计划"的大背景下完成的。战后的日本在经济发展过程当中产生了许多问题，针对这些问题，日本政府从1961年便开始制订一个重要的"综合开发计划"。并先后进行了六次综合国土开发。1962年，日本政

---

① 郭少青等：《更新立法理念，为生态文明提供法治保障》，《环境保护》2013年第8期。
② 刘洋：《建立流域为主的水资源管理体制研究——与日、法两国比较》，转引自曹树青《区域环境治理法律机制研究》，博士学位论文，武汉大学，2012年，第69页。
③ 夏光：《国家设立区域环保督查中心意味着什么》，《中国经济时报》2006年9月21日。

府制订了第一次全国综合开发计划，该计划是以"防治城市的过度集中"和"消除地区差别"为口号提出的。该计划把全国划分为三类地区，并相应采取不同的方针。①

为进一步解决工业和人口过密和过疏的问题，防止城乡、地区之间的发展不平衡，日本政府于 1969 年开始实行第二次国土开发计划，通过发展交通运输和现代化的通信事业，将各个城市连接起来。这一次综合开发计划的主要目标中就有"谋求人与自然界的长期和谐、永久性的保护自然，以解决公害环境问题"和"建设城乡一体化安全、舒适和文明的生活环境"的要点。

1977 年，日本政府制订了第三次全国综合开发计划。这一次的开发重点是由原来的"工业开发优先"转向"重视人的生活"。同时，日本政府投入了大量资金，帮助农村地区建设机场、铁路、高速公路、港口、公共福利设施、排水灌溉系统以及通信系统，这大大改善了农村地区的投资环境和生活条件。另外，日本政府重视农村教育投入，且建立了很多职业培训机构，进行各种形式的职业培训。②

到第五次综合开发的时候，其除考虑人口和产业以外，认为创造文化和生活方式的基本条件，如气候、风土以及生态系统、海域、水系等自然环境的一体性等，交流的历史积累和文化遗产等对国土目标的形成具有越来越重要的地位，为此要形成空间多样性的国土。③

到第六次综合开发，日本提出的五个战略目标是世界发展中无缝亚洲的形成、可持续地区的形成、形成抗灾能力强、能灵活应对灾害的国土、美丽国土的管理与继承、以"新公众"为支柱的地区构建。最终建立"美丽安全"的国土，促进可持续发展成为新的目标。④

由此可见，环境基本公共服务要同整个社会发展和公共服务的公平分配一起开展才会更见成效。

---

① 江明融：《公共服务均等化问题研究》，博士学位论文，厦门大学，2007 年。
② 同上。
③ 蔡玉梅：《日本六次国土综合开发规划的演变及启示》，详见 http：//www. china - up. com：8080/international/message/showmessage. asp？id =479。
④ 同上。

三　多元化的提供方式

环境基本公共服务提供方式的多元化强调公共部门、私人部门、非营利组织、社区组织均可以成为公共服务的供给者，从而把多元的竞争机制引入到公共服务的供给过程中来。虽然政府对环境基本公共服务的提供有着不可推卸的责任，但是在具体问题的执行上，市场机制的引进、政府、市场甚至是社会三方的互动，将更有效率地进行资源配置，提高环境基本公共服务的提供效率。

国外在环境基本公共服务的提供方面，非常重视"公众参与"和社会的力量。在德国，从原材料开发到商品使用，法律在这过程中的每个环节都规定了生产者、经营者和消费者所扮演的角色和应履行的义务。德国有200多万人从事环保事业。[1] 在美国，其强调社区建设，通过社区自下而上的参与，如自我服务项目和志愿服务项目，达到环境基本公共服务的自我供给。以基金项目参与为例，如在土地修复工作当中，有"棕色地带项目"（Brown Field Program），"超级技术支持补助金"（Superfund Technical Assistance Grants，TAGs），"五星级湿地和溪流恢复项目"（Wetlands & Streams Five Star Restoration Program），"精明增长项目"（Smart Growth Program），"环境财政项目"（Environmental Finance Program）等。[2] 在水污染治理方面，有"海滩补助金"（Beach Grants），"联邦基金名录"（Catalog of Federal Funding），"州清洁水周转基金"（Clean Water State Revolving Fund），"州饮用水周转基金"（Drinking Water State Revolving Fund，DWSRF），"部落基金"（Tribal Funding），"流域基金"（Watershed Funding）等各种资助项目。[3] 任何的社会组织、公民和企业，只要是环境利益的相关群体，都可以申请这些项目的经费支持或者参与其中共同进行土壤修复的治理。

我国环境保护的发展呈现出"自上而下"的特性。环境法变成了国家管理环境的法律，无法调动和发挥广大群众环境保护的主动性和积极

---

[1]　卢洪友等：《外国环境公共治理：理论、制度与模式》，中国社会科学出版社2014年版，第292页。

[2]　See http：//www. epa. gov/landrevitalization/grantsfunding. htm.

[3]　See http：//water. epa. gov/grants_ funding/.

性，这使得环境法在实际运行中遇到了相当的困境。同时，环境问题最突出的特征在于其利益冲突性，公众之间也存在利益分割，在这种情况下，仅仅依靠政府单方面的权力对环境事务实行决策是不明智的。就环境保护而言，不是环境行政机关的单枪匹马与企业的被动接受，也不是末端治理与事后追究，而必须是国家与市民社会的广泛合作，是地方社群环境自治能力的培养与发挥，是政府、非政府组织、环保企业、民间团体、地方社群自治体、公民个人等多元治理主体的互助，是多元方式的结合。① 公众参与可以改变官僚封闭系统决策方式，确保公共政策的应然价值取向，实现公共政策制定的民主化与科学化。

我国地区发展极不平衡，不同地区的经济、文化发展水平千差万别，这就意味着法律在制定的过程中面临着巨大的困难和复杂性。通过公众参与的方式，一是可以倾听民生，根据实际情况制定出"因地制宜"的法律法规。二是可以使得环境信息公开、通畅，进而使政府或其他组织的环境决策容易获得认同、支持和理解，获得更多的公众支持，同时还可以通过公众参与的方式发泄出民众的不满情绪，并通过调节，缓解公众与政府之间的紧张关系。三是可以更好地进行环境决策与执法的监督。政府在环境项目的决策过程中，是不可能全方位了解民众的意愿的，要想使得政府决策更符合民心，根本出路就在于公众的参与和监督。四是可以提高公民的环境意识，将公民作为环境保护的新兴力量，自下而上地推进环境法的发展。我国几千年的传统文化导致公民的权利意识与法律意识都比较淡薄，环境保护意识的总体水平偏低，公众参与可以促使公民不断探寻环境知识，公众参与的过程同时也是环境意识不断提升的过程，环境意识提升了，也便愿意更为积极地投入到公众参与的进程中。

四　制度化的资金保障

制度化的资金保障方面，首先体现在专款专用的税收制度上，国外发达国家在环境治理方面的资金 95% 都来源于税收；其次体现在合理的财政转移支付制度的建设。合理的财政转移支付制度可以平衡政府间的财力，促进地区间的均衡发展，由此推动环境基本公共服务的公平分配。

全世界范围内，不论是单一制或者是联邦制的国家，其政府都是二级

---

① 钭晓东：《论环境法功能之进化》，科学出版社 2008 年版，第 276 页。

或者二级以上的结构，为了全面而有效地履行政府公共服务的职能，多级结构的政府都会依据一定的经济、政治和社会理论，通过宪法或者法律将公共服务的供给职能及与此相对应的财政支出责任在政府之间加以分配。① 受益较少的行政单位，联邦政府或者中央政府会通过财政转移支付的方式保障其财力，以期提供公平的公共服务（详见表4－5）。

表4－5　　　　　　　发达国家公共服务公平分配的政策比较②

国家	目标导向	主要政策	评价
加拿大	1. 省级政府财政支出能力均等化； 2. 促进发展机会均等	1. 联邦政府对财政收入低的省份实行财政转移支付，对全国10个省或地区按人均税收收入水平从高到低进行排序；取前2—6位的均值作为补助标准；对低于标准的省或地区给予补助，补助数额为低于标准的差额乘以该地区的人口； 2. 建立基本公共服务的标准	1. 保障居民享有平等的公共服务权利； 2. 省域间的相对均等，保障省域之间资源的流动性
日本	1. 地区间财力分配的横向均衡； 2. 提高公共服务的质量和效率	1. 通过转移支付的方式，转移支付资金规模根据中央五项税收的一定比例确定； 2. 根据各地方政府的标准收入和标准支出需求进行分配； 3. 中央直接对47个都、道、府、县和3300个左右的市、町、村进行分配； 4. 提高公共服务供给的效率，实行民间委托和民营化，2006年日本制定了《关于引入竞争改革公共服务的法律》	1. 避免各地方政府收入能力不一致导致的财源分布不均衡； 2. 通过服务质量和效率的提高促进均等化内容的丰富
韩国	解决地区间公共服务的不均衡	1. 不同的地区实行不同的公共服务分配政策，建立分配的先后顺序机制； 2. 财政投入基本由中央政府负责，地方出少量资金； 3. 重视公共服务均等化过程中的政府创新	主要学习西方国家公共服务均等化的经验，存在城乡一体化的问题
美国	构建公共服务均等化体系	1. 教育、医疗、养老等公共服务的均等化，采取了水平补助模式、基数补助模式、保证税基补助模式以及基数补助与保证税基补助结合模式等； 2. 减税政策； 3. 公共服务和公共福利的公私合营	1. 州政府转移支付规模较大，州的自主性较大； 2. 实现州内的公共服务均等化； 3. 主要是基于公共服务内容均等化的政策实践，从减税和供给两方面推进

---

① 课题组：《国外政府间财政均衡制度的考察与借鉴》，《财政研究》2006年第12期。

② 翁列恩、胡税根：《发达国家公共服务均等化政策及其对我国的启示》，《甘肃行政学院学报》2009年第2期。

续表

国家	目标导向	主要政策	评价
法国	解决区域间、家庭间和个人之间公共服务的不均衡	1. 集中模式，如基础教育上中央政府承担的财政支出占到 90% 以上，其余部分由市镇政府分担； 2. 针对个人的特别财政政策，如开学补贴制度、上学交通补贴制度、午餐补贴制度等，保证最低公共服务标准的实现； 3. 针对落后地区的区域间财政转移支付制度	1. 集中模式对中央政府财力有一定的压力； 2. 个体间公共服务均等化的政策实践有借鉴意义

五　人本化的信息服务

在欧洲，许多环保部门都在互联网上建立和发布一系列的大型数据和专业环境信息系统，通过跨部门跨领域的合作实现环境信息提供的一体化，以方便民众对于环境信息的查询。如欧洲环境署的官方网站上可以很便捷地查询到关于大气污染、水污染、能源、噪声、土壤问题等一系列的数据，欧盟国家居民均可通过自己的母语进行相关信息的查询。[①] 在美国，只要输入自己所在的州、城市、街道和区号等信息，就可以查询到自己所在地理方位周围的所有工业设施和有毒危险化学物的管理情况。[②]

同时，各国还通过先进的科技实现环境信息的提供和管理。如德国重视"环境空间地理信息服务共享"，重视 GIS 在环境信息资源管理与发布中的应用，积极推进统一的地理信息系统门户建设，同时搭建基于 Web GIS 的信息交换共享平台，实现不同服务提供商、不用地点环境空间数据的分布式存储与服务共享。[③] 值得注意的是，即使是在信息自由的前提下，公民也很难找到正确的问询者了解相关的环境信息和解决相关的环境问题，于是美国联邦环保局在 1993 年专门建立了环境信息服务中心（Environmental Information Service Center），以帮助民众了解、查询相关的环境信息。[④] 民众可以通过邮件、电话和到访等方式就石棉、饮用水、环境补助、绿色产品和服务、家庭有害废物、垃圾回收、污染防治、车辆排放的

---

① See http：//www. eea. europa. eu/data – and – maps.

② 此服务属于 Toxics Release Inventory（TRI）Program 的一个部分，see http：//www2. epa. gov/toxics – release – inventory – tri – program。

③ 沈红军：《德国环境信息公开与共享》，《世界环境》2009 年第 6 期。

④ See http：//www2. epa. gov/region8/environmental – information – service – center.

废弃等各类环境问题进行咨询。

　　在我国，虽然从中央到地方的环保局网站上都设立了公开和公众参与的栏目，但实际上公众的参与程度有限，最主要的原因仍是获取环境信息的途径有限并且不畅。借鉴国外先进的环境信息的提供方式，不仅可以保障我国公民的环境信息知情权，也可以促进环境公共治理的公众参与，提高治理效率。

第五章 环境基本公共服务合理分配的理论思辨

第一节 环境基本公共服务合理分配的理论考察

"公平分配"作为环境基本公共服务的核心，势必会受到环境正义、分配正义等理论的影响；公共服务的概念随着市场化、全球化的发展，其内涵和外延也在不断翻新，特别是在新公共服务理论影响下，其发展更加风生水起。另外，环境基本公共服务的公平分配，旨在提高环境质量，起到了一定的预防功能，不免受到风险社会理论的影响。笔者在这一节将对环境基本公共服务公平分配的理论渊源进行梳理，并总结这些理论对环境基本公共服务分配的影响。

一 环境正义理论

（一）环境正义运动：环境正义理论的缘起

要理解有关环境正义的相关研究和理论，就必须追根溯源到美国的环境正义运动。1982 年，美国北卡罗来纳州华伦县（Warren Country，North Carolina）的居民上街进行游行示威，抗议在阿夫顿社区附近建造多氯联苯废物填埋场，其中有 500 多名示威者被逮捕。这场游行抗议活动成了美国民权运动的一部分，并引发了美国境内一系列有关穷人和有色人种权利的抗议行动，被统称为"沃伦抗议"（Warren County Protests），环境正义运动的序幕由此正式拉开。

沃伦抗议是第一次把种族、贫困和工业废物的环境后果联系在一起的社会运动，它的重要性不仅在于抗议行为本身，还在于这场运动所引发的全国性的关注和之后对政府决策所产生的影响力。

1983 年，美国审计总署（U. S. General Accounting Office，GAO）的一

项研究表明，美国南方一些州的 3/4 的场外商业有毒废料填埋场都设在黑人社区附近。[1] 1987 年，美国联合基督教会（United Church of Christ, UCC）在一份题为《有毒废弃物与种族》（*Toxic Wastes and Race in the U-nited States*）的研究报告中指出：美国境内的少数民族社区长期以来不成比例地被选为有毒废弃物的最终处理地点。[2]

1991 年，在联合基督教会（UCC）的资助下，第一次全国有色人种环境峰会（People of Color Environmental Leadership Summit）在华盛顿召开。经过激烈的辩论，代表们达成了协议，一致同意用 17 条"环境正义原则"来作为他们运动的宗旨。

著名的环境正义者戴安娜·阿尔斯顿指出："对我们来说，环境问题……不能狭隘地予以解释。我们眼中的环境是与整个社会的、种族的和经济的正义交织在一起的……在我们看来，环境就是我们生活、我们工作和我们玩耍的地方。"

与此同时，美国联邦环保局开始与环境正义的倡导者进行对话。1992 年美国联邦环保局（U.S. Environmental Protection Agency, EPA）颁布了题为《环境公平：为所有社区减少风险》的报告。1992 年 12 月，联邦环保局设立了环境公平办公室，环境正义自此成了美国联邦政府的一项重要工作内容。1994 年克林顿总统发布了环境正义执行令，指示每一个联邦机构采取行动确认并纠正其关于少数民族群体和低收入群体的项目、政策和行为中不利于人类健康和环境的不成比例的高度影响，并将实现环境正义作为各联邦机构使命的一部分。

（二）环境正义理论的基本主张

联邦环保局（EPA）对环境正义作出的定义是：对环境法令、法规及政策制定、实施及执行，不同种族、肤色、来源国及收入之人们均能获得公平之待遇和有效之参与。公正之待遇意味着不同种族、肤色、来源国及收入之人们均衡地承担由于工业、市政、商业运作或是执行联邦、州、地

---

[1]　Siting of Hazardous Waste Landfills and Their Correlation with Racial and Economic Status of Surrounding Communities, see http：//www.gao.gov/products/121648.

[2]　Commission for Racial Justice, *Toxic Wastes and Race in the United States：A National Report on the Racial and Socioeconomic Characteristics of Communities with Hazardous Waste Sites*, New York：United Church of Christ, 1987.

方或土著的项目和政策所造成的环境负担。① 自此，不论是克林顿政府、布什政府还是奥巴马政府，这个定义都被作为政府在制定政策和法律时要考虑的因素。② 简单而言，环境正义是指人类社会在处理环境保护问题时，各群体、区域、族群、民族国家之间所应承诺的权利与义务的公平对待，其主要关注以下几个方面的问题：

1. 关注"人"的健康问题

环境正义者同传统的、主流的环保主义者的价值取向十分不同。传统的、主流的环保主义者呼吁保护濒临灭绝的物种，而环境正义者们所考虑的环境是"生活""工作"和"玩耍"的地方，他们更关心保障公众健康的条件，而不是远离社区的荒野和森林。正如杨泽明所认为的，环境正义是一个全面的概念，其中的重要一点就是，它包含了所有人均享有安全、健康、负有生产力和可持续的环境的权利。这里的环境包括生物性、物理性、社会性、政治性及经济性的环境。环境正义要求上述权利能够通过自我实践和增强个人与社区的能力的方式被自由地行使，借此个体和群体的特性、需要和尊严得到维护、实现和尊重。环境正义追求的不仅仅是人生存所需的最低条件，还包括了人的成功和生活质量。③

环境正义运动是民权运动的延伸，其为环境保护增添了新的内涵，也为各环境社会科学的研究提供了一个更加契合于实践的研究路径。④

2. 环境正义的实质是一种社会正义

（1）环境正义中的社会结构

环境正义的理论来源于美国的环境正义运动，所以其在理论中更多的是关注"弱势群体"的环境负担的问题。正如杨泽明指出的，美国长期以来环境事务实际上主要由地方政府控制和管理，由于种种原因，它们并没有对少数人种和穷人的利益给予特别的关注或者承担政治上的责任。⑤

---

① Ebrary, Inc., *Toward Environmental Justice: Research, Education, and Health Policy Needs*, Washington, D.C.: National Academy Press, 1997.

② Paul Mohai, David Pellow, and J. Timmons Roberts, "Environmental Justice", *Annual Review of Environment and Resources*, 2009, 34 (1): 405 – 430.

③ Tseming Yang, "Melding Civil Rights and Environmentalism: Finding Environmental Justice's Place in Environmental Regulation", *The Harvard Environmental Law Review*, 2002, 26: 1 – 547.

④ 晋海：《城乡环境正义的追求与实现》，中国方正出版社2009年版，第14页。

⑤ Tseming Yang, "Melding Civil Rights and Environmentalism: Finding Environmental Justice's Place in Environmental Regulation", *The Harvard Environmental Law Review*, 2002, 26: 1 – 547.

所以美国的环境正义理论更多关注的是少数人种所承担的环境不公的问题。1990 年社会学家 Bullard 发表了他的经典著作 *Dumping in Dixie*，① 这是第一部将环境问题与种族问题联系在一起的著作。而在接下来的研究成果中，种族因素成了学者们探讨的重点话题，其将环境政策制定者的决策与种族偏见联系在了一起，有诸多学者均将其称为"环境种族主义"（Environmental Racism）。

较之自由导向的正义观，环境正义与社会导向的正义观关系更大。社会正义与环境正义所共同的一点是对被歧视、被压制或被忽视的主体的关心。② 即环境正义的研究对象并不是以传统的政治争议问题，环境正义是与社会正义存在着深层的关联性的。③ 正如日本学者户田清所认为的，如果说国际体制上的不平等、国内的阶级差别、社会财富的分配不公、少数人独裁以及监督体制不完备是环境问题上出现不公正的原因，那么这些因素的一个共同点在于少数强者的支配，即"精英主义"（Elitism），"要实现环境正义必须克服精英主义"④。这其实就是从社会结构的角度对环境问题进行深层次的探讨。

（2）环境利益和环境风险的合理分配

环境正义实际上有两层含义，第一层含义是指所有人都应享受清洁环境而不遭受不利环境伤害的权利，第二层含义是指环境破坏的责任应与环境保护的义务相对称。⑤ 即环境利益和环境风险的分配问题。

环境利益的分配其实是一种社会资源的分配，资源的永续利用以提升人民的生活素质，以及每个人、每个社会群体对干净的土地、空气、水，和其他自然环境有平等享用权的权利。在程序上，环境正义主张充分的咨询、公开听证、民主参与、赔偿以及生态复原的权利。⑥

---

① Bullard R. D., *Dumping in Dixie: Race, Class, and Environmental Quality*, Boulder, Colorado: Westview Press, 3rd ed, 2000.

② Klaus Bosselmann, "Justice and the Environment: Building Blocks for a Theory on Ecological Justice, Environmental Justice and Market Mechanisms: Key Challenges for Environment Law and Policy", 转引自马晶《环境正义的法哲学研究》，博士学位论文，吉林大学，2005 年。

③ Clifford Rechtschaffen, *Environment Justice: Law, Policy, and Regulation*, 2nd Edition, Carolina Academic Press, 2009, p. 420.

④ ［日］岩佐茂：《环境的思想——环境保护与马克思主义的结合处》，韩立新等译，中央编译出版社 1997 年版，第 177 页。

⑤ 洪大用：《环境公平：环境问题的社会学观点》，《浙江学刊》2001 年第 4 期。

⑥ 纪骏杰、王俊秀：《环境正义：原住民与国家公园冲突的分析》，《山海文化》1998 年第 19 期。

　　人类社会在大量地剥削大自然以创造物质文明，产生交换价值及累计资本之余，其所产生的社会不可欲物质（包括垃圾、有毒废弃物、核废料等），往往被社会中（或国际上）的强势群体及资本家以各种手段强行迫使弱势群体接受及承担。而这些弱势群体本来就已经是社会资源分配不均的受害者（实质不正义），他们对各种危害也最缺乏认识与最不具抵抗力；如今却仍得在非自愿的状况下遭受各种由生活环境的毒害所带来的威胁（程序不正义），可以说是双重不正义。[①] 环境风险的分配不公所产生的影响不仅将威胁当地居民的健康，还会对社区的生活质量、发展潜力和居民的观念产生负面的影响，导致社会和经济的进一步退化。[②] 所以，环境正义要求关注可计量的环境风险的分配。[③]

（三）环境正义探讨的中国模式

　　正义的情况时常涉及环境领域。[④] 环境正义的问题也早已成为学者们探讨的热点。正如 Bullard 定义的，环境正义是"所有人和所有社群都应依据环境和公共健康法律法规享有平等的受保护的权利"的原则。[⑤] 环境非正义指的是特定的社群相较于其他群体而言，遭受到了不均衡的环境危险。[⑥]

　　自 20 世纪 90 年代以来，很多学者基于种族、社会地位和收入状况对相关社群面对环境风险上的不公正待遇进行了研究，[⑦] Bryant 和 Mohai 是第一个对已有的上述研究进行系统阐释的学者。他们找到了 16 个相关的

---

　　① 纪骏杰：《环境正义：环境社会学的规范性关怀》，《"环境价值观与环境教育"学术研讨会论文集》，1997 年，第 71—93 页。

　　② Clifford Rechtschaffen, *Environment Justice: Law, Policy, and Regulation*, 2nd Edition, Carolina Academic Press, 2009, p. 15.

　　③ Tseming Yang, "Melding Civil Rights and Environmentalism: Finding Environmental Justice's Place in Environmental Regulation", *The Harvard Environmental Law Review*, 2002, 26: 1 – 547.

　　④ ［美］温茨：《环境正义论》，朱丹琼、宋玉波译，上海人民出版社 2007 年版，第 24 页。

　　⑤ Bullard R. D., "The Legacy of American Apartheid and Environmental Racism", *St. John's Journal of Legal Commentary*, 1994, 9: 445 – 857.

　　⑥ Pellow D. N., "Environmental Inequality Formation: toward a Theory of Environmental Injustice", *American Behavioral Scientist*, 2000, 43 (4): 581 – 601.

　　⑦ See, Atlas, Mark, "Rush to Judgment: An Empirical Analysis of Environmental Equity in U. S. Environmental Protection Agency Enforcement Actions", *Law & amp; Society Review*, 2001, 35 (3): 623 – 682; Centers for Disease Control (CDC), "Blood – lead Levels in U. S. Population", *Morbidity and Mortality Weekly Report*, 1982, 31 (10): 132; Richard J. Lazarus, "Pursuing Environmental Justice: The Distributional Effects of Environmental Protection", *Northwestern University Law Review*, 1993, 87 (3): 787 – 857.

研究，这些有关环境非正义的研究均是基于种族或者收入来进行阐释的。[①] Chavis 是第一个对环境种族歧视进行定义的学者，他认为环境种族歧视是一种针对个人、团体或者社群，基于他们的种族和肤色而制定、实施了有所差别的或者是不利于这些个人、团体或者社群的政策、惯例或者指令。[②] 而环境种族歧视被学者们一致认为是造成环境非正义的最为重要的因素。

虽然很多研究都用种族、收入和社会地位来判定环境利益享有的差异性，但也有学者认为，基于种族和收入的模型对比不适用于对中国环境问题的探讨。因为中国的种族分化、歧视并不是很严重。而且少数民族在中国总人口中所占据的比重很小。而诸如污染型工业、有毒害的设施、垃圾填埋场和其他污染源的安放也并非基于对种族和收入的考量，而主要是基于政府的城市规划。[③] 所以高收入人群和强势的种族并不能因此受到更好的环境利益。

Ruixue Quan 认为中国的环境不公问题有四种：第一种是地理自然分割的不正义。第二种是基于产业布局造成的不正义。第三种是基于法律实施情况而言，有的地方更加严格，有的地方则不是。第四种环境不正义是基于经济发展情况不同而发生的。[④] 柯坚认为中国的环境不公来源于九个要素：地理和自然环境、市场力量、工业布局、环境立法的漏洞、低下的法律执行力、政府政策的制定、社会和市场地位、职业歧视和经济发展水平。[⑤]他认为要实现环境正义必须将以下的社群考虑进去：基于社会地位分割的，基于教育基础分割的，基于项目分割的，基于医疗条件分割的，基于收入和生活方式分割的，基于地理环境等。

笔者在综合以上因素和相关数据，在梳理我国环境问题的过程中发现，环境质量和环境基本公共服务提供上的地区差异和群际差异是我国目前面临的主要环境问题之一，虽然这种划分与基于经济地位和社会地位的

---

① Brulle, Robert J., Pellow, David N., "Environmental justice: human health and environmental inequalities", *Annual review of public health*, 2006, 27（1）: 103 – 124.

② Ibid.

③ Ruixue Quan, "Establishing China's Environmental Justice Study Models", *Georgetown International Environmental Law Review*, 2002, 14: 461 – 486.

④ Ibid.

⑤ Ke Jian, "Environmental Justice: Can an American Discourse Make Sense in Chinese Environmental Law?" *Temple Journal of Science, Technology & Environmental Law*, 2005, 24: 253 – 551.

划分有一定的关联性，但也存在差异。同时，值得说明的是，这种"环境质量上的差异"并不表明环境质量"较优"地区的人们已经享受到了其应得的环境利益。实际上，正如上面所分析的我国环境质量整体上"底线不达"的问题，我国环境质量的总体状况是堪忧的。

笔者在此将对几个问题作简要说明。我国环境质量的地区差异与本身的地质环境相关，如西部的生态环境更为脆弱，但笔者认为这种"地理决定论"的作用是有限的，即由于"先天性"的地区间的生态环境差异而引发的环境质量差异是有限的。导致地区间环境质量差异的大部分原因，是基于地区间经济差异而产生的政府提供环境公共服务的差异。这种环境公共服务，囊括了环境治理、环境监管、环境信息提供等方面，但最为重要的是，完善的环境公共服务的提供可以增强相关地区人民对"环境问题"的认识和抵御的能力。这个问题在环境群际不公问题的分析上将得到更多的体现。虽然我们可以通过部分数据证明在同一区域生活的不同群体在享受环境利益时存在差异，但是却很难通过数据全方位论证其享有的是相异的"环境质量"。因为在同一区域内，不同的社群之间往往也是呼吸着类似的空气、饮用同一种水源。那么这种差异将更多地体现在其健康的问题上。

笔者在第二章中提到了城中村居民、农民工和特种职业工人等环境弱势群体。实际上，政府并没有在环境决策中有意地将损害人身健康的环境基础设施，如垃圾填埋场、焚烧厂等建造在这些"弱势群体"聚居的地方。但是这些群体却由于其他的社会政策，如户口制度、社会保障制度、医疗制度等承受着更重的环境负担。而且，这些群体往往由于社会地位的特殊性而选择环境损害更大的职业，但同时，他们在面对环境损害时的"抵御能力"却是弱于经济地位较高的群体的。

实际上，即使这些群体没有选择特殊的行业，没有更多地暴露在环境危险当中，由于知识、经济能力的不同，他们同其他群体相比较，抵御环境风险的能力也是较低的。在这样的前提下，如果政府在此没有提供基本的环境公共服务进行"能力补差"，如环境信息的有效提供和环境教育的提供，那么"环境不公"就变成了确凿的事实。

（四）环境正义理论与环境基本公共服务的合理分配

1. 从生存到发展：环境基本公共服务公平分配的动态性和层次性

在环境正义的理论中，提出了环境保护的目的不仅是要满足人生存所需要的最低条件，还包括了人的成功和生活质量。环境正义就是要求关于人自我发展的这些权利能够通过自我实践和增强个人与社区的能力的方式被自由地行使。[①] 环境保护的基础性价值是保障公民的生存权和健康权的实现，但这一切是人的发展的基石，其最终目的是实现人的有尊严的生活，实现人的自我发展和自由。所以在环境政策的制定方面，就可以提现出了政策的"层次性"，即从对生存权的保障，到健康权的实现，再到发展权的保障。所以环境基本公共服务的公平分配是"动态的""多层次"。

2. 公平的环境利益的分配和负担的分配

如果人们感受到，这些政策一贯偏袒一些利益集团而不利于其他一些人的话，这种感受就会削弱为维护社会秩序所必需的自愿合作。因此，环境公共政策将不得不蕴含绝大多数人认为是合情合理的环境正义原理。[②] 所以，在环境基本公共服务的分配中，"公平分配"就应作为核心概念出现。并且，这种公平分配不仅包括了环境利益的公平分配，还包括了环境损害的公平分担。

3. 将中国的社会结构作为政策研究的重点：地域不公、群际不公

我国的环境保护运动的产生得益于世界环境保护浪潮的影响以及政府环境意识的觉醒。政府在环境保护活动中扮演着组织者、推动者的角色。政府主导色彩非常明显。由于社会发展不平衡，我国经济发展水平地区、地域差别非常明显。所以，在政治动力机制和市场动力机制的作用下，不仅环境风险的分配出现失衡，而且环境保护利益的分配也出现不公平现象。由于特殊的社会背景，即使是"多数人"也可能遭受一样的环境风险、负担乃至灾难。[③] 正如前文中所分析的，我国的地域环境不公和群际环境不公的问题严峻。在美国，可能"少数人"正遭受着不合比例的环境风险，但是在中国，可能是作为多数群体的"农民""农民工"或者"工人"遭受着不合比例的环境风险。

这是一种基于社会结构视角而产生的分析，必须具体情况具体分析，而不能生硬地套用相关的正义理论。笔者要在此再次强调，环境正义理论

---

① Tseming Yang, "Melding Civil Rights and Environmentalism: Finding Environmental Justice's Place in Environmental Regulation", *The Harvard Environmental Law Review*, 2002, 26: 1 – 547.

② [美] 温茨:《环境正义论》，朱丹琼、宋玉波译，上海人民出版社2007年版，第25页。

③ 晋海:《城乡环境正义的追求与实现》，中国方正出版社2009年版，第22页。

中学者们多次提及的环境种族主义的概念并不适用于中国国情。

二　分配正义理论

分配正义在现代意义上是要求国家保证人人都得到一定程度的物质财富。正义的早期概念，包括亚里士多德的观点，都是关于政治权利分配而非财富分配。到了18世纪，在诸如亚当·斯密和康德等哲学家的著作中，正义问题才开始同"贫困"问题一起讨论。在下文中，笔者只针对功利主义的分配正义观、罗尔斯的分配正义观和阿玛蒂亚·森的分配正义观作简单论述。

（一）西方分配正义理论的基本主张

1. 功利主义的"效用最大化"

正义问题的讨论由来已久，但是很多都是基于道德哲学的基础进行探讨的，不论是亚里士多德、西塞罗、奥古斯丁、托马斯·阿奎那，还是哈奇森、约瑟夫·巴特勒、休谟或者康德，他们对正义问题的思考，与其说让充实哲学思考的人改变自身的社会环境，倒不如说是获得某种自我理解而已。[①] 但是功利主义者却运用一种实证的方法，切切实实地变革了社会政策。

功利主义分配观的核心观点是建立在"效用"基础上的。尽管从工具性作用出发很重视激励因素，但最终来说，只有效用信息才被看作是唯一恰当的基础，去评价事物状态，或判断行为及规则。[②] 按功利主义的古典形式，即主要由边沁所创建的形式，效用被定义为快乐，或幸福，或满意，因而所有东西都归结为这种心理成就。[③] 顺着这条主线探索下去，即同样的财富如果集中到富人的手中，就会出现边际效用递减，而把这些财富分配给穷人就会增加边际效用。这为"再分配"找到了一个"合理的理由"。所以，自从功利主义诞生以来就特别关注穷人的痛苦，其创始人

---

① 观点详见〔美〕塞缪尔·弗莱施哈克尔《分配正义简史》，吴万伟译，译林出版社2010年版，第144页。

② 〔印度〕阿玛蒂亚·森：《以自由看待发展》，任颐、于真译，中国人民大学出版社2002年版，第48页

③ 转引自〔印度〕阿玛蒂亚·森《以自由看待发展》，任颐、于真译，中国人民大学出版社2002年版，第48页。

杰里米·边沁就是以提出最早的福利项目而出名。① 后来埃奇沃思、庇古、马歇尔等均为功利主义理论做出贡献。

福利国家运动为公众争取公共教育、公共健康、接触艺术和自然的美好资源的更大权利，缩短工作时间，改善工作条件。幸福最大化在他们看来有非常具体的意义，激发了一个又一个改革运动。②

但功利主义的分配观也存在着一系列的问题。其将幸福和痛苦皆用"效用"来衡量，就可能存在这样一种情况，当某人的幸福所带来的效用大于另外一个人痛苦减少的效用时，就可以允许为了某人的幸福而去制造另外一个人的痛苦。同时，功利主义的效用计算方法一般忽略幸福分配中的不平等（只有总量是重要的——不管分配是如何不平等）。然后，我们可能对普遍的幸福感兴趣，但我们并不仅关注"总量"，而且也关注幸福的不平等程度。③

2. 罗尔斯的"作为公平的正义"

20 世纪，以罗尔斯为代表的公平正义理论在西方主流意识形态中占据了重要的一席。在罗尔斯看来，正义是社会制度和法律的基本原则。"正义的主要问题是社会的基本结构，或更为准确的地说，是社会主要制度分配基本权利和义务，决定由社会合作产生的利益之划分的方式。"④ 其同功利主义者分歧很大的地方，以及和他那个时代道德和政治哲学的其他范式不同的地方在于，他强烈强调个人的重要性。⑤ 其对正义的核心理解是"作为公平的正义"。

公平的核心内容是要避免在评价中可能产生的偏见，即具有中立性。罗尔斯关于"中立"的要求是以"初始状态"为基础的，这也是作为"公平的正义"的核心概念。初始状态意味着人们必须在"无知之幕"（Veil of Ignorance）中进行选择，只有在这个状态下人们才会公正地无偏

---

① ［美］塞缪尔·弗莱施哈克尔：《分配正义简史》，吴万伟译，译林出版社2010 年版，第 141 页。

② 同上书，第 145 页。

③ ［印度］阿玛蒂亚·森：《以自由看待发展》，任颐、于真译，中国人民大学出版社2002 年版，第 52 页。

④ ［美］罗尔斯：《正义论》，何怀宏、何包钢、廖申白译，中国社会科学出版社 1988 年版，第 171 页。

⑤ ［美］塞缪尔·弗莱施哈克尔：《分配正义简史》，吴万伟译，译林出版社2010 年版，第 150 页。

见地进行选择。

罗尔斯对"初始状态"的探讨是为了确认一套合适的原则，以确定一组公正的制度，而后者是确立社会的基本结构所必需的。[①] 罗尔斯认为下述"公正原则"将在初始状态中获得一致同意并产生：

第一个原则：每个人对与其他人所拥有的最广泛的基本自由体系相容的类似自由体系都应有一种平等的权利。

第二个原则：社会的和经济的不平等应这样安排，使它们被合理地期望适合于每一个人的利益；并且依系于地位和职务向所有人开放。[②]

第一个原则又称为平等自由原则，其核心内容是每个人对与所有人所拥有的最广泛平等的基本自由体系相容的类似自由体系都应有一种平等的权利。这属于有关公民的政治权利的部分，要求平等地分配基本的权利和义务。第二个原则的第一部分是关于保障机会均等的制度要求，即没有任何人因诸如种族、民族、种姓或宗教等原因而受到排除或阻碍。第二个原则的第二部分（称为"差异原则"）是关于分配公平与总体效率的，采取的形式是社会中境况最差的成员获得最大可能的状况改善。[③] 其中第一个原则优先于第二个原则，第二个原则中的机会公平原则又优先于差别原则。

罗尔斯的正义理论置"自由"为优先地位，从而使人们在衡量社会制度的公正性时有充分的理由将自由视为独立且首要的因素。[④] 同时，其强调"程序公平"，开拓了正义研究的视角。另外，罗尔斯提出了社会资源分配中"基本品"的概念，旨在消除因"基本品"的被剥夺而造成的贫穷，这一视角有力地影响了关于"扶贫"问题的公共政策分析。

3. 阿玛蒂亚·森的"可行能力"的塑造

阿玛蒂亚·森赞同罗尔斯的正义观，认为其兼顾了人所应具有的一般性意义上的平等与自由，同时还考虑了具体境遇下适合于不同人群的利益

---

① ［印度］阿玛蒂亚·森：《正义的理念》，王磊、李航译，中国人民大学出版社2012年版，第50页。

② ［美］罗尔斯：《正义论》，何怀宏、何包钢、廖申白译，中国社会科学出版社1988年版，第56—57页。

③ ［印度］阿玛蒂亚·森：《正义的理念》，王磊、李航译，中国人民大学出版社2012年版，第54页。

④ 同上书，第56页。

的应得方式。但其更看重"人的发展方式",其提出了"可行能力"(Capability)的概念,其指的是此人有可能实现的、各种可能的功能性活动组合。可行能力因此是一种自由,是实现各种可能的功能性活动组合的实质自由(或者用日常语言说,就是实现各种不同的生活方式的自由)。①

罗尔斯所认为的"基本品"的分配正义,如收入和财富、权力和职权、自尊的社会基础等的分配,是问题的核心。但阿玛蒂亚·森反对这种观点,他认为罗尔斯所提出的"基本品"概念最多不过是实现人类生活有价值的目的的手段,并不是判断分配公正与否的核心问题。② 对"可行能力"的塑造,才是问题的关键。可行能力方法的关注焦点并不在于一个人事实上最后做什么,而在于他实际能够做什么,而无论他是否会选择使用该机会。③ 从某种意义而言,阿玛蒂亚·森比罗尔斯又前进了一步,其不仅认为自由是正义的最终价值,肯定了分配的核心内容和终极目标为"自由";同时认为在分配时,"可行能力"的塑造很重要。即分配的结果并不是问题的关键,而是要使得人们在获取资源时的能力相当。

(二)分配正义理论与环境基本公共服务的合理分配

1. 效用的提高与环境福利的促进

功利主义者一直是福利国家运动的重要支持者。功利主义基本原则的构成就是敦促物质财富重新分配的方法。④ 在环境基本公共服务的政策制定中,功利主义的分配观为其所提供的最重要的理论基石便是分配的"效率性"。

虽然政府对环境基本公共服务的提供有着不可推卸的责任,但是在具体问题的执行上,市场机制的引进、政府、市场甚至是社会三方的互动,将更有效率地进行资源配置,提高环境基本公共服务的提供效率。

另外,"功利主义"的环境基本公共服务分配观意味着,"弱势群体"在得到同样的环境服务时会产生更多的"幸福感",即其"效用"更为明

① 〔印度〕阿玛蒂亚·森:《以自由看待发展》,任颐、于真译,中国人民大学出版社2002年版,第62页。
② 参见〔印度〕阿玛蒂亚·森《正义的理念》,王磊、李航译,中国人民大学出版社2012年版,第216页。
③ 同上书,第217页。
④ 〔美〕塞缪尔·弗莱施哈克尔:《分配正义简史》,吴万伟译,译林出版社2010年版,第145页。

显。这也使得政府在政策制定时，会向弱势群体倾斜。

2. 公平、差别与程序正义

罗尔斯的基本物品理论包括收入，但还包括其他的通用性"手段"。基本物品是帮助一个人实现其目标的通用性手段，包括"权利、自由权和机会、收入和财富，以及自尊的社会基础"①。罗尔斯的"基本物品"理论实际为环境公共服务的公平分配提供了理论起点。环境基本公共服务的分配正义意味着人们可以获得洁净的、有尊严的生活；同时也意味着以自然资源为中心的社会资源的分配正义。在分配的过程中，只要每个人都能在环境基本公共服务均等化政策中获利，能给社会中境况最差的成员带来最大的好处，② 那么地区环境基本公共服务的差异性的存在，也便是合理的。但一切要以"程序正义"为前提，要以尊重"自由权"为前提。

3. 可行能力评估与能力补偿

阿玛蒂亚·森提出，一个与政策相关的问题也使得有必要对可行能力与成就加以区别。这是有关社会和他人帮助受剥夺人群的责任和义务，这对于国家公共服务的提供和人权的保护都相当重要。在思考一个负责任的成年人所具有的优势时，应从获得的自由而不是事实成就的角度，来看待个人对于社会的诉求。③ 这里所提出的"可行能力"的塑造问题，在环境基本公共服务政策的具体设计方面便体现在"能力补偿"功能。即意味着，环境基本公共服务在提供的结果上并不一定是"绝对公平"的，但是旨在能让人们具备环境风险预防、疾病预防、环境保护等方面的知识；且可以通过教育使其获得工作选择上的"可能性"。

---

① Rawls, John, *A theory of Justice*. Cambridge, Mass: Belknap Press of Harvard University Press, 1971, pp. 5 - 60.

② Rawls, John, *Justice as Fairness: a Restatement*. Cambridge, Mass: Harvard University Press, 2001, pp. 3 - 42.

③ ［印度］阿玛蒂亚·森：《正义的理念》，王磊、李航译，中国人民大学出版社 2012 年版，第 220 页。在这里，阿玛蒂亚·森举了一个基本医疗保障体系的例子。如果一个人即使享有社会医疗保障的机会，但还是在完全知情的情况下决定不使用这个机会，那么我们可以认为，由此导致的后果与没有社会医疗保障的情况相比，就不是那么严重的社会问题。所以我们有很多理由选取信息量丰富、更广阔的可行能力视角，而不是仅仅局限于所实现的功能这一狭隘的视角。

三　新公共服务理论

（一）新公共服务理论提出的背景

1. 政治民主化

20 世纪中后期民权运动兴起，其影响力涉及了社会的各个角落，而在政府行政领域也起到了实效性的作用，即政府开始审视自己的行政模式和政府与市场、社会、社区、公民之间的关系。政府存在的目的，就是要通过确保一定的程序（例如投票）和个人权利来保证公民能够做出符合其自身利益的选择。政府的作用就是确保个人的自身利益能够自由、公正地相互影响。① 当国家与公民之间的关系建立在这样一种思想观念基础之上，政府的行政导向就变成了服务于人民。在欧洲之外，特别是在东亚地区，自 20 世纪 80 年代后期至今，是一个公共福利体系快速扩大的时期，特别是从 20 世纪 90 年代以来，许多东亚国家/地区出现了公共福利扩展的势头。这一发展伴随着在这些国家中所出现的民主化进程，从而使福利权利和对于民众福利状况的公共服务与保障的关注成为社会的核心议题。民众开始对公民权、福利权利和社会服务等方面产生需求。这就给政府在社会政策的制定中形成了一定的政策和社会压力，从而迫使政府发展社会政策以缓解日益增长的社会压力。② 新公共服务理论的提出，就是建立在20 世纪 90 年代末公共部门改革的实践基础上的。

2. 经济全球化

关于政府与市场之间关系的话题探讨由来已久，在经济全球化的进程中，市场格局便变得更为复杂。跨国公司根据不同国家和地区的投资环境、法律透明度和用工制度，可以随时把生产转移到投资环境好、法律透明度高、劳工制度更为宽松的地区去。③ 如果政府在这当中没有做好准备，就会失去"市场"。因为公司的概念已经不再限于一国境内，跨国公司和国际组织在全球市场中的影响力日益显现，而其也可以"用脚投票"的方式选择更优良的环境经营业务。新公共服务理论的提出就是为了让政

① ［美］罗伯特·B. 丹哈特、珍妮特·V. 登哈特：《新公共服务理论——服务，而不是掌舵》，丁煌译，中国人民大学出版社 2004 年版，第 27 页。

② 林卡：《构建适度普惠的新型社会福利体系》，《浙江社会科学》2011 年第 5 期。

③ 辛静：《新公共服务理论评析》，博士学位论文，吉林大学，2008 年，第 76—77 页。

府更好地迎接市场，使政府在新的全球化的市场格局下，采取一种"服务"的态度，以良好的服务赢得市场。

（二）新公共服务理论的基本主张

Denhardt 等人首先提出新公共服务概念。[①] 新公共服务概念较能彰显公共利益，公共服务不仅是政府的职能，更是现代政府最需要实践与执行的理念。新公共服务最核心的观点便是重视公民权，采用一系列的方式来实现公民权，并通过公共治理等方式强化公民精神，达到社会自治的效果。

1. 重视公民权，实现公共利益

新公共服务理论中的一个重要观点便是强调政府的首要作用是帮助公民表达并实现他们的共同利益。公共行政官员必须促进建立一种集体的、共同的公共利益观念。这个目标不是要找到由个人选择驱动的快速解决问题的方案。更确切地说，它是要创立共同的利益和共同的责任。[②] 政府行政人员除了提供公共部门服务外，更应运用公民对话与公众参与等方式，强化公民精神。

2. 权力分散化，服务而非掌舵

权力的分散化是随着两个概念的形成而逐步强化的：其一是民权的保障，其二是社会组织、公司等第三部门的兴起。

重视公民权，使得政府实行纵向分权，将权力下移，即直接面向公民的行政部门获得了更多的权力，公民也因此获得了更多的参政议政的权利。第三部门的兴起使得政府将部分权力横向转移给了社会组织、国际组织、公司等。

这种分权其实也是政府重新自我定位的结果，即其功能是"服务"而非"掌舵"，在有效率的市场经济的主导下，公司、企业和组织能有效地进行资源分配，政府在其中所起到的是辅助性的作用。但政府、公民和第三部门之间的关系是荣辱与共的，政府的政策制定应满足公共利益。满足公共需求的政策和项目可以通过集体努力和合作过程得到最有效并且最

---

① Denhardt, Janet Vinzant, Denhardt, Robert B. , "The New Public Service: Serving Rather Than Steering Public Administration Review", *Public Administration Review*, 2000, 60（6）: 549 – 559.

② ［美］罗伯特·B. 丹哈特、珍妮特·V. 登哈特:《新公共服务理论——服务，而不是掌舵》，丁煌译，中国人民大学出版社 2004 年版，第 40 页。

负责的实施。①

在此，我们有必要对老公共行政和新公共管理的主流观点进行对比梳理，因为新公共服务理论是对老公共行政和新公共管理理论的发展（详见表5-1）。

表5-1　　　　传统公共行政、新公共管理与新公共服务的比较②

	传统公共行政	新公共管理	新公共服务
主要的理论基础和认识论基础	政治理论，早期社会科学提出的社会和政治理论	经济理论，基于市政社会科学的更完善的对话	民主理论，包括实证的、诠释的、批判的和后现代的等诸种不同的知识途径
主导理性和相关的人类行为模式	抽象理性，"行政人"	技术和经济理性，"经济人"或自利的决策人	战略理性，对理性的多种检验（政治的、经济的、组织的）
公共利益的概念	在政治上加以界定，由法律来表述	表示个人利益的集合	是共商共同价值观的结果
公务员回应的对象	委托人和选民	顾客	公民
政府的作用	划桨（设计和执行政策，关注政治上界定的单一目标）	掌舵（充当催化剂、释放市场力量）	服务（协商和协调公民和社区团体的利益，营建共同的价值观）
实现政策目标的机制	通过现存政府机构来实施项目	创造机制和激励机构，通过私人和非营利机构来实现政策目标	建设公共、私人和非营利机构的联盟，满足相互一致的需求
责任的途径	等级制——行政官员对经由民主程序选举产生的政治领袖负责	市场驱动的——自我利益的汇集会产生令诸多公民（顾客）团体满意的结果	多样化的——公务员必须关注法律、社会价值观、整治规范、职业标准和公民利益
行政自由裁量权	允许行政官员掌握有限的自由裁量权	有更大的余地去实现企业家似的目标自由	裁量权是必要的但应受限制和负责任的
假定的组织结构	官僚组织以机构内自上而下的权威和对委托人的控制或管制为特征	分权的公共组织，机构内仍保持基本的控制	合作型结构，由内部和外部共同领导
假定的公务员和行政官员的激励基础	工资和收益，公职保障	企业家精神，理念上压缩政府规模的愿望	新公共服务，期望对社会有所贡献

① ［美］罗伯特·B. 丹哈特、珍妮特·V. 登哈特：《新公共服务理论——服务，而不是掌舵》，丁煌译，中国人民大学出版社2004年版，第40页。

② ［美］罗伯特·B. 丹哈特、珍妮特·V. 登哈特：《新公共服务理论——服务，而不是掌舵》，刘俊生译，《中国行政管理》2002年第10期。

（三）新公共管理和新公共服务理论与环境基本公共服务的合理分配

1. 福利体系的建立与公民本位

"政府政策必须尊重人的基本权利，否则就会失去其合法性"①。但统治型政府模式给我国的政府行政模式留下了较为深刻的"官本位"思想，自上而下的行政体系中，缺乏公众的参与和对人民切实的负责，政府便会淡化为人民服务的意识，政府中越位、缺位和错位的问题严重。近年来，为了顺应新的形势，我国提出了"服务型政府"建立的口号和"社会管理创新"的口号。服务型政府，指的是在公民本位、社会本位理念指导下，在整个社会民主秩序的框架下，通过法定程序，按照公民意志组建起来的以公民服务为宗旨并承担服务责任的政府。②"社会管理创新"就是加强第三部门的能力，达到社会的自我治理。环境基本公共服务均等化政策的提出是顺应近年来"服务型政府"的概念提出而展开的。因此，环境基本公共服务均等化中的政策实施，也是以"人"为本，以实现公民权利为主旨的。从某种意义而言，此项政策的有效实施，必须同我国的行政体制改革相呼应。

2. 政府在环境基本公共服务中的定位：服务而非掌舵

笔者将我国政府在环境基本公共服务中的定位划定为"服务"，并不意味着洗脱了政府在政策具体实施中的责任。实际上，政府对此项环境政策的实施应是全面负责制的，但是，在具体执行方面，可以多元化。主要原因是，我国政府的规模在全世界处于前列，人均供养人口也是世界上最高的国家，庞大的政府机构带来了效率的低下，突出的表现是：管理机构多、职能不清、互相扯皮，影响了政府效率。管理跨度大，管理层级多，无法顾及不同管理对象、不同企业和不同地区的特殊性。管理战线长，政策效应严重衰减。③ 所以，引入市场机制和社会机制，将更有利于此项政策的实施，即政府在提供环境基本公共服务时不一定是"亲力亲为"的。④

---

① 参见《美国独立宣言》（United States Declaration of Independence）。

② 刘熙瑞：《服务型政府——经济全球化背景下中国政府改革的目标选择》，《中国行政管理》2002 年第 7 期。

③ 辛静：《新公共服务理论评析》，博士学位论文，吉林大学，2008 年，第 79—80 页。

④ 在具体的法律、政策制定，监管体系的建设等方面是"亲力亲为"的，但在具体的环境基础设施建设上，完全可以引入市场机制。

四　风险社会理论

（一）风险社会理论提出的背景

20 世纪中后期以来，人类社会发生了巨大的变化，一些突发性事件不断冲击着人类社会，如切尔诺贝利核泄漏事故的发生、"9·11"恐怖袭击、中国的 SARS 蔓延等，乌尔里希·贝克、尼古拉·卢曼、安东尼·吉登斯和斯科特·拉什等从"风险"①的角度对当代社会的巨变进行了全新解读。本书所指的风险社会理论，不局限于贝克在《风险社会》一书中提及的理论，而是诸位学者对工业化进程中的现代风险的解读。

（二）风险社会理论的基本主张

不确定性和风险不是同一回事，但它们相互联系。② 风险首先是指完全逃脱人类感知能力的放射性、空气、水和食物中的毒素和污染物，以及相伴随的短期和长期的对植物、动物和人的影响。③ 风险社会理论中所提及的风险是一种有别于传统社会中的风险，是一种现代性的风险，其是伴随着工业化进程而产生的。是一种从"我饿"的状态转化成"我怕"的状态的风险。这种风险无声无息，难以预知，存在不确定性，是一种系统性的现代化风险。

1. 风险的不确定性

风险这个概念与可能性和不确定性概念是分不开的。当某种结果是百分之百地确定时，我们不能说这个人在冒风险。④ 而现代社会的风险更具有某种不确定性，其既不是毁灭也不是信任/安全，而是"真实的虚拟"；是有威胁的未来，（始终）与事实相反，成为影响当前行为的一个参数。⑤ 这种威胁和真实的虚拟来源于工业生产中的看不见的副作用，正如环境问

---

① 风险这个词似乎在 17 世纪才得以变成英语，它可能来源于一个西班牙的航海术语，意思是遇到危险或者触礁。这个概念的诞生是随着人们意识到这一点而产生的，即未能预期的后果可能恰恰是我们自己的行动和决定造成的，而不是大自然所表现出来的神意。参见〔英〕安东尼·吉登斯《现代性的后果》，田禾译，译林出版社 1999 年版，第 27 页。

② 〔美〕查尔斯·哈珀：《环境与社会——环境问题的人文视野》，肖晨阳等译，天津人民出版社 1996 年版，第 158 页。

③ 〔德〕乌尔里希·贝克：《风险社会》，何博闻译，译林出版社 2004 年版，第 20 页。

④ 〔英〕安东尼·吉登斯：《失控的世界》，周红云译，江西人民出版社 2001 年版，第 18 页。

⑤ 〔德〕乌尔里希·贝克：《风险社会与再思考》，郗卫东编译，《马克思主义与现实》2002 年第 4 期。

题，这种副作用转变为了全球生态危机的焦点，是工业社会本身的一个深刻的制度性的危机。①

这种危机的来源在于一种被建构起来的科技理性，它们有着过分专业化的劳动分工，对方法论和理论的专注，受到外在因素决定的缺乏实践——科学完全不可能对文明的风险做出适当的反应，它们永远纠缠在这些风险的起源和增长当中。② 在风险社会中，不明的和无法预料的后果成为历史和社会的主宰力量。③ 工业社会的危险开始支配公众、政治和私人的争论和冲突。在这个阶段，工业社会的制度成为其自身所不能控制的威胁的生产者和授权人。④

2. 风险的人造性、系统性、制度化和破坏性

从某种意义而言，现代风险是一种人造的制度化的风险，风险引致系统的、常常是不可逆的伤害，而且这些伤害一般是不可见的。⑤

随着人类社会的发展，其活动频率不断提高，活动范围也不断扩大，其影响力也大大增强，从而使得自然风险已经不再占据风险的主导地位。实际上，人类试图构建一套精密的体系去解决"自然风险"。近代以来一系列制度的创建为人类社会的发展提供了保护，同时与资本、市场有关的诸多制度创设也为人们的冒险行为提供了激励，但无论是冒险取向还是安全取向的制度，其自身都会带来另外一种风险，即运转失灵的风险，从而使风险的"制度化"转变成"制度化"的风险。⑥ 而在现代，时空延伸的水平比任何一个前现代时期都要高得多，发生在此地和异地的社会形式和事件之间的关系都相应地"延伸开来"。不同的社会情境或不同的地域之间的连接方式，成了跨越作为整体的地表的全球性网络。⑦ 这使得这个世界并没有越来越受到我们的控制，而似乎是不

---

① ［德］乌尔里希·贝克、［英］安东尼·吉登斯、斯科特·拉什：《自反性现代化》，赵文书译，商务印书馆 2001 年版，第 12 页。

② ［德］乌尔里希·贝克：《风险社会》，何博闻译，译林出版社 2004 年版，第 59 页。

③ 同上书，第 19 页。

④ ［德］乌尔里希·贝克、［英］安东尼·吉登斯、斯科特·拉什：《自反性现代化》，赵文书译，商务印书馆 2001 年版，第 9 页。

⑤ ［德］乌尔里希·贝克：《风险社会》，何博闻译，译林出版社 2004 年版，第 20 页。

⑥ 钱亚梅：《风险社会的责任担当问题》，博士学位论文，复旦大学，2008 年，第 14 页。

⑦ ［英］安东尼·吉登斯：《现代性的后果》，田禾译，译林出版社 1999 年版，第 56 页。

受我们的控制，成为一个"失控的世界"①。即人类建构的制度本身成为一种"人造风险"，这种人造风险存在以下特征：一是人为风险是启蒙运动引发的发展所导致的，是"现代制度长期成熟的结果"，是人类对社会条件和自然干预的结果；二是其发展以及影响更加无法预测，"无法用旧的方法来解决这些问题，同时它们也不符合启蒙运动开列的知识越多，控制越强的药方"；三是其中的"后果严重的风险"是全球性的，②存在着一旦发生就意味着规模大到以至于在其后不可能采取任何行动的破坏的风险。③

3. 风险的分配不均衡

在社会中，多少有些危险和负担的生产和基础设施建设计划的利益和负担是永远不可能公平分配的。④风险总是以层级的或依阶级而定的方式分配的。风险分配的历史表明，像财富一样，风险是附着在阶级模式上的，只不过是以颠倒的方式：财富在上层聚集，而风险在下层聚集。贫穷招致不幸的大量的风险，而财富可以购买安全和免除风险的特权。⑤由于风险的分配和增长，某些人比其他人受到更多的影响，这就是说，社会风险地位应运而生了。⑥

（三）风险社会理论与环境基本公共服务的合理分配

1. 风险的"不确定性"与环境基本公共服务的"预防性"

现代化风险具有显著的不确定性，有人认为，防止出现被制造出来的风险的最有效的方法就是通过采取所谓的"预防原则"来限制责任。简单地说，预防原则是指，即使存在不安全的科学证据，人们也必须对环境问题（也可以推及其他形式的风险）采取措施。⑦这也是近年来各国政

---

① ［英］安东尼·吉登斯：《失控的世界》，周红云译，江西人民出版社2001年版，第21页。

② 同上书，第19页。

③ ［德］乌尔里希·贝克：《风险社会》，何博闻译，译林出版社2004年版，第35页。

④ ［德］乌尔里希·贝克、［英］安东尼·吉登斯、斯科特·拉什：《自反性现代化》，赵文书译，商务印书馆2001年版，第37—38页。

⑤ ［德］乌尔里希·贝克：《风险社会》，何博闻译，译林出版社2004年版，第36页。

⑥ 同上书，第20—21页。

⑦ ［英］安东尼·吉登斯：《失控的世界》，周红云译，江西人民出版社2001年版，第28页。实际上，吉登斯认为，作为解决风险和责任问题的方式，预防原则并不总是有用的甚至是可以应用的。其认为在支持科学创新或者其他种类的变革中，应该表现得更为积极，而不是过于谨慎。对于科技创新和风险预防之见，应该找到一个平衡点。

府、国际组织一直坚守的环境保护的基本原则。正如《里约宣言》第15条所指出："为了保护环境，各国应根据它们的能力广泛采取预防性措施。凡有可能造成严重的或不可挽回的损害的地方，不能把缺乏充分的科学肯定性作为推迟采取防止环境退化的费用低廉的措施的理由。"在其后的《生物多样性公约》《气候变化框架公约》《卡塔赫纳生物安全议定书》等多部国际法律文件中，该原则都得到了进一步的体现。而环境基本公共服务均等化政策的功能之一，就是"预防"（此项在第三章中有详述）。

2. 风险社会的"信任危机"与"理性制度"的建设

我们无法决定的风险伤害的经验，使我们理解了那些惊颤、无助的暴怒和"没有未来"的感觉。[①] 人们对风险的这种恐惧心态是不健康的，有损于社会发展的，所以我们需要建构一套理性的值得依靠的体系来获取信任。在这里，信任可以被定义为：对一个人或一个系统之可依赖性所持的信心。[②] 信任体现在具有风险的环境中，凭此人们能够获得不同程度的安全（防范危险）。[③]

在现代社会，我们所建立起来的系统便是"专家系统"，这是脱离了基本的场域的另一套虚拟的社会管理系统，指的是由技术成就和专业队伍所组成的体系，正是这些体系编织着我们生活于其中的物质与社会环境的博大范围。[④] 对那些外行人士来说，对专家系统的信任既不依赖完全参与这些过程，也不依赖精通那些专家所具有的知识。信任在一定程度上不可避免地也就是"信赖"[⑤]。现代性制度的特征与抽象体系中的信任机制（特别是专家系统中的信任）紧密相关。[⑥] 我们期待对这些抽象的信任机制的建立来进行社会建构。

① ［德］乌尔里希·贝克：《风险社会》，何博闻译，译林出版社2004年版，第45页。
② ［英］安东尼·吉登斯：《现代性的后果》，田禾译，译林出版社1999年版，第30页。
③ 同上书，第47页。
④ 埃利奥特·弗赖森：《专业全力：对书面知识制度化的研究》，转引自［英］安东尼·吉登斯《现代性的后果》，田禾译，译林出版社1999年版，第24页。
⑤ ［英］安东尼·吉登斯：《现代性的后果》，田禾译，译林出版社1999年版，第25页。
⑥ 同上书，第73页。

表5－2　　　　　　　　　　**前现代与现代文化中的信任与风险环境**①

前现代	现代
总情境：地域性信任的极端重要性	总情境：被脱域的抽象体系中的信任关系
风险环境： 1. 来自自然的威胁和危险，诸如传染病的流行，气候的多变性，洪水或其他自然灾害； 2. 来自诸如掠夺成性的军队、地方军阀、土匪或强盗等人类暴力的威胁； 3. 来自失去宗教的恩魅或受到邪恶巫术影响的风险	风险环境： 1. 来自现代性的反思性的威胁和危险； 2. 来自战争工业化的人类暴力的威胁； 3. 个人之无意义的威胁，其源于将对现代性的反思性运用于自身
信任环境： 1. 亲缘关系：为跨越时空的稳固社会纽带的一种组织策略； 2. 作为地点的地域化社区：为人熟悉的环境； 3. 宗教宇宙观：作为信仰的仪式性实践的模式，对人类生活和自然提供神灵的解释； 4. 传统：作为联系现在和未来的手段，过去取向的时间维度	信仕环境： 1. 友谊或隐秘的个人关系：稳固的社会纽带； 2. 抽象体系：时空无限制条件下的稳定的关系； 3. 未来取向的非实在论：作为连接过去与现在的模式

　　但是这一套信任体系出现了危机，且造成了更多的风险，其原因是多种多样的。其一便是，各个层次的行政机关都发现自己面对着这样的事实：他们为所有人谋福利的计划却被某些人当作是诅咒而加以反对，因此他们以及工厂和研究机构中的专家们失去了方向。他们坚信，自己尽最大努力制订这些计划是"有理性的"，是为了"公众的利益"。他们未觉察到矛盾情感已经出现了。② 所以，环境基本公共服务均等化政策的制定，不能以政府的角度去揣测是否已符合了"公共利益"，而应从民众的角度，加入更多的公众参与，最终来制定有理性的政策。

　　其二，信任不是与风险而是与突发性联系在一起的。面对突发性事件结果，信任总是具有信赖的含义，而无论这些结果是由于个人的行动还是由于系统的运作造成的。③ 所以，在环境基本公共服务的体系建设中，对环境突发事件的预防和控制是非常重要的，因为信任、本体性安全，以及

　　① ［英］安东尼·吉登斯：《现代性的后果》，田禾译，译林出版社1999年版，第88页。
　　② ［德］乌尔里希·贝克、［英］安东尼·吉登斯、斯科特·拉什：《自反性现代化》，赵文书译，商务印书馆2001年版，第37页。
　　③ ［英］安东尼·吉登斯：《现代性的后果》，田禾译，译林出版社1999年版，第29页。

对事物和人之连续性的意识，在成年人的个性中一直是相互紧密关联的。① 一旦人们在环境突发事件中失去了对"体系、制度"的信任，这种危机感和不安全感便会是连续性的，难以消除的，会引发更多的社会不安情绪。

3. 风险的"系统化"与环境基本公共服务的"体系化"

高度发达的工业社会所带来的巨大风险和灾难，并不仅仅限于对大自然构成严重的威胁，而且还对整个部门和地区的财产、资本、就业机会、工会的力量等构成严重威胁，还对整个部门和地区的经济基础、对民族国家的社会结构、对全球市场等构成严重威胁。② 即这种风险所引发的后果是千丝万缕的、全面的、多元化的。所以，建立一套体系应对这种系统化的风险便成为必然，为了建立社会福利国家模式，减少或限制这些类型的风险，人们在政治上着实付出了一些时间和努力。③ 环境基本公共服务均等化政策的提出，也正是为了建立这样一套体系应对环境风险的系统性破坏（其福利体系的设计详见第三章）。

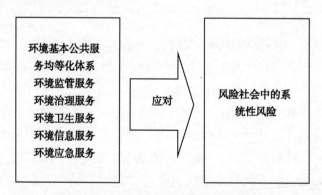

环境基本公共服
务均等化体系
环境监管服务
环境治理服务
环境卫生服务
环境信息服务
环境应急服务

应对

风险社会中的系统性风险

图 5 - 1　环境基本公共服务均等化体系应对系统性风险示意图

4. 风险分配的"不公平"与环境基本公共服务的"公平分配"

由于风险的分配和增长，某些人比其他人受到更多的影响，这就是说，社会风险地位应运而生了。④ 在这个概念上，正如"环境正义"理论

---

① ［英］安东尼·吉登斯：《现代性的后果》，田禾译，译林出版社1999年版，第85页。

② ［德］乌尔里希·贝克：《从工业社会到风险社会》（下篇），王武龙编译，《马克思主义与现实》2003年第5期。

③ ［德］乌尔里希·贝克：《风险社会》，何博闻译，译林出版社2004年版，第19页。

④ 同上书，第20—21页。

中所提出的环境风险的分配不均衡的问题，其问题的核心都是怎样实现"社会正义"。实际上，不仅是环境风险，一切风险形式最终的负担，都可能由于社会地位的不同而造成负担上的分配不公，而福利体系的建设和公共服务"均等化"概念的提出，就是要矫正这一点。

第二节 我国环境基本公共服务合理分配的原则

不断扩大的不平等加上与之相关的生态环境危险是全世界社会面临的最严重的问题。[①] 据相关研究表明，我国北方比南方空气污染的程度高55%，并导致人均寿命减少至少 5 年。[②] 据中国疾控中心、中国科学院和中国医学科学院联合发表的研究报告称，1982—2005 年，淮河流域包括其支流和湖泊，水质明显恶化。近些年，这条 1000 公里长的河流 60% 多的水质被评为"严重污染"[③]。众多的研究报告和数据均显示，我国的环境问题和环境不公的问题已迫在眉睫。在如此形势下，研究环境基本公共服务合理分配便显得尤为重要。笔者认为，合理分配实质上是一种"公平分配"，应遵循以下三个原则，即公平原则、差异原则、补偿原则。

一 公平原则

（一）为什么要公平
如果要让那些受政策影响的人们相信那些要求他们做出的牺牲是值得的，政府将不得不采用正当合理的正义诸原理以设计其环境政策。[④] 环境

---

① ［英］安东尼·吉登斯：《失控的世界》，周红云译，江西人民出版社 2001 年版，第11 页。

② 2013 年在《美国国家科学院院刊》发表的一份研究中，研究人员收集了 1981—2000 年中国 90 个城市的数据，他们发现，烟灰和烟雾中的总悬浮颗粒物质（TSPs）污染北方比南方高55%，而居民寿命缩短的幅度超过 5.5 年。参见 http：//china. cankaoxiaoxi. com/2013/0709/236488. shtml。

③ 2013 年中国疾控中心、中国科学院和中国医学科学院联合发表了一份淮河流域的污染研究报告，这项研究监测的范围是 1973 年以来淮河及其支流流域 4 省 14 县。研究报告称，淮河流域多数被监测的县，癌症死亡率增速超过 20%，有好几个县的增长速度惊人，超过 100%，如安徽蒙城县肝癌死亡率增加了 3.7 倍，山东汶上县肝癌死亡率增加了 2.7 倍，安徽灵璧增加了 2.4倍，而沈丘县的胃癌死亡率增加了 2.6 倍。参见 http：//china. cankaoxiaoxi. com/2013/0715/239389. shtml。

④ ［美］温茨：《环境正义论》，朱丹琼、宋玉波译，上海人民出版社 2007 年版，第 25 页。

基本公共服务的公平分配并不代表"平均主义"，其主要体现在"每一个公民和群体"不论他（或她）的出生、性别、年龄、收入、民族、户籍等是什么，也不论他（或她）居住于何地区、何时代，均享有相应的环境权利和环境义务。① 实际上，绝大多数国家预算的重要部分都是用来提供公共物品的，把对公共物品的公平分配包含在社会正义之中似乎是顺理成章的。②

（二）公平原则的基本内涵

公平原则的遵循主要体现在以下两个方面：一是环境福利提供上的普惠性，不分区际、群际，不论种族和身份；二是要满足公民最基本的环境需求，即"保障性"。

1. 普惠原则

公共产品是一种国家提供的普惠性的按需享用的产品。③ 这些物品是每个人（或者至少是一定地理区域内的人）都可以得到的，而不施加任何限制，比如免费提供的娱乐设施以及像国家公园这样任何人都可以享受的环境条件。④

环境质量作为一种公共产品，其提供上的"普惠性"相较于其他社会福利政策而言，有其更为特殊的原因。贫困是等级制的，化学烟雾是民主的。随着现代化风险的扩张——自然、健康、营养等的危及——社会分化和界限相对化了。⑤ 也就是说，污染就像狭窄的中世纪城市中穷人的传染病一样，是不会绕过那些世界社区的富裕邻居的。⑥ 虽然富裕的人们和贫困的人们在面对环境危害时的救济能力是有所差异的，但是恶性的和突发性的环境事件对人们的危害是普遍性的，食物链实际上将地球上所有的人连接在一起。⑦ 所以，在环境保护的过程中，每一个公民和群体都应当得到平等的关注和尊重，让每一个公民和群体均能分享到环境保护的成果，每一个公民或群体均不能被迫承担不成比例的环境风险和负担。⑧

---

① 晋海：《城乡环境正义的追求与实现》，中国方正出版社 2009 年版，第 23 页。
② ［英］布莱恩·巴利：《社会正义论》，曹海军译，江苏人民出版社 2007 年版，第 11 页。
③ 钟雯彬：《公共产品法律调整模式分析》，《现代法学》2004 年第 3 期。
④ ［英］布莱恩·巴利：《社会正义论》，曹海军译，江苏人民出版社 2007 年版，第 11 页。
⑤ ［德］乌尔里希·贝克：《风险社会》，何博闻译，译林出版社 2004 年版，第 38 页
⑥ 同上书，第 49 页。
⑦ 同上书，第 38—39 页。
⑧ 晋海：《城乡环境正义的追求与实现》，中国方正出版社 2009 年版，第 23 页。

　　另外，随着经济的发展，政府社会福利责任正从"补缺型"走向"普惠型"（见表5－3）。[1] 近年来，在福利研究领域中有两个理念十分盛行，一是"适度普惠"的理念。这一理念反映了普惠主义的原则，这一理念同全面普惠有着极大的不同；二是"公共服务均等化"的原则。这一理念为缩小城乡差别，消除群体、地区之间的福利差异奠定了理论基础。在制定社会福利规划时，我们应以适度普惠的理念作为发展方向，以公共财政的投入作为新的推动力，以公共服务均等化作为基本的手段和途径来推进这一体系的发展。[2]

表5－3　　　　　　　　　　　　补缺与普惠模式

维度	补缺模式	普惠模式
国家收入用于社会目标的比重	低	高
待遇水平	缺乏	充足
法定服务与待遇的范围	有限	广泛
覆盖人群	少数	多数
预防需要项目的重要性	不存在	非常重要
主要项目类型	选择性	普惠性
私人组织的作用	大	小
国家介入意识形态	最小的	最优的
按需分配价值观	边际的	次要的
筹资类型	缴费/收费	税收

2. 保障原则

　　如果说普惠原则着重在于表达其提供上的"不排他"性，则"保障原则"旨在环境利益提供上的"总量达标"。这种总量达标的考量标准就

---

　　① 改革开放前中国政府提供社会福利与计划经济紧密结合，与城乡分割的户籍制度结合。政府高度干预社会，但与欧美福利国家不同，中国政府未承担大社会福利责任；作为最后出场者，中国政府建立了低水平的补缺型社会福利制度，社会福利提供给部分弱势群体。改革开放后，政府的社会福利提供与社会主义市场经济体制改革结合，提出社会福利社会化的口号，但仍然保留了补缺型社会福利的特征。中国补缺型社会福利体系在特殊背景下建立，经历了中国经济社会发展的多个阶段，直至2007年民政部提出建立适度普惠社会福利制度，小政府责任状况才有所改变。详见彭华民《中国政府社会福利责任：理论范式演变与制度转型创新》，《天津社会科学》2012年第6期。

　　② 林卡：《构建适度普惠的新型社会福利体系》，《浙江社会科学》2011年第5期。

是"底线达标",即基本的环境质量、不损害群众健康的环境质量。[1] 比如,能让公民饮用到清洁的水、呼吸到清洁的空气。[2]

二 差别原则

(一) 为什么会存在"差别"

环境基本公共服务的分配作为政府的一项基本职能,应保证人们能够全面受惠。但是从另一个角度分析,要使各地的环境基本公共服务的提供实现实质上的"均等",是一项"不可能完成的任务"。

首先,由于我国的环保职能基本由地方政府执行,则地方政府的"意愿"和"财力"便成了决定我国环境基本公共服务提供水平的最为重要的因素。但很显然,地方政府的"意愿"和"财力"是相异的,这和我国的经济发展结构和社会发展结构相关,也和我国的自然地理环境相涉。所以,苛求各地方政府同等地投入环保财力,并不是一种基于现实情况的考量。

其次,处于历史的、地理的和经济的原因,各地区的环境问题和环境重点相异,治理难度相异,即使各地政府投入了同等的环保财政致力于环境基本公共服务的提供,也很难实现结果上的"均等"。

再次,由于我国各地区的经济发展的差异性,各地区人民在对环境利益的需求层次上存在差异。如东部沿海发达地区的人民已经对环境审美产生需求,但在中西部的贫困地区,人们只对清洁的水产生需求,基于此,政府无法按照"最高标准"去全面提供环境公共服务以满足人民的环境利益需求。

最后,环境基本公共服务提供的差别性同其他社会发展政策相关联。在此,我们以主体功能区政策为例。主体功能区政策指的是按照区域的自然资源特点、环境承载力,经济社会发展状况和发展潜力,将国土分为禁止开发区域、限制开发区域、优化开发区和重点开发区,每个区域具有不同的主体功能,国家针对不同区域实施差别性的政策支持。从中我们可以

---

[1] 李红祥、曹颖、葛察忠、逯元堂:《如何推行环境公共服务均等化?》,《中国环境报》2012 年 3 月 27 日第 2 版。

[2] 张平淡、牛海鹏、林群慧:《如何推进环境基本公共服务均等化》,《环境保护》2012 年第 7 期。

简单看出，禁止开发区域从某种意义而言其环境质量是最优的，重点开发区不可避免的其环境质量是最差的。基于这样的经济发展政策和规划政策，要实现环境质量的均等，是难以完成的任务。再以我国国务院于2011年发布的《青藏高原区域生态建设与环境保护规划（2011—2030年）》为例，这里的青藏高原就是一个自然地理区域，即我国的环境政策制定根据不同的自然地理区域也会给予不同的环境政策。环境基本公共服务均等化政策自然是会和这些政策共同作用于环境问题的。

（二）怎样的"差别"是"合理"的

罗尔斯认为，在市场经济下人们之间的收入和财富定然是存在一定的不平等性的，这是一种必然的存在。反观我国环境基本公共服务的提供，由于各地经济和社会发展水平的差异性，所以公共服务的差别性也是一种"必然的存在"。但我们要讨论的就是，要在承认不平等的前提下考虑如何进行矫正，并回答什么样的不平等才是正义的。

1. 所有人皆受益

罗尔斯指出，所有的社会价值——自由和机会、收入和财富、自尊的基础——都要平等地分配，除非对其中的一种价值或所有价值的一种不平等分配合乎每一个人的利益。[①] 每个人都要从社会结构中允许的不平等中获利。这意味着此种不平等必须对这一结构确定的每个有关代表人都是合理的。[②]

反观环境基本公共服务的提供，由于市场经济结构、区域结构和社会结构的作用，各地区和社群间所享有的环境利益是不同的，因为他们之间所面临的生存和发展的阶段是不同的，即他们的环境需求不同。如果将需求分为两个部分，基本需求就是政府必须保障的部分；但是根据经济发展水平的不同，公民可以享有一种"比较的需求"，这种比较的需求便可以存在差异性。比如东部沿海发达地区的人们已经开始对环境审美产生需求，这对于还在生存线上挣扎的人们而言是不可想象的。所以，环境基本公共服务只要能满足其基于现实条件下的"合理需求"，那么存在差别性也就应该是合理的。

---

① [美]罗尔斯：《正义论》，何怀宏、何包钢、廖申白译，中国社会科学出版社1988年版，第58页。

② 同上书，第60页。

2. 以程序正义为前提

人们享有相异的环境公共服务必须以程序正义为前提。即这种服务提供是顺应民意的。比如工厂的设置、垃圾填埋场的设置，都纳入了利益相关群众的公众参与在内，是符合他们本身的"容忍"程度的。

3. 合理限度及动态性

差别的"合理性"还表现为，这种环境基本公共服务提供的差别不能超过一定的限度。即大部分民众都能享有处于中等水平的环境基本公共服务提供，且这种差别是动态的。随着我国社会主义市场经济的逐步完善和发展，这种差别会逐步缩小。对公共产品的法律调整应当在全面考虑不同地区、不同人群的不同需求的基础上，统筹平衡各方利益，从增进社会整体效益的宗旨出发实现平等前提下的公平分配。这个公平分配包含在法律权利义务的配置时对于那些社会上处于弱势地位的人或者经济发展中处于落后地位的地区进行有条件的差别待遇，以此实现整个社会及国民经济发展的均衡和协调。①

三　补偿原则

阿玛蒂亚·森最早明确提出补偿性正义原则，他称为与实践相关的分配正义原则（Event – Relative）。它既不考虑权利，也不考虑需求，它依据的是个人和群体过去的特殊事件。② 环境基本公共服务均等化政策旨在让全体公民享有基本公共服务均等化的结果应该大体相等，这种相等是指在结果上尽量向"均等化"靠拢。③ 那么在基于历史欠账的前提下，要让结果上向"均等化"靠拢，就更要对那些处于底线之下的地区和群体所处的环境状况进行根本性扭转，使其恢复到基本水平或基准线，即确保"最差"不能"太差"，保障那些地区和群体所处的环境质量不出现损害身体健康、影响正常发展的情况。④ 那么我们在这里需要的就是一种补偿。笔者在这里将环境基本公共服务公平分配的补偿性分为利益补偿、机

---

① 钟雯彬：《公共产品法律调整模式分析》，《现代法学》2004 年第 3 期。

② 汪行福：《分配正义与社会保障》，上海财经大学出版社 2003 年版，第 200 页。

③ 王郁、范莉莉：《环保公共服务均等化的内涵及其评价》，《中国人口·资源与环境》2012 年第 8 期。

④ 张平淡、牛海鹏、林群慧：《如何推进环境基本公共服务均等化》，《环境保护》2012 年第 7 期。

会补偿和能力补偿。

（一）利益补偿

利益补偿是一种现实情况下的经济补偿。以与环境问题密切相关的自然资源问题为例，我国的资源储备主要集中在欠发达地区，但这些地区经济发展与资源开发的增长速度不协调，地方综合经济实力较弱，大多数能源资源输出地区都是经济欠发达地区。[①] 正如常修泽教授所认为的："中国现阶段资源环境产权制度的缺陷，也在很大程度上造成了收入分配的不公。"[②] 实际上，这种收入方面的不公平，不仅是个人的，也是政府的。如本书第二章中所提及的资源枯竭型城市的政府，虽然坐拥丰厚的自然资源，却面临入不敷出的发展窘境，如果让其利用地方财政来治理严峻的环境问题也是枉然。因此，"如何推动资源丰富的欠发达地区的经济发展是落实科学发展观、实现地区经济统筹发展的一个亟待解决的课题"[③]。本书所提的"利益补偿"主要针对的是合理的财政转移支付制度的设计。

（二）机会补偿

本书所指的机会补偿，旨在实现经济上的补偿功能，但是并不是基于"财政转移支付"制度而展开的具体的经济补偿，其更类似于一种"政策性补偿"。以我国目前开展的主体功能区制度为例，限制开发区域的经济社会发展便成了一个严峻的问题。在限制开发区内，虽然环境质量良好，但是地方政府财政收入有限，一味依靠"财政转移支付"制度并不能提高地方政府在基本公共服务提供方面的效率。所以，"政策性项目"的偏斜将更有效地促进当地的经济发展，进而带动基本公共服务提供方面的效率提高。

（三）能力补偿

阿玛蒂亚·森所提出的"可行能力"的概念为正义的理论探讨增加了一个维度。社会和经济因素，诸如基本教育、初级医疗保健，以及稳定的就业，不仅就其自身而言，而且就它们在给予人们机会去带着勇气和自

① 林毅夫：《欠发达地区资源开发补偿机制若干问题的思考》，科学出版社2009年版，第12页。

② 常修泽：《中国下一个30年改革的理论探讨》，《上海大学学报》（社会科学版）2009年第3期。

③ 林毅夫等：《欠发达地区资源开发补偿机制若干问题的思考》，科学出版社2009年版，第12页。

由面对世界这方面所发挥的作用而言，都是重要的。这些考虑要求更广的
信息基础，特别要聚焦于人们能够选择他们有理由珍视的生活的可行能
力。① 能力补偿即意味着通过能力建设社会福利行动项目，增强社会成员
的能力。② 进而让其能够实现自由选择的可能性。具体而言，能力补偿意
味着除却经济补偿外，还要重视相关弱势群体的"再培训""再教育"问
题，让其掌握获取环境信息的能力、提升工作技能，以便能够适应新的生
活工作状态。

---

① ［印度］阿玛蒂亚·森：《以自由看待发展》，任颐、于真译，中国人民大学出版社 2002
年版，第 53 页。
② 彭华民：《中国政府社会福利责任：理论范式演变与制度转型创新》，《天津社会科学》
2012 年第 6 期。

第六章　我国环境基本公共服务合理分配的实现路径

第一节　政府间关系的法治化

对于一个疆域广阔的大国而言，政府间关系的法治化是政策有效实施的核心要素之一。政府间关系包括了中央和地方的关系，还有地方和地方之间的关系。纵观中华文明史，就是一部中央与地方分分合合的关系史。[①] 处理好中央和地方的关系，对于我们这样的大国大党是一个十分重要的问题。[②] 处理好地方与地方之间的关系，是解决我国目前错综复杂的区域问题的关键。为了能处理好这些问题，近年来，无论是中央政府还是地方政府都在积极探索道路，如社会管理创新，主体功能区划等制度的提出，都是为了正清政府间的关系，提高政府的工作效率。如果要找一个词来形容显示中国政治所面临的挑战，没有比"制度创新"更为合适的了。[③]

我国环境基本公共服务分配中所产生的问题，有很大一部分原因是政府的环境责任不明晰，环境治理的经费不到位，政府在经济发展和环境保护之间难以平衡关系等，而这些现象的产生最根本的原因是政府间的关系不明晰，即政府的职能定位、责任承担、财权定位、问责机制等模糊不清。所以，笔者认为，要实现我国环境基本公共服务的合理分配，其前提是要让政府间的关系法治化。其中包括了政府间事权与财权的合理划分、

---

① 刘建雄：《财政分权、政府竞争与政府治理》，人民出版社 2009 年版，导论，第 3 页。
② 《毛泽东文集》第 7 卷，人民出版社 1999 年版，第 32 页。
③ ［新加坡］郑永年：《中国政治发展需要以制度建设为核心》，《参考消息》2006 年 12 月 20 日第 16 版。

政府财政分权的合理化和政府监督机制的改进。

一　政府间事权的合理划分

(一) 明确政府与市场边界原则

笔者在论及政府间应有的事权与财权关系之前，首先要论述一个前提性的问题，即政府本身的职能定位。笔者认为，特别是在市场经济格局下，不论是中央政府还是地方政府，首先要明确自身与市场之间的边界。这意味着，在市场经济条件下，对于私人物品，政府应该限制自己干预的行为，交由市场去提供；政府本身该做的事情是解决市场解决不了或者难于解决的事情，即处理市场失灵后出现的问题。但是在实际情况中，由于未形成各种生态环境资源的资产管理制度，对公益性和商业性资源的界定不够明晰，监管不够严格，导致一方面对完全可以纳入市场交易的各种商业性资源资产仍然采用行政审批等手段管理，如对各种建设用地采用无偿或低价出让的方式管理；另一方面，政府热衷于对公共性、公益性生态环境资源实行商业性经营，过度追求部门和地方资源收益，忽视其公益绩效和目标。[①]

在本书中，明确政府与市场边界原则的主要目的是"破除政府与企业之间的依附性"，从而减少在环境基本公共服务分配中的地方保护主义。

从 20 世纪 80 年代开始，从计划经济走向市场经济，从威权主义走向代议制政治的转型是在全世界范围内发生的一个潮流。在这个转型的过程中，很多政府都被大财团所掌控，使得其在政治决策过程中深受财团的影响，形成了所谓的"俘获型国家"（Captured State）。具体而言，俘获型国家就是企业通过向公职人员提供非法的个人所得来制定有利于自身的法律、政策和规章。[②]

尽管不能简单地用这种理论来分析我国有些地方政府与企业的关系，但是在现实政治经济关系中，企业影响地方政府的行为和倾向与其他转轨国家颇为相似。[③] 一方面，虽然我国的市场经济实行已逾 30 年，但计划

---

① 中国科学院可持续发展战略研究组：《2015 中国可持续发展报告》，科学出版社 2015 年版，第 13 页。

② ［美］赫尔曼·考夫曼：《解决转轨国家中的政府俘获问题》，转引自杨光斌、郑伟铭、刘倩《现代国家成长中的国家形态问题》，《天津社会科学》2009 年第 4 期。

③ 杨光斌、郑伟铭、刘倩：《现代国家成长中的国家形态问题》，《天津社会科学》2009 年第 4 期。

经济下的思维方式仍是根深蒂固的，政府几乎垄断了一切资源的制度安排，企业不依靠政府资源就很难生存；另一方面，地方政府也不得不依赖企业，因为企业也是地方政府税收的主要来源。这便形成了政府与企业之间一荣俱荣、一损俱损的局面。由于这种共生互利的关系，企业也就从某种程度上掌控了政府的政治决策，使得其作出对于企业有益的发展政策，这就是所谓的地方保护主义。

地方保护主义对地方环境违法企业的保护和纵容，制约了环境基本公共服务的公平分配。比如根据 2007 年 4 月的报道，在对山西省孝义市违法建设项目的调查中，山西省纪委发现全市 40 余个焦化项目经过合法审批的仅有 10 个，而这是个项目都没有严格执行环保"三同时"制度，全市焦化项目违法建设率达到 81%。① 江苏省仪征市的环保局局长 8 年间上书数万字检举仪征市工业园区偷排漏排的问题却迟迟得不到回应，也是一个典型的案例。②

因此，破除政府与企业之间的依附性关系便显得尤为重要。笔者认为，破除政府与企业之间的依附性关系的关键是对政府本身的职能进行定位，对其在经济领域中的资源调配权进行限制，发展真正意义上的市场经济，减少官僚资本主义发生的可能性，同时改进我国的干部考核体系，不将经济发展指标作为唯一的政绩考核指标，改变地方政府的行为偏好。

（二）正确划分中央与地方各级政府间的事权范围

巴斯特布尔（C. F. Bastable）提出了划分政府间事权范围的三原则，具体如下：

表 6 - 1　　　　　　　　划分政府间事权范围的三原则

原则的名称	原则的内容	具体划分标准	
受益原则	以各种事权支出项目的受益对象和范围大小作为各级政府承担财政支出的划分依据	中央政府	事权支出项目的受益对象和范围是全国范围内的居民
		地方政府	事权支出项目的受益对象和范围是地方性的居民

① 胡早：《山西纪检监察督办环境违法案件》，《中国环境报》2007 年 4 月 5 日。
② 李叶、王继亮：《江苏仪征环保官员 8 年举报当地化工污染》，人民网（http://js. people. com. cn/html/2013/11/18/269150. html）。

续表

原则的名称	原则的内容	具体划分标准	
行动原则	以事权支出项目在行动上的标准作为各级政府承担财政支出的划分依据	中央政府	事权支出项目在行动上需要全国一致、统一的规划
		地方政府	事权支出项目在行动上不需要全国一致，而是因地制宜
技术原则	以事权支出项目在实现上的技术要求作为划分依据	中央政府	事权支出项目需要一定技术才能实现，并且由中央政府统筹该技术才能得到更好的实现
		地方政府	事权支出项目的实现不需要特定的技术才能完成，或者地方政府可以独立完成

　　笔者认为，按照以上三原则检验环境基本公共服务事权的划分，地方政府应承担起更多的责任。环境问题具有地域性特征，比如我国东北的环境问题大多是由于工业化污染，西北的环境问题主要是由于生态环境脆弱；我国南部的大气污染相较于北部的大气污染问题相对较轻；农村的环境问题的产生与城市的环境问题原因相异等。所以在行动上，是不可能进行全国一致的统一的规划的。同时，基于受益原则，地方性的环境治理的受益对象也不可能是全国范围内的居民，环境治理具有区域性的特征，同国防、外交等政府公共职能具有显著差异，其受惠的居民一定是处在所治理的环境要素附近居住的居民。再者，基于技术原则，虽然某些环境治理的技术是需要中央政府提供的，但是基于环境问题的特殊性，并不是每个地方都需要这样的环境技术。因此环境基本公共服务的主要责任承担者应该是地方政府，但需要配备与其责任相匹配的财权。

　　这本应是一个责任划分明确的问题，但是在基于我国的国情与中央政府和地方政府的关系，便显得尤为复杂。其关键性要素之一是，我国的中央政府享有绝对的自然资源计划调配权。我国几乎所有的自然资源的权属都归于中央政府，即中央政府要对相应的自然资源进行调配，地方政府是难以有发言权的。以西煤东送为例，西部每年向东部输送5000万吨煤，每吨补贴是10元，收入是5亿元，按市场价是140亿元；若用5000万吨的煤发电，以火电上网价计，收入是340亿元。[①] 即地方政府能获益的部分是明显低于市场价格的，但在资源开发过程中所产生的严重的环境问

　　① 杨光斌：《我国现行中央地方关系下的社会公正问题与治理》（http://www.aisixiang.com/data/41283.html）。

题，包括资源开采结束后的环境治理问题却都要留给地方政府承担，这实际上就是中央政府把"不可能完成的任务"下放给了地方。这些地方政府的环境责任的承担是建立在"事权"与"财权"不匹配的状况下的，其并没有财力去解决相应的环境问题，这也是我国部分资源型城市环境问题恶劣的原因之一。因此基于中央政府资源计划调配项目上的环境问题责任承担，应归于中央政府。

（三）政府间财权与事权相匹配

基于以上的分析，笔者得出如下结论：在大部分情况下，地方政府应承担起环境基本公共服务提供的责任，但基于中央政府资源计划调配项目上的环境治理问题，应由中央政府承担责任。要让各级政府真正承担起责任，必须要让其事权和责权相匹配，那么就要做到以下几点：

首先，各级政府都应该有相对稳定的、与环境基本公共服务分配相匹配的财政保障制度。"211 环境保护"① 的预算支出科目实施以后，尽管"环境保护"在政府的预算支出中有了自己的账户，但却没有相应的资金保障机制，其资金状况仍然堪忧。突出表现在排污费之外的财政预算经费增速比同期其他行业增速偏低，不少支出执行不到位，仍然处于空白状态。② 完善环境财政保障制度是保障环境基本公共服务合理分配的关键。

其次，为了保障地方政府积极履行其环保职能，就需要有相应的财政保障。应合理划分财政税收权，赋予地方政府一定的税收自主权，但应该在中央政府的监督下开展。

最后，对于财政比较困难的地区实行规范化的财政转移支付，以支持其环境基本公共服务的提供。如目前我国的 69 个资源枯竭型城市的环境治理问题就是有赖于中央政府的财政转移支付开展进行的。

---

① 我国从 2007 年 1 月 1 日起根据财政部制定的《政府收支分类改革方案》和《2007 年政府收支分类科目》全面实施政府收支分类改革。在 17 类"支出功能分类科目"中首次单独设立了"211 环境保护"支出功能科目，主要反映政府在履行环境保护职能中发生的支出。所以之前用于环保的财政数据无法进行比较分析。以下数据来源于中华人民共和国财政部官网的历年财政收支情况。

② 逯元堂：《中央财政环保预算支出政策优化研究》，博士学位论文，财政部财政科学研究所，2011 年，第 45 页。

二　政府间财权的合理划分

我国的财政分权无论是从分权的初始动力、法律环境和制度框架，还是从分权的表现形式及后果来看，都与传统的财政分权理论有着较大的差异。我国的财政分权是"自上而下"的，强调的是中央政府对资源的掌控和在宏观调控中的主导作用。同时，我国的财政分权本身也隐含着自下而上的地方居民需求与自上而下的行政权力约束之间的矛盾——中央政府对某一政策目标越重视，给予地方政府的自主权就越小。① 如第三章中所分析的，由于事权和财权的倒挂，我国的基层政府已经面临入不敷出的局面，上一级政府将事权下压，使得下一级政府步履维艰。同时，由于当前我国政府与市场、中央与地方之间的环境保护事权划分还不十分明确，环境保护事权划分不清，导致环境保护财权和资金责任不明，政府越位与缺位，以及地方政府向中央政府推脱责任的现象也比较普遍。②

环境基本公共服务的提供也不能豁免于此种情况，特别是如环境治理这种偏重于责任承担的基本公共服务，就更难明晰主体。因此，由谁来实施，怎样实施，谁来筹措资金，都变成了制约环境基本公共服务公平分配的桎梏。所以，财政分权的合理化和事权、财权的匹配是环境基本公共服务合理分配的基石。其中，政府间事权和财权的合理划分已在上文中有了相应的论述，笔者将在下文中重点论述我国财政合理分权的基本思路。

（一）合理划分税收立法权

合理划分税收立法权主要包括以下三点：第一，中央税和共享税的立法权全部收归中央。第二，全国统一开征的地方主体税种由中央统一制定基本法律法规及实施办法，但应给予地方适当的调整权。第三，对一些不会影响资源合理流动、符合地方特色的小税种，由地方决定是否开征。③

（二）构建中央、省、市（县）三级财政体制

中国目前的地方政府体制是"省—市—县（区）—乡（镇）"四级

---

① 何茜华：《财政分权中的公共服务均等化问题研究》，经济科学出版社 2011 年版，第 122 页。

② 逯元堂：《中央财政环境保护预算支出政策优化研究》，博士学位论文，财政部财政科学研究所，2011 年。

③ 张千帆、［美］葛维宝编：《中央与地方关系的法治化》，程迈、牟效波译，译林出版社 2009 年版，第 303 页。

政府体系。① 从世界范围看，成功地实施分税制财政体制的国家通常只有三级政府架构，对应有三级财政层级。如美国分为联邦、州和地方三级，欧盟主要成员国分为中央、大区和地方政府三级架构，日本只有"都道府"和"市町村"二级架构。② 而我国是中央、省、市、县、乡的五级财政。预算层级过多不仅造成机构重叠、人员冗余、财政养人过多不堪重负，而且明显降低行政效率，形成层层向上集中，层层对下截流的局面。③ 所以，为了避免机构重叠、人员冗余、行政效率低下的状况，我国目前应着力构建"中央政府—省级政府—市（县）政府"的三级政府体制，并建立相对应的三级财政架构。

首先，应逐步取消"市管县"体制，分布推行"省管县"体制。目前我国大部分省份仍然采用市管县的制度，此制度的初衷是为了发挥中心城市的作用，加快城乡一体化进程，但这样的管理体制却降低了行政管理效率，本来可以由省级政府和县级政府直接进行沟通的问题，却要经过市一级的中间层次，影响了政府间信息传递速度。另外，市管县的制度使得目前我国城市发展中城市的优势地位逐渐显现而县城的发展速度变缓，其从客观上并没有加快城乡一体化的进程。相反地，处于省管县制度下的县，如湖北的仙桃，都朝着更快更好的方向发展着。

其次，撤销乡镇一级政府，恢复其县级政府的派出机构的性质。乡镇作为一级政府的形式出现从某种意义浪费了行政资源。如果在撤销乡镇一级政府的基础上设立县一级的派出机构，则可以简化财政层级。乡镇的主要管理工作也就理所当然地由县级政府承担，这样县级政府就变成了我国的基层人民政府，也就不存在乡镇一级财政压力的问题。

---

① 在农村，"两级政府"指的是县、乡（镇）两级政府，而一级自治就是乡镇直接指导下的村民自治。之所以把"县"作为边界，是因为中国的大多数县是以农业为主的。在城市，"两级政府"是指市、区两级政府；"三级管理"的第一、第二级分别与市和区这"两级政府"重叠；而第三级就是指街道办事处；"一级自治"是指在街道办事处直接指导下的社区居民委员会。参见尹东华《从管理到治理——中国地方治理现状》，中央编译出版社2006年版，第3页。

② 郭家虎：《我国经济转型中的财政分权问题研究》，博士学位论文，华中科技大学，2005年，第67页。

③ 何茜华：《财政分权中的公共服务均等化问题研究》，经济科学出版社2011年版，第125页。

三 政府监督机制的改进

（一）内部监督：干部考核制度的改进

如第三章中所分析的，我国的政治治理体制是一种自上而下的模式，且每一级政府都对上一级政府负责。官员的晋升体制从某种意义而言也是"唯上"的，即上级所指定的"考核标准"将直接左右下级的政府行政行为。[①] 由于在地方政府所承担的各项职责中，促进经济快速增长最具政绩显示功能，因此，地方政府向上显示政绩的行为倾向最终必然表现为经济增长至上的行为倾向。[②] 地方政府一味地铺摊子、上项目，就是为了争取"政绩考核"上的好成绩。[③] 经济改革和发展成为各级党委和政府的头等大事，经济绩效也就成为干部晋升的主要目标之一。[④] 即如果不改进我国的干部考核制度，那么环境基本公共服务的合理分配将永远无法得到实质性的进展，因为地方政府"唯经济是瞻"的发展理念是得不到改变的。应改变和完善政治单一制下的干部任用标准，改变地方政府的价值取向，从而直接或间接地约束地方政府的行为方式。[⑤]

在改进我国干部考核制度的过程中可以借鉴主体功能区划制度中的部分要素。在主体功能区划制度中，"限制开发区"的经济发展就作为地方政府的主要考核要素之一，这使得地方政府卸下了必须完成 GDP 发展指标的重负。笔者认为，经济发展的指标在我国目前社会经济发展过程中仍是很重要的，因为其决定着就业率等一系列的社会问题，但同时，经济发展指标并不是社会发展指标的唯一标准。正如前文中所分析的，经济增长是有"道德意义"的，其最终目的仍是以个人的发展为目的的，如果经济的快速增长是以侵害公民的健康权和发展权为前提的，那么就失去了经济增长本身的意义。所以，笔者认为，应该建立起一套基于公民基本权利保护为核心的干部考核指标体系。如公民健康权的保护，其中又包括了基

① 沈荣华：《政府间公共服务职责分工》，国家行政学院出版社 2007 年版，第 34 页。
② 马斌：《政府间关系：权力配置与地方治理：基于省、市、县政府间关系的研究》，浙江大学出版社 2009 年版，第 9 页。
③ 王绍光：《分权的底线》，中国计划出版社 1999 年版，第 19 页。
④ 沈荣华：《政府间公共服务职责分工》，国家行政学院出版社 2007 年版，第 34 页。
⑤ 杨光斌：《我国现行中央地方关系下的社会公正问题与治理》（http：//www. aisixiang. com/data/41283. html）。

本的生存权的保障和进一步的发展权的保障。

（二）外部监督：提升人大的监督地位

由于历史和社会发展的原因，我国政府从来都不是一只"看不见的手"，其在经济发展、社会保障、公共服务等各个方面都起着"决定性"作用。特别是在计划经济年代，我国政府几乎掌握着社会发展中的一切权力。近年来，随着全球化的发展和社会的进步，我国政府也在不断进行职能转变，尽可能地减少其在经济和社会发展中的"主导"作用，而开始强调"服务型政府"的职能定位，但基于历史原因，政府和企业仍然有着千丝万缕的联系，其仍然掌握着各式各样的市场准入权，仍然可以运用一纸决定改变行业的发展方向。在这样拥有庞大权力的政府面前，如果不对其权力进行监督和限制，便可能产生政府为了自身利益而损害公民权利的行为，也不可避免地会产生各种权力寻租行为，山西的各式各样的非法小煤矿的发展便是一个典型的事例。

从某种意义而言，政府内部的监督机制可以一定程度上避免权力寻租行为。特别是在民主机制不完善的现实环境下，难以依赖地方自治充分保护不同领域的公共利益，因而必然要求中央承担更多的监管责任。① 但即使是在条件完善的政治单一制下，仅仅依靠自上而下的权力制约机制约束地方政府的行为也是不可能的，必须增加特定政治领域内的约束力量。② 在我国国家机器的结构设置中，人民代表大会制度便是有效监督政府行为的制度设计。

笔者在前文中对政府的横向监督机制也有所论述，地方人民代表大会是保障地方公民权益、促进人民表达自我诉求的重要机制，虽然近年来地方人民代表大会制度的能力在不断提升，但不可否认的是，在实践中，其仍处于相对的弱势地位。地方人大的职能履行高度依赖地方党政领导一把手的支持力度，从而缺乏对地方政府行为的实质影响力。③ 实际上，地方人大和地方政府之间的关系更应被看作是分工而不是分权，对地方政府的实际影响力

---

① 张千帆：《中央与地方关系的法治化》，《求是学刊》2010 年第 1 期。

② 杨光斌：《我国现行中央地方关系下的社会公正问题与治理》（http：//www. aisixiang. com/data/41283. html）。

③ 郁建兴、高翔：《地方发展型政府的行为逻辑及制度基础》，《中国社会科学》2012 年第 5 期。

也高度依赖地方党政领导干部特别是党委书记的支持力度。[①] 这就减损了公民参与政府决策的可能性。即使地方政府的发展决策有损于地方公民的环境利益，也会由于缺乏横向的政府监督机制，而不能在政府发展决策中得到反应。所以，提升人民代表大会的地位便迫在眉睫。

第二节　环境民主监督力量的提升

一　环境民主机制的效用

（一）环境民主的建设性作用：提高供给效率

如果压制民主和漠视人权，任何国家都不可能使其国民发展和获致健康。[②] 环境基本公共服务合理分配的实质是保护公民的"健康权"，健康权的实现不仅是一种生理的健康，更是一种心理的全方位的健康，其最终是要让人不受制于"不健康"对行动的约束，不断提高自己的"能力"，包括生存能力、发展能力，实现自我的全方位的发展，其最终的指向是人的"自由"的实现。环境基本公共服务的合理分配，就是要消除人们在环境服务享有方面的不平等，使人们获得舒适的生活、工作环境，提供给人们能够自我发展的良好契机。但是如果在"中国式分权"的结构框架下，环境基本公共服务的提供将是以一种"自上而下"的姿态出现，上一级政府并不能从微观层面有效监督下一级政府提供环境基本公共服务的质量，有些环境基本公共服务的提供是"重复建设"，有些环境基本公共服务的提供又是缺失的。[③]

---

① Kevin O'Brien, "Chinese People's Congresses and Legislative Embeddedness: Understanding Early Organizational Development"，转引自郁建兴、高翔《地方发展型政府的行为逻辑及制度基础》，《中国社会科学》2012 年第 5 期。

② G. H. Brundtland, Speech on the Fiftieth Anniversary of the Universal Declaration of Human Rights, See http://www.who.int/director-general/speeches/1998/english/19981208_paris.html.

③ 虽然环境质量可以说是一种全国范围内的公共产品，但是由于地区的环境、经济和社会发展方面的差异，环境基本公共服务的提供更类似于一种地方性的公共服务，这也是在第三章第二节中所探讨过的环境基本公共服务的"差别性"。经济发展水平较高地区的居民对于环境质量的要求往往会高于经济发展水平较低的地区；同时，各地区对环境基本公共服务的需求也会存在差异，比如有的乡镇更需要垃圾集中处理机制的建立，而有的乡镇由于存在大量的乡镇工业，对环境监管服务的需求更甚。从这个角度而言，环境基本公共服务的提供是需要"微观"方面的监督的，自上而下的环境基本公共服务的提供并不能满足居民的"利益需求"，会使得基本公共服务的提供产生偏差。

我国所采取的中央集权式的政府治理结构的中心思想是要让地方政府能够有效地执行中央政府的决策，但实际上，"如果没有民主，不了解下情，情况不明，不充分收集各方面的意见，不使上下通气，只由上级领导机关凭着片面的或者不真实的材料决定问题，那就难免不是主观主义的，也就不可能达到统一认识，统一行动，不可能实现真正的集中"①。环境民主机制的建立，如后文所提到的社会的双向沟通机制的建立、环境信息的公开化等，能让民意更好地纳入到政府决策当中去，使得政府能够根据对地方的了解、利益以及专门知识来管理地方事务，能够更好地把握地方利益需求，从而能够比遥远的中央政府更有效地提供地方性公共产品和服务。②

（二）环境民主的保护性作用：透明性、安全与保障

近年来，我国的环境群体性事件频发（详见表 6 - 2）。这一方面反映了公民意识的觉醒，另一方面也反映出了我国的政府同公民之间的沟通渠道不畅，环境民意并不能通过正常的渠道得到理解，所以才会通过群体性事件这种极端的方式表达。这些群体性事件的出现意味着，针对一个在抽象意义上可以想象的社会所具有的极其危险的和虚幻的安全性而言，各种呼吁与权力之间的平衡杆已经被打破，政治、法律、公共领域及日常生活的独立发展所营造的和谐氛围已经被打破。③ 环境群体性事件实际上是一个"社会话题"，人们通过这个话题来排泄对社会的不满情绪，但这种周期性的运动式的社会情绪的宣泄并不是一个健康社会所应拥有的，其会导致社会的不稳定和恶性突发事件的爆发，也并不利于公民的健康发展。所以，环境民主机制的建立是急需的。

当事情按部就班地顺利进行时，人们也许不会特别想起民主的这种工具性作用。但是当因为这种或那种缘故而出现了麻烦时，它就会自动地起作用。④ 如果建立行之有效的环境民主参与机制，不仅可以更多地满足公

① 《毛泽东思想年编》（http：//cpc.people.com.cn/GB/69112/70190/236641/16606270.html）。

② 俞可平主编：《治理与善治》，社会科学文献出版社 2000 年版，第 190 页。

③ ［德］乌尔里希·贝克：《从工业社会到风险社会》（下篇），王武龙编译，《马克思主义与现实》2003 年第 5 期。

④ ［印度］阿玛蒂亚·森：《以自由看待发展》，任颐、于真译，中国人民大学出版社 2002 年版，第 179 页。

民对其声音受关注以及其需要和利益得到满足和追求的期望，还可以回应对增加政府透明度和强化政府责任的要求，增加对政府的公共信任度。①当公民与政府之间建立了有效的信任机制的前提下，公民就会找寻"常规"途径来进行意见的表达，而不会寄期望于"非常规"途径，这样更有利于社会安全。

表 6 - 2　　　　　　　　　　近年来部分环境群体性事件回顾

时间	事件	事件简述
2007 年	福建厦门市民反对 PX 项目②	厦门市海沧 PX 项目是号称厦门"有史以来最大工业项目"，选址于厦门市海沧台商投资区，投产后每年的工业产值可达 800 亿元人民币。由于 PX 项目区域位于人口稠密的海沧区，项目 5 公里半径范围内的海沧区人口超过 10 万，居民区与厂区最近处不足 1.5 公里，同时，该项目与厦门风景名胜地鼓浪屿仅 5 公里之遥，与厦门岛仅 7 公里之距。项目开工后便遭受广泛质疑。2007 年 6 月 1 日厦门市民集体抵制 PX 项目，及至厦门市政府宣布暂停工程，最后迁址
2008 年	上海市民反对磁悬浮线项目③	2007 年年底，沪杭磁悬浮上海段在上海城市规划网站低调公示。由于公布的上海向西延长磁悬浮线路（上海南站—虹桥交通枢纽）主要是闵行区淀浦河段和七宝段，距离某些小区最近只有 30 米，沿线居民甚为担心磁悬浮对身体带来的危害。于是从 2008 年 1 月 6 日开始，百余沿线居民高喊"反对磁悬浮，保卫家园"的口号，在闹市区游行，至 2008 年 1 月 12—13 日白天，已有数千民众聚集在上海人民广场，进行游行
2009 年	广东番禺人民抗议番禺垃圾焚烧厂项目④	2009 年广州市政府决定在番禺区大石街会江村与钟村镇谢村交界处建立生活垃圾焚烧发电厂，计划于 2010 年建成并投入运营。2009 年 9 月番禺大石数百名业主发起签名反对建设垃圾焚烧发电厂的抗议活动；11 月，CCTV 公开报道广州番禺垃圾焚烧厂这一全国性的公共政策事件
2011 年	辽宁大连市民抗议 PX 项目⑤	2011 年 8 月，辽宁省大连市的民众抗议 PX 化学污染工程项目，大约有一万两千人参与了示威。该事件促使中共大连市委和大连市人民政府于当天作出将福佳大化 PX 项目立即停产并搬迁的决定

① 参见［美］罗伯特·B. 丹哈特、珍妮特·V. 登哈特《新公共服务理论——服务，而不是掌舵》，丁煌译，中国人民大学出版社 2004 年版，第 93 页。

② 王书明、杨洪星：《加强生态文明建设的公众参与——基于厦门 PX 项目抗争事件的思考》，《科学与管理》2011 年第 2 期。

③ 百度百科：《上海磁悬浮事件》（http://baike.baidu.com/view/3208090.htm）。

④ 李开孟：《我国开展社会稳定风险评估的现状及存在问题（三）》，《中国工程咨询》2013 年第 4 期。

⑤ 《多年不休的争端，中国 PX 项目都有这些》（http://www.aiweibang.com/yuedu/80510899.html）。

续表

时间	事件	事件简述
2012 年	江苏启东市民抗议王子制纸排海工程项目①	2012 年 7 月清晨，江苏省启东市的百姓占领市政府大楼，以抗议江苏南通市政府对日本王子制纸之制纸排海工程项目的批准。当天下午，该群体性事件已基本平息，官方也于当天上午发布公告称"永远取消有关王子制纸排海工程项目"
2012 年	四川什邡市民抗议宏达钼铜多金属资源深加工综合利用项目②	2012 年 7 月四川什邡市民集会游行，抗议建设"宏达钼铜多金属资源深加工综合利用项目"。什邡市政府当局派出大量警察、武警、特警官兵前来维稳的行动，引起了严重的警民冲突、并导致多人受伤，事后，什邡市政府表示将不再建设钼铜项目
2012 年	天津市民抗议 PC 项目③	2012 年 4 月，天津市滨海新区下辖的大港爆发了数千人参与的环境抗议活动，抗议对象是中沙（天津）石化有限公司旗下的年产 26 万吨聚碳酸酯（英文缩写 PC）项目。4 月 13 日晚间，天津市政府和中石化集团做出决定：立即停止项目施工，重新对环境影响评价、安全评价进行更详细复审
2013 年	成都市反对 PX 项目④	2013 年 5 月 4—5 日，成都市民针对成都 PX 项目进行了一系列的反对活动，为了防范游行示威活动，成都警方开展了突发事件的"实战演练"
2014 年	广东博罗县民众反对垃圾焚烧厂⑤	2014 年 9 月 13 日，广州惠州市博罗县爆发了一场反对建焚烧厂的游行，上千名博罗县市民举着"爱我博罗，拒绝垃圾"等横幅当街游行反对建造垃圾焚烧厂
2015 年	河源市民反对火电厂项目⑥	2015 年 4 月 12 日，广东省河源市发生了一起群众聚集事件。因担心河源火电厂二期项目上马，影响市区空气质量，当地数千名群众在河源市区聚集进行抗议

另外，这种"安全"还体现在对不确定的环境风险的应对方面。环境民主机制可以让政府收集到更加广泛的信息，改进公共政策的质量，使得决策"多元化"，在应对环境风险时机会有更多的解决方案。

---

① 《启东事件》（http：//blog. sina. com. cn/s/blog_ ad10b35e01014jtp. html）。

② 巩固：《群体性事件行政法治模式浅谈——从"压制型"向"回应型"的变革》，《华人时刊》（中旬刊）2013 年第 6 期。

③ 王小聪、崔筝：《天津 PC 邻避运动：化工厂环评报告遭居民质疑》（http：//blog. sohu. com/people/！eHVsaXlhMTZAMTYzLmNvbQ = =/261044398. html）。

④ 网易财经：《这些年，有关 PX 项目的那些争议》（http：//money. 163. com/15/0407/00/AMIC9JKH00253B0H. html）。

⑤ 人民网：《2014 年十大突发危机经典应对》（http：//news. 163. com/15/0402/13/AM6SFPSA00014JB6. html）。

⑥ 《2015 年度我国群体性事件研究报告》（http：//www. 360doc. com/content/16/0124/22/15549792_ 530323416. shtml）。

二　户籍、就业政策改革

（一）户籍制度改革

环境民主机制建立的前提是公民享有平等的环境参与权利。但在现有的户籍制度的限制下，却并不利于人们的环境民主政治参与。以农民工、城中村居民为例（详见第二章第二节），虽然其是城市环境污染中的最大受害者之一，但其并没有权利参与到城市环境基本公共服务提供的政策决定当中去，也不能享有与城市居民相同的环境基本公共服务。

其中最根本的原因就是经济比较发达的地区总是担心其相对富裕的生活将吸引贫困地区的公民，从而耗尽本地社会福利系统的资源。为了防止这种福利移民，美国的地方政府曾经认为它们有必要限制其他地区的穷人在本地取得居留权。[①] 但实际上，我国城市中的这些流动人口大多是"事实上"的城市居民了，任何区别对待都可能对公民的权利和利益构成潜在剥夺，因而必须被控制在必要的范围内，具备充分理由。[②]

近年来，户籍制度改革正在稳步推进。2001 年颁布的《关于推进小城镇户籍管理制度改革的意见》让小城镇户籍制度改革全面开展了起来。自 2003 年以来，一些省市也相继推出了有特色的户籍制度改革，如南京正式取消了农业户口，云南推行"一元制"户口模式等。[③] 2014 年，国家推出了《国家新型城镇化规划（2014—2020）》，并再一次强调了要"积极推进城镇基本公共服务由主要对本地户籍人口提供向对常住人口提供转变，逐步解决在城镇就业居住但未落户的农业转移人口享有城镇基本公共服务问题"。

尽管"户籍"的身份概念已在逐步淡化，其对人们地理上迁移的限制作用也逐步淡化，但其所负载着的现实利益的差异性却仍然存在。改革户籍制度的关键是要剥离户籍制度上所附带的各种利益。实行全国统一的公民身份。逐步清除法律法规中对农村居民和城市居民的各项不公平待遇。[④] 这样才有可能让人们公平地参与到环境公共事务的决策当中去。当

---

① 张千帆：《流浪乞讨人员的迁徙自由及其宪法学意义》，《法学》2004 年第 7 期。
② 张千帆、[美] 葛维宝编：《中央与地方关系的法治化》，程迈、牟效波译，译林出版社 2009 年版，第 260 页。
③ 王谦：《城乡公共服务均等化问题研究》，博士学位论文，山东大学，2008 年。
④ 同上。

然，这些改革举措必须控制在地方财政能力和管理能力所能承受的范围内，避免因"福利移民"的激增导致地方政府出现严重财政危机和管理困难。①

（二）就业政策的改革

政府提供环境公共服务的目标是保护公民的健康权，以实现其自我发展的需求。但在我国目前现行的并非是"机会公平"的就业政策框架下，人们很难公平地找寻就业机会，这就迫使农村劳动力不得不选择有害于自己身心健康的重污染工作。

改革我国目前的就业政策，就是要实现城乡劳动力就业一体化，主要有以下几点：第一，要制定平等的劳动行业准入制度，逐步地修改有关劳动就业的歧视性规定，实现不以身份为进入准则的公平就业政策；第二，要逐步将对城镇失业人员的就业培训政策惠及农村劳动力；第三，要按照《劳动法》的规定给予所有劳动者以同等的法律保护，并将农民工就业情况纳入各级地方政府官员的政绩考核内容；第四，将农民工纳入城市社会保障体系，对其的住房、医疗、失业、培训等方面的福利进行规定。值得提出的是，要特别重视保障农民工子女在城市享受义务教育的权利。

三　公民环境民主意识的培养

（一）通过教育来培养环境民主意识

民主只有在特定的土壤里才能繁荣起来，而且需要长期的培育。在没有长时间的民主政府经历的国家和地区，民主的根基显得很浅，很容易被推翻。② 所以环境民主的真正实现并不是一朝一夕的事情，民主机制的建立只是一个"硬件"，真正能让民主机制运行起来的"软件"还在于公民的"环境民主意识"。笔者在这里所提的"环境民主意识"并不仅限于公民对"环境污染"的认识，其是一个更为宽泛的概念，是公民的"政治参与"的意识，对"权利"的意识，对"自我保护和实现"的意识等，环境在这里只是公民实现"自由"的一个途径和话题。

---

① 张千帆、〔美〕葛维宝编：《中央与地方关系的法治化》，程迈、牟效波译，译林出版社2009年版，第266页。

② 〔英〕安东尼·吉登斯：《失控的世界》，周红云译，江西人民出版社2001年版，第76页。

第一，有关"就业能力"的教育。笔者在这里所谈及的教育，是离不开我国基本公共服务均等化中的"基础教育"的普及化的。公民只有在具备了基本的文化素养的前提下，才会对生存和发展的问题有所认识。这种就业能力的培养，是要让公民具备基本的生活技能，并具备"学习"的能力以备在失业的时候可以找寻到另外的谋生途径。就业能力的培养是让公民可以自由选择职业，规避环境风险的前提（所以笔者在前文中论述了要开展就业政策改革）。

第二，对"环境问题"认识的教育。很多文化素养不高的人们在毫不知情的情况下开展着损害自我健康的重污染劳动，如广东的"尘肺病"问题。很多人并不知道什么是环境污染，怎样规避环境损害。特别是现在农村已经取消了"赤脚医生"的卫生医疗体系的前提下，更少的农民可以享有到低廉的医疗服务，那么这种对环境问题认识的教育就更加重要。

第三，对"权利意识"的教育。在我国，这是一种"法治意识"的教育，要让公民知道怎样维权，怎样通过社会正常渠道维护自己应有的环境利益。

第四，对"公共精神"的教育。笔者将"公共精神"的培养放在最后一点，并不是说这是最不重要的一点，而是想说明，在当下中国，全面的环境政治参与意识的实现并不符合国情。大部分人还在生存线上挣扎，并不会将关注点更多地放在争取自己的环境利益上，更不会顾及"公共利益"。公民社会是一个宽容等民主态度必须培养的舞台。公众的氛围可以由政府加以强化，但是必须有相应的文化基础。① 而这一条路，对于当下的中国而言，还较为遥远。

（二）通过参与来实践公民环境民主意识

更多的参与能够使公众更加见多识广。② 教育只是让人们获取环境民主参与的能力，但要"巩固"这种能力，同时从理性认识转化为感性认识，还要基于"实践"。公共参与能够发展公民个人的思想感情与行动力

---

① ［英］安东尼·吉登斯：《失控的世界》，周红云译，江西人民出版社 2001 年版，第 72 页。吉登斯认为，民主国家需要的就是依靠民主本身，他将其称为民主化的民主，而且现在的民主应当是超越国界的民主，我们应当从上到下地完全把国家民主化。

② ［美］罗伯特·B. 丹哈特、珍妮特·V. 登哈特：《新公共服务理论——服务，而不是掌舵》，丁煌译，中国人民大学出版社 2004 年版，第 93 页。

量，体验公共生活的价值，引导和促进公民政治参与文化的发展。① 特别是对于"公共精神"意识的培养，更需要实践。公共精神需要培育和维护，参与是激起公共精神的另一种手段。参与决策的人们对那些决策有更好的了解并且更有可能有助于决策的执行。②

四　社会双向沟通渠道的开启

（一）政府对公民：环境信息公开

公民环境民主的实现前提是基于政府的"信息公开"，这在本书的第三章第二节中已有详述。环境信息的公开可以让公民基于已得到的信息来做好对风险应对的准备，正如贝克所言："通过主渠道而得来的信息或通过即将被封堵的渠道而得来的信息所产生的各种各样的想象已经打开了人们的视野。这使隐藏的潜在的风险和威胁已经变成社会大众所能够看得到的风险和威胁，并在一些具体细节上以及在人们自己的生活范围内唤起了社会公众的重视。"③ 环境信息的有效性和透明性不仅可以建立公民和政府间的信任，还可以让公民基于政府提供的信息进行"合理化"建议，以改进社会政策的制定。

（二）公民对政府：公众参与机制的建立

我们只有通过积极参与才最有可能达到最佳的整治结果。这些最佳的整治结果不仅反映了公民作为一个整体的广泛判断或特定群体经过深思熟虑的判断，而且符合民主的规范。④ 公民公共参与还能够提高政治系统的代表性和回应能力，增进政府与公民之间的相互了解和信任，消除二者间的疏离感，增进政治团结和社区整合，通过合作网络实现地方公共事务的共同治理，促进政府决策制定和执行的合法化，并使公民更加理解和服从

---

① Carroll B. and C. Terrance, "Civic Networks, Legitimacy and the Policy Process"，转引自马斌《政府间关系：权力配置与地方治理》，浙江大学出版社 2009 年版，第 32 页。

② ［美］罗伯特·B. 丹哈特、珍妮特·V. 登哈特：《新公共服务理论——服务，而不是掌舵》，丁煌译，中国人民大学出版社 2004 年版，第 28 页。

③ ［德］乌尔里希·贝克：《从工业社会到风险社会》（下篇），王武龙编译，《马克思主义与现实》2003 年第 5 期。

④ ［美］罗伯特·B. 丹哈特、珍妮特·V. 登哈特：《新公共服务理论——服务，而不是掌舵》，丁煌译，中国人民大学出版社 2004 年版，第 48 页。

公共政策。①

　　公众参与实际上就是一个"开放的上议院"。这样一个所谓的"开放的上议院"将会充满活力，以便把"我们希望怎样生存"这样一个生存标准应用到科学规划、科研成果及应对科学所导致的风险和危机等方面。②

　　而在当下的中国，个人的公众参与显得势单力薄，依靠环保团体推进的环境民主实现更为可靠和有效。实际上，环保团体可谓是一种"单一目的的团体"（Single‐issue Group），政府也应该关注与其的合作。因为单一目的的团体关注的往往是最前沿的新问题，而这些问题可能是政府所不注意而一旦发现又为时已晚的问题。③

第三节　环境行政的法治化

　　环境基本公共服务的合理分配意味着政府要转变职能，以服务型政府为目标。"告别传统就意味着旧的生活图景与世界秩序发生了改观，而新的图景和秩序将始终处在建构状态之中。"④ 这要求我们在立法时进行相应的理念更新，以期建构出顺应时势的配套制度。⑤

一　环境立法方式的更新

　　环境行政的法治化的基石是法律制度的完善，在这一点上，环境立法方式的更新就尤为重要。

　　（一）环境立法目的的更新

　　1. 从简单发展到可持续发展

　　工业文明单线条化的发展模式导致了社会发展评价体系的单一化，即

---

① Carroll B. and C. Terrance, "Civic Networks. Legitimacy and the Policy Process"，转引自马斌《政府间关系：权力配置与地方治理》，浙江大学出版社 2009 年版，第 32 页。

② ［德］乌尔里希·贝克：《从工业社会到风险社会》（下篇），王武龙编译，《马克思主义与现实》2003 年第 5 期。

③ ［英］安东尼·吉登斯：《失控的世界》，周红云译，江西人民出版社 2001 年版，第 72 页。

④ 郭大为：《镜像中的生存——现代性的反思与反思的现代性》，《中国社会科学》2005 年第 1 期。

⑤ 郭少青等：《生态文明建设与立法理念更新》，《环境保护》2013 年第 8 期。

以 GDP 作为衡量社会进步的指标。这使得我们的立法过程实质上是围绕GDP 开展的。所谓的"谁污染、谁治理"的原则，看似是为环境污染找到了正当的解决方案，但在实践中，却为污染企业找到了合法污染的理由。① 在我国，纵向的行政考核机制使得地方政府期望在有限的财政能力状况下达到效益的最大化，最终成为"地方发展型政府"②，加重了地方政府"唯 GDP 是瞻"的局面。地方政府的逐利性往往会导致其夸大经济发展和环境保护之间的矛盾，放大地方对经济发展的实际性需求。长期单一化的社会发展评价指标不仅导致了实质上的社会发展不均衡，掠夺式的资源开发致使本应缓和的社会矛盾和促进社会进步的"发展"导致了更多的社会问题。

随着生态文明建设的提出，相关的立法理念更应该从简单的单线条的经济发展转向可持续发展的目标导向。《我们共同的未来》是这样定义可持续发展的："既满足当代人的需求，又不对后代人满足其自身需求的能力构成危害的发展。"可持续发展的理念并不否定发展的意义，其核心主旨仍是"发展"，鼓励经济增长，只是对"发展"的概念产生了变化，可持续发展理念中的发展不仅强调经济增长的数量，还要强调经济增长的质量，科学的经济增长方式才是可持续的。所以，改变生产模式和消费模式，实施清洁生产和文明消费，从而减少每单位经济活动造成的环境压力，使得经济和社会发展不超过资源和环境的承载能力，才能达到社会的全面进步。③ 这种"发展"的价值指向是保障人权和人的自由发展，"发展是扩大人们享受真实自由的一种过程"④。"经济增长的贡献不仅应按私人收入的增加来批判，还应按由经济增长带来的社会服务的扩展，来进行评判。"⑤ 即生态文明建设的立法目的从简单发展转向可持续发展的核心内容是打破传统的单线条的经济发展观，通过构建社会均衡的发展和社会

---

① 郭少青等：《生态文明建设与立法理念更新》，《环境保护》2013 年第 8 期。
② 参见郁建兴、高翔《地方发展型政府的行为逻辑及制度基础》，《中国社会科学》2012年第 5 期。
③ 郭少青等：《生态文明建设与立法理念更新》，《环境保护》2013 年第 8 期。
④ ［印度］阿玛蒂亚·森：《以自由看待发展》，任颐、于真译，中国人民大学出版社 2002年版，第 30 页。
⑤ 参见 Jean Dreze and Amartya Sen, *Hunger and Public Action*，转引自［印度］阿玛蒂亚·森《以自由看待发展》，任颐、于真译，中国人民大学出版社 2002 年版，第 33 页。

保障的提供来实现公民对自由的获取。①

2. 从应对传统风险到应对现代风险

传统风险是一种发展不足的风险，现代风险是工业文明发展过度而产生的风险。我国目前处在社会发展的转型期，这到底是"最好的时代"还是"最坏的时代"，实质上是由我们自己决定的。转型期将面临更多的社会不稳定因素，在此，从应对传统风险转向应对现代风险的立法目的就很有必要。②"法律制度的价值和意义就在于规范和追寻技术上的可以管理的哪怕是可能性很小或影响范围很小的风险和灾难的每一个细节。"③

其一，这种立法转向的最终目的是实现民主和自由。应对现代风险的实质是保障公民的权利，让公民能够应对突发性事件和有能力应对不确定的未知危险。实际上，民主也具有防范风险的保护性作用。④"自1979年经济改革以来，中国官方文件充分承认了经济激励的重要性，但是没有同等地承认政治激励的作用。当事情进展顺利时，人们可能不大在意民主的可允性作用，但当政策大失误发生时，民主的空白将会是灾难性的。"⑤在"大跃进"和三年自然灾害的历史教训中，我们已经可以看到这一点。实际上，如果构建了有效的信息披露制度，信息更加公开透明，提高了公众参与决策的可能性，那么诸如资源枯竭型城市的出现、⑥金融危机风暴、食品安全危机、生态危机等问题都将得到有效遏制。

其二，应对现代风险，意味着立法原则将以"预防原则"为重点，提升法的"安全"价值。实际上，我国的《突发事件应对法》已对此作出规定。⑦环境保护法等相关领域也将预防原则作为了立法的主要原则。首先，我们要对风险的辨识、评估、监控、应对、处置等各个环节进行明确规定。其次，要进一步完善侵权法，顺应对损害危险的认知和应对。再

---

① 郭少青等：《生态文明建设与立法理念更新》，《环境保护》2013年第8期。

② 同上。

③ [德] 乌尔里希·贝克：《从工业社会到风险社会关于人类生存、社会结构和生态启蒙等问题的思考》（上篇），王武龙编译，《马克思主义与现实》2003年第3期。

④ 郭少青等：《生态文明建设与立法理念更新》，《环境保护》2013年第8期。

⑤ [印度] 阿玛蒂亚·森：《以自由看待发展》，任颐、于真译，中国人民大学出版社2002年版，第178页。

⑥ 我国于2009年、2010年和2011年分三批确定了69个资源枯竭型城市。

⑦ 《突发事件应对法》第5条规定："突发事件应对工作实行预防为主、预防与应急相结合的原则。国家建立重大突发事件风险评估体系，对可能发生的突发事件进行综合性评估，减少重大突发事件的发生，最大限度地减轻重大突发事件的影响。"

次，要加强保障性立法。完善我国的社会保障体系、医疗体系、住房体系，侧重对残疾人和社会弱势群体的保障性立法。最后，加强应对新问题的立法。我们面临的风险无处不在，文化风险、基因技术风险、网络风险、生态风险等，这就需要我们在立法时具有前瞻性，针对高科技、知识产权这些前沿问题和新的社会现象有预见性。

（二）环境立法模式的更新

1. 从部门主导立法到以问题为导向的综合性立法[1]

环境基本公共服务的合理分配不是依靠某个单一的行政部门就可以解决的。以部门立法为主导的立法模式不可避免地会涉及部门自身的利益诉求。环境基本公共服务的合理分配要求环境立法模式从"局部决定整体"的认识论走向"整体决定局部"的认识论，其应该是一种以问题为导向的各部门协作的综合性立法。

首先，环境保护法律体系内部要实现环境污染防治和自然资源保护的统一。要重视自然资源的经济效应及环境效应，加快生态补偿制度的建立，缩小城乡差距、区域差距，逐步推进环境公平和正义的实现。

其次，要实现环境法律同民法、行政法、刑法、经济法、诉讼法等相关部门的对接。充分发挥民法中相邻关系和地役权的环境保护作用，推进环境信托产业、环境金融行业的发展，建立和完善自然资源产权制度，扩大环境法益和推进环境公益诉讼制度的建立、完善。

最后，要以问题为导向，实现环境立法、能源立法、产业立法、行业立法的融合后的综合效应。"徒单一法无法自行"，必须以问题为导向，综合相关立法和部门意见，进行综合性立法才可以解决实际性的问题。

2. 从地方性立法到区域协作立法[2]

正如第三章中所分析的，地方政府间的恶性竞争也使得中央的很多政策无法实施。虽然中央政府集权，但并不拥有足够的支配权力。中央具有政策制定权，但政策实施权在地方。[3] 环境保护、控制低水平重复建设、抑制投资过热、消除地方保护主义等领域的公共管理法律法规和有关政

---

① 郭少青等：《生态文明建设与立法理念更新》，《环境保护》2013 年第 8 期。

② 同上。

③ ［新加坡］郑永年：《中国的"行为联邦制"》，邱道隆译，东方出版社 2013 年版，中文版序，第 11 页。

策，都是因地方政府的非合作博弈而降低了中央政府的执行力。① 由于缺乏超越各地方政府的区域性合法性权力，在区域公共事务的管理上出现权力真空和治理盲区，难以达到区域公共事务的有效治理。②

环境基本公共服务的合理分配意味着要摒弃区域差异、城乡差异，公平合理且有效率地进行环境基本公共服务的资源配置。这种整体性的资源配置是不以行政区划的限制为界的，这就要求政府能打破行政壁垒，实现资源整合，防止环境基本公共设施的重复建设，促进可持续发展。但我国目前这种自上而下的支配型立法模式使得地方政府之间往往处于一种竞争和对抗的格局。地方政府之间的信息交流不充分，缺乏沟通和谈判的平台。所以，环境立法模式的更新，便在于区域协作立法，其既体现了法律的强制性特征，③ 同时也体现了政府间的协商性特征。相当于是在地方政府之间搭建了一个对话的平台，促进了沟通和合作。

实际上，区域协作立法是我国环境基本公共服务得以合理分配的内在要求。由于环境问题的特殊性，即部分资源要素的流动性，如空气、水等，其治理如果单靠单一的政府是无法解决问题的，因为这些资源要素不会以行政辖区的边界为分割。④ 所以，建立政府横向间的合作关系，对环境基本公共服务的合理分配便将产生十分积极的作用。⑤

3. 从单纯制定法到制定法与习惯法的融合

我国法治建设的进程是伴随着法律移植开展的，"原生的法律技术总是和各个民族群体的方式文化和意识形态有机地结合在一起，但与法律技术手段的易于转让相比，不同民族群体的传统法律心理则很难沟通与移植"⑥，这种法律文化的断裂，致使制度普适不能的创痛一直困扰着我国法律的有效运行。怎样让法律制度实现本土化便成为学者们争相探讨的话

---

① 马斌：《政府间关系：权力配置与地方治理》，浙江大学出版社 2009 年版，第 10 页。

② 金太军：《从行政区行政到区域公共管理：政府治理形态嬗变的博弈分析》，《中国社会科学》2007 年第 6 期。

③ 郭少青等：《生态文明建设与立法理念更新》，《环境保护》2013 年第 8 期。

④ 事实上，在污染治理方面，以资源要素为核心的环境治理已经成为趋势，如六大流域管理机制的建立就是为了以流域为问题导向解决问题；江苏省太湖的环境治理、湖北省梁子湖的治理都是以湖泊为问题导向的。在生态补偿方面，区域合作立法也彰显出其重要性。以跨界流域生态补偿制度为例，我国第一个跨省的流域生态补偿实践于 2012 年上半年正式启动，新安江流域生态补偿机制是全国首个示范性生态补偿试点。

⑤ 郭少青等：《生态文明建设与立法理念更新》，《环境保护》2013 年第 8 期。

⑥ 张冠梓：《法律人类学：名家与名著》，山东人民出版社 2011 年版，第 4 页。

题。实际上，在社会转型期，我们将面对更多的社会问题，如果依靠单一化的国家制定法规制社会问题，将是"过高地估计了国家法律的实际效力"①。习惯法的回归，不仅是法律本土化进程中的一条道路，其灵活性也可以在社会转型期补充国家制定法的不足。因为"正式制度作用的发挥离不开非正式制度的支撑。非正式制度由于是历史的延续，是人们长期重复博弈的结果，因而对于经济发展的作用是更持久的"②。所以，"国家政策和立法应该认识到习惯法和制定法之间在有所差别的同时具有内在的一致性"③。

二　环境管理体制的改革

笔者在提出观点之前，想先简要评价一下"垂直管理"这种管理思维方式。很多学者呼吁，环保部门这种属地管理的体制已严重滞后于环保形势的需要，必须来一个彻底的变革，实行垂直管理体制，即各级环保部门的人、财、物应由上一级负责。④

垂直管理的目的是中央通过对某些领域的行政事务的纵向直接控制，摆脱地方保护和干预，维护法制统一和政令通畅，加强行政执法的权威性、统一性。⑤垂直管理是事关中央与地方行政权力划分的重大问题，它意味着权力由中央政府集中行使。在出现国家宏观调控失效和地方保护严重以及上有政策下有对策时，往往会将希望寄托于垂直管理来解决。⑥

但实际上，垂直管理自身是存在很多缺陷的：其一，垂直管理并不能排除地方政府对行政执法的干扰，原因是垂直管理部门的人、财、物虽不受制于地方，但依然和当地存在诸多利害关系。其二，垂直管理在一定条件下更容易滋生腐败。地方政府职能部门垂直管理后，地方其他机构无法

---

① 王启梁：《习惯法/民间法研究范式的批判性理解——兼论社会控制概念在法学研究中的运用可能》，《现代法学》2006 年第 5 期。

② 王立宏：《内在秩序的生成机制与社会经济结构的路径依赖》，《社会科学辑刊》2006 年第 3 期。

③ IUCN, Environmental Law Program, *Customary Laws*: *Governing Natural Resource Management in the Northern Areas*, Ferozsons (Ptv) limited, 2003.

④ 吴湘韩：《何时不要看当地领导颜色》，《中国青年报》2006 年 9 月 15 日第 3 版。

⑤ 张千帆、[美] 葛维宝编：《中央与地方关系的法治化》，程迈、牟效波译，译林出版社 2009 年版，第 160 页。

⑥ 同上。

对垂直部门进行经常性监督制约，腐败往往更容易发生。其三，垂直管理的部门增多，会造成地方政府权力不断被压缩，削弱地方政府的职能。① 所以，有学者指出，用"垂直管理"来制约地方政府的滥用权力，其实就是期待用一个更高级别的"滥用的权力"来制约地方政府"被滥用的权力"。②

所以，笔者在此虽然支持环境垂直管理体制的建立，但是这是在合理划分中央和地方之间职权，科学设定垂直管理的领域和部门，并且保障地方政府职权的相对完整性和必要性的前提下开展的。③ 在当前的格局下，期望单纯以变革环境管理体制来解决环境基本公共服务提供中的问题，并不是一条理想的解决方案。

第四节　推进环境基本公共服务均等化政策

为了改变我国环境基本公共服务分配中的各种问题，我国已提出了环境基本公共服务均等化政策。此政策的提出并不是一种凭空想象，其旨在解决我国当前严峻的环境问题和缓解环境不公的现象，同时，其也是在福利型政府建设过程中的一段重要旋律，是我国实施"公共服务均等化"④ 政策中的重要一环，也是实现环境基本公共服务公平分配的重要手段。

一　环境基本公共服务均等化政策的定位

（一）基本公共服务均等化与环境基本公共服务均等化

基本公共服务均等化是一个与公平紧密相连的概念，它并非像其他许多经济名词一样是"舶来品"，而是我国理论部门和实践部门在长期的理

① 参见张千帆、〔美〕葛维宝编《中央与地方关系的法治化》，程迈、牟效波译，译林出版社 2009 年版，第 160—161 页。
② 池若：《垂直管理与钦差大臣情结》，《中国经济周刊》2006 年第 37 期。
③ 杨海坤、金亮新：《中央与地方关系法治化问题刍议》，载张千帆、〔美〕葛维宝编《中央与地方关系的法治化》，译林出版社 2009 年版，第 161 页。
④ 我国每年的 GDP 都以将近 10% 的速度增长，但较高的经济增长却没能给国民的福利带来普遍的提高。经济和社会发展的不均衡，给社会发展进程埋下了巨大的隐患。这种不均衡又集中体现在城乡居民收入分配不均、福利水平差距扩大、社会不公问题严重、社会矛盾加剧、农村经济社会发展落后等方面。面对这种社会分化，不仅学界开始对公平、正义的问题开始进行深入考量，我国政府也开始深刻反思经济发展不均衡的问题，并最终提出了"基本公共服务均等化"的战略发展方针。

论、实践工作中概括总结出来的一个具有本国特色的经济名词。① 2002年，党的十六大第一次明确提出："统筹城乡经济社会发展"，并把"社会更加和谐"作为目标；十六届三中全会进一步提出了"五个统筹"：统筹城乡发展、统筹区域发展、统筹经济社会发展、统筹人与自然和谐发展、统筹国内发展和对外开放；2005年，《中共中央关于制定国民经济和社会发展第十一个五年规划的建议》第一次将"公共服务均等化"的原则提出，并在之后列为"构建社会主义和谐社会的目标和主要任务"之一；党的十七大、十八大报告中，"基本公共服务均等化"政策均作为转变政府职能，构建和谐社会的重要政策出现；2012年公布的《国家基本公共服务体系"十二五"规划》，更是从基本公共服务的背景、指导思想、目标、模式和实施等方面对其进行了深入的阐释（详见表6-3）。

表6-3　　　　　我国"公共服务均等化"政策提出的历史梳理

年份	来源	内容
2005	《中共中央关于制定国民经济和社会发展第十一个五年规划的建议》	"按照公共服务均等化原则，加大对欠发达地区的支持力度，加快革命老区、民族地区、边疆地区和贫困地区经济社会发展。"
2006	《中华人民共和国国民经济和社会发展第十一个五年规划纲要》	"根据公共财政服从和服务于公共政策的原则，按照公共财政配置的重点要转到为全体人民提供均等化基本公共服务的方向，合理划分政府间事权，合理界定财政支出范围。" "健全扶持机制，按照公共服务均等化原则，加大国家对欠发达地区的支持力度。" "要增加对限制开发区域、禁止开发区域用于公共服务和生态环境补偿的财政转移支付，逐步使当地居民享有均等化的基本公共服务。" "完善中央和省级政府的财政转移支付制度，理顺省级以下财政管理体制，有条件的地方可实行省级直接对县的管理体制，逐步推进基本公共服务均等化。"
2006	《中共中央关于构建社会主义和谐社会若干重大问题的决定》	"到2020年，构建社会主义和谐社会的目标和主要任务是：……城乡、区域发展差距扩大的趋势逐步扭转，合理有序的收入分配格局基本形成，家庭财产普遍增加，人民过上更加富足的生活；社会就业比较充分，覆盖城乡居民的社会保障体系基本建立；基本公共服务体系更加完备，政府管理和服务水平有较大提高……"

---

① 江明融：《公共服务均等化问题研究》，博士学位论文，厦门大学，2007年。

续表

年份	来源	内容
2007	党的十七大报告	"缩小区域发展差距，必须注重实现基本公共服务均等化，引导生产要素跨区域合理流动。" "围绕推进基本公共服务均等化和主体功能区建设，完善公共财政体系。"
2011	《中华人民共和国国民经济和社会发展第十二个五年规划纲要》	"推进基本公共服务均等化。把基本公共服务制度作为公共产品向全民提供，完善公共财政制度，提高政府保障能力，建立健全符合国情、比较完整、覆盖城乡、可持续的基本公共服务体系，逐步缩小城乡区域间人民生活水平和公共服务差距。"
2012	《国家基本公共服务体系"十二五"规划》	"按照推进基本公共服务均等化和实施主体功能区规划、国家区域发展战略的要求，逐步建立城乡一体化的基本公共服务制度，健全促进区域基本公共服务均等化的体制机制，促进公共服务资源在城乡、区域之间均衡配置，缩小基本公共服务水平差距。"
2012	党的十八大报告	"必须从维护广大人民根本利益的高度，加快健全基本公共服务体系，加强和创新社会管理，推动社会主义和谐社会建设。" "加快改革财税体制，健全中央和地方财力与事权相匹配的体制，完善促进基本公共服务均等化和主体功能区建设的公共财政体系，构建地方税体系，形成有利于结构优化、社会公平的税收制度。"

　　同时，在"十二五"规划纲要中还明确提出了我国基本公共服务体系的范围，包括公共服务、就业服务、社会保障、医疗卫生、人口计生、住房保障、公共文化、基础设施和环境保护这九大领域（详见表6-4）。

表6-4　　　　"十二五"时期基本公共服务范围和重点①

01 公共教育	九年义务教育免费，农村义务教育阶段寄宿制学校免住宿费，并为经济困难家庭寄宿生提供生活补助； 对农村学生、城镇经济困难家庭学生和涉农专业学生实行中等职业教育免费； 为经济困难家庭儿童、孤儿和残疾儿童接受学前教育提供补助
02 就业服务	为城乡劳动者免费提供就业信息、就业咨询、职业介绍和劳动调解仲裁； 为失业人员、农民工、残疾人、新成长劳动力免费提供基本职业技术培训； 为就业困难人员和零就业家庭提供就业援助

---

① 表格根据《中华人民共和国国民经济和社会发展第十二个五年规划纲要》整理而得。

续表

03 社会保障	城镇职工和居民享有基本养老保险，农村居民享有新型农村社会养老保险； 城镇职工和居民享有基本医疗保险，农村居民享有新型农村合作医疗； 城镇职工享有失业保险、工伤保险、生育保险； 为城乡困难群体提供最低生活保障，医疗救济，丧葬救济等服务； 为经济困难家庭儿童、残疾人、五保户、高龄老人等特殊群体提供福利服务
04 医疗卫生	免费提供居民健康档案、预防接种、传染病防治、儿童保健、孕产妇保健、老年人保健、健康教育、高血压等慢性病管理、重性精神疾病管理等基本公共卫生服务； 实施艾滋病防治、肺结核防治、农村妇女孕前和孕早期补服叶酸、农村妇女住院分娩补助，农村妇女宫颈癌乳腺癌检查、贫困人群白内障复明等重大公共卫生服务专项； 实施国家基本药物制度，基本药物均纳入基本医疗保障药物报销目录
05 人口计生	提供免费避孕药具、孕前优生健康检查、生殖健康技术和宣传教育等计划生育服务； 免费为符合条件的育龄群众提供再生育技术服务
06 住房保障	为城镇低收入住房困难家庭提供廉租住房； 为城镇中等偏下收入住房困难家庭提供公共租赁住房
07 公共文化	基层公共文化、体育设施免费开放； 农村广播电视全覆盖，为农村免费提供电影放映，送书送报送戏等公益性文化服务
08 基础设施	行政村通公路和客运班车，城市建成区公共交通全覆盖； 行政村通电，无电地区人口全部用上电； 邮政服务做到乡乡设所、村村通邮
09 环境保护	县具备污水、垃圾无害化处理能力和环境监测评估能力； 保障城乡饮用水水源地安全

　　我国政府已意识到了环境基本公共服务分配中的问题，在2011年的"十二五"规划中，民生环保等涉及公共利益的议题备受重视。2011年，国务院副总理李克强在第七次全国环保大会上强调，基本的环境质量是一种公共产品，是政府必须确保的公共服务。我国目前环境基本公共服务不均衡、不协调现象突出，区域不均、城乡不等现象严重。而提高环境基本公共服务均等化水平，是保障区域城乡均衡发展的重要一环。"十二五"规划纲要中提出"十二五"期间分配环境公共产品的重点范围为污水处理垃圾处置、环境监测评估和饮用水水源地安全保障；"十三五"可以考虑将环境监察执法能力建设、环境应急能力建设和环境公众参与等纳入环境基本公共服务范围。2012年党的十八大更是将"生态文明"的建设提上了议事日程。

　　但是，值得指出的是，在"十二五"规划纲要中所明确的"环境保护"这个领域的基本公共服务重点，在《国家基本公共服务体系"十二五"规划》（以下简称《规划》）却没有详述。《规划》只明晰了公共教育、劳动就业服务、社会保障、基本社会服务、医疗卫生、人口计生、住房保障、公共文化这八个方面（详见图6-1），而环境基本公共服务的内容由环保"十二五"规划详述。

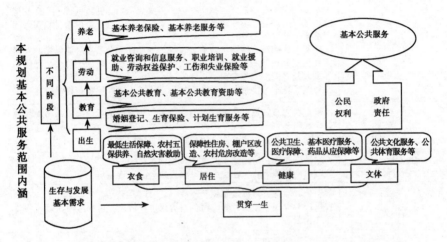

图6-1　《国家基本公共服务体系"十二五"规划》中的基本公共服务范围内涵

　　（二）提升环境基本公共服务均等化政策的地位

　　在对地方规范性文件梳理的过程中，笔者也发现了地方政府对"环境基本公共服务均等化"问题的"轻视"①。

表6-5　有关"基本公共服务均等化"的地方规范性文件梳理

地方规范性文件名称	涉及基本公共服务均等化领域	是否包括环境保护
《福建省人民政府关于印发福建省推进基本公共服务均等化"十二五"规划的通知》	基本公共教育、基本医疗卫生、公共文化体育、就业公共服务、社会保险、人口和计划生育、基本社会服务、残疾人基本公共服务、基本住房保障、加大对原中央苏区和革命老区的支持力度	没有专项列出

---

　　① 笔者对部分省级地方规范性文件进行梳理，发现均没有将"环境保护"作为一项重要的"基本公共服务均等化"政策加以提出，而都是散落在其他章节当中。虽然与"环境保护"相关的地方规范性文件会对其进行专项规定，但笔者认为，在由地方政府主导的"基本公共服务均等化"政策实施的大进程中，"环境保护"也不得缺失。

续表

地方规范性文件名称	涉及基本公共服务均等化领域	是否包括环境保护
《广东省人民政府印发广东省基本公共服务均等化规划纲要（2009—2020 年）的通知》	基础服务类：公共教育、公共卫生、公共文化体育、公共交通等； 基本保障类：生活保障（含养老保险、最低生活保障、五保）、住房保障、就业保障、医疗保障等	没有专项列出
《海南省人民政府关于印发海南省基本公共服务均等化重点民生项目发展规划（2011—2015 年）的通知》	教育、就业服务和农民增收、医疗卫生、养老保障和社会福利、保障性住房、公共文化体育等	没有专项列出，包括在"其他"中，涉及生态补偿长效机制、城乡污水垃圾处理、农村饮水安全保障等
《浙江省人民政府办公厅转发省发改委、省财政厅关于浙江省基本公共服务均等化行动计划2010 年度实施计划的通知》	就业、社会保障、教育、公共文化服务、农村卫生、城乡公共基础设施等	没有专项列出，有所提及，主要涉及农村环境整治方面
《河南省基本公共服务体系"十二五"规划》	公共教育、城乡就业公共服务能力、社会保险、基本社会服务体系、医疗卫生制度、人口和计划生育服务体系、保障性住房、公共文化服务、残疾人生活	并未专项列出
《湖北省基本公共服务体系"十二五"规划》	公共教育、劳动就业服务、社会保险、基本社会服务、基本医疗卫生、人口和计划生育、基本住房保障、公共文化体育、残疾人基本公共服务	并未专项列出
《陕西省基本公共服务体系规划（2013—2020 年）》	基本公共教育、劳动就业服务、社会保险、基本社会服务、基本医疗卫生、人口和计划生育、基本住房保障、公共文化体育、残疾人基本公共服务	并未专项列出
《河北省基本公共服务行动计划（2013—2015 年）》	公共教育、劳动就业服务、社会保险、社会服务、医疗卫生、计划生育、住房保障、公共文化体育、残疾人服务	并未专项列出

那么这不禁要使人提出质疑："环境保护"究竟属不属于"基本公共服务均等化"的范畴呢？实际上，《规划》中已写明："十二五"规划纲要还明确了基础设施、环境保护两个领域的基本公共服务重点任务，包括：行政村通公路和客运班车，城市建成区公共交通全覆盖；行政村通电，无电地区人口全部用上电；邮政服务做到乡乡设所、村村通邮；县县

具备污水、垃圾无害化处理能力和环境监测评估能力;保障城乡饮用水水源地安全等。这些内容分别纳入综合交通运输、能源、邮政、环境保护等相关"十二五"专项规划中,不在本规划中予以阐述。由此可见,虽然在《规划》中找寻不到"环境基本公共服务均等化"的身影,但并不意味着要将其剔除于"基本公共服务均等化"的进程中。

值得强调的是,虽然根据相关文件可以得出"环境基本公共服务均等化"政策的实施属于"基本公共服务均等化"的范围之中,但是《规划》中并没有明确列出,而是要求环保部门另行规定,这就会导致地方政府"轻视"环境基本公共服务均等化政策的实施,将其地位由政府主导变为了政府部门主导。而环境基本公共服务均等化政策的实施,绝不是一个单一的行政部门就有能力推行的,其有赖于政府的支持和推行,也有赖于其他政府部门的配合。所以,笔者认为,提升环境基本公共服务均等化政策的地位,将其纳入政府主要的工作任务极其重要。

二　鼓励多元化的环境基本公共服务分配

在传统的公共服务提供的理论中,学者们都支持只由政府作为提供者。如大卫·休谟(David Hume)认为,某些对个人有益的事务只有通过集体行动才能解决,且政府在解决这类集体消费品中有重要的作用。[①] 亚当·斯密(Adam Smith)也认为,公共服务的公平供给是国家的义务与职责。[②] 约翰·穆勒认为,由于某些公共物品的供给者很难通过对使用者收费以补偿其供给费用,所以最好的办法是由政府采取税收的办法来提供和建造该物品或服务。[③] 萨缪尔森(Samuelson)等认为:公共产品的特性决定了它们只能由政府予以公平提供,而不能由市场有效提供。

但是自20世纪80年代以来,西方理论界关于公共物品由政府、私营部门与第三部门合作供给的理论研究就不断涌现。新公共管理学派代表人物戴维·奥斯本和特德·盖布勒在其著名的《改革政府》中指出,基于政府、私营企业与非政府组织在公共物品供给中各自的优势和不足,三者

---

① [英]大卫·休谟:《人性论》,关文运译,商务印书馆1983年版,第12—33页。
② [英]亚当·斯密:《道德情操论》,韩巍译,中国城市出版社2008年版,第112页。
③ [英]约翰·穆勒:《政治经济学原理及其在社会哲学上的若干应用》(下卷),胡企林、朱映译,商务印书馆1991年版,第366—373页。

应建立起"公私部门的战略伙伴关系",通过明确的分工、联合为社会提供公共物品。目前,多元化的基本公共服务的分配方式成为主流。

（一）鼓励市场的参与

环境基本公共服务包括环境监管服务、环境治理服务、环境信息服务、环境卫生服务和环境应急服务。虽然这些服务都应该由政府提供,但并不意味着一定要由政府生产。

20世纪90年代以后,中国实行市场经济体制得到合法认定,政府开始通过制定相关政策允许民间力量进入公共服务领域,各地都掀起了公共服务民营化的浪潮（详见表6-6）。

表6-6　　　国家鼓励以多元化方式提供公共服务的相关政策文件

颁布年份	颁布单位	文件名称	主要内容
2002	国家计委	《关于促进和引导民间投资的若干意见》	除国家有特殊规定以外,凡是鼓励和允许外商投资进入的领域,均鼓励和允许民间投资进入； 在实行优惠政策的投资领域,其优惠政策对民间投资同样适用； 鼓励和引导民间投资以独资、合作、联营参股、特许经营等方式,参与经营性的基础设施和公益事业项目建设
2002	国家发展计划委员会、建设部、环境保护总局	《关于推进城市污水、垃圾处理产业化发展的意见》	各地区要转变污水、垃圾处理设施只能由政府投资、国有单位负责运营的观念,解放思想,采取有利于加快建设、加快发展的措施,切实推进城市污水、垃圾处理项目建设、运营的市场化改革。推进城市污水、垃圾处理产业化的方向是,改革价格机制和管理体制,鼓励各类所有经济积极参与投资和经营,逐步建立与社会主义市场经济体制相适应的投融资及运营管理体制,实现投资主体多元化、运营主体企业化、运行管理市场化,形成开放式、竞争性的建设运营格局
2002	建设部	《关于加快市政公用行业市场化进程的意见》	开放市政公用行业市场。鼓励社会资金、外国资本采取独资、合资、合作等各种形式,参与市政公用设施的建设,形成多元化的投资结构。对供水、供气、供热、污水处理、垃圾处理等经营性市政公用设施的建设,应公开向社会招标选择投资主体
2005	中共中央	《关于制定国民经济和社会发展第十一个五年规划的建议》	大力发展环保产业,建立社会化多元化环保投融资机制,运用经济手段加快污染治理市场化进程

续表

颁布年份	颁布单位	文件名称	主要内容
2010	中共中央	《关于制定国民经济和社会发展第十二个五年规划的建议》	发挥产业政策作用，引导投资进一步向民生和社会事业、农业农村、科技创新、生态环保、资源节约等领域倾斜；完善环境保护科技和经济政策，建立健全污染者付费制度，建立多元环保投融资机制，大力发展环保产业
2015	中共中央	《关于制定国民经济和社会发展第十三个五年规划的建议》	创新产权模式，引导各方面资金投入植树造林；建立健全用能权、用水权、排污权、碳排放权初始分配制度，创新有偿使用、预算管理、投融资机制，培育和发展交易市场。推行合同能源管理和合同节水管理

　　纳入市场机制的最大好处就是分散环境基本公共服务的投资风险和提高环境基本公共服务的分配效率。以垃圾处理和污水处理为例，其所需要的技术较为专业，投资额大、建设期长，同时涉及社会和政治等各种因素，如果完全由政府来承担全部投资，所有的风险都将由政府承担，存在相当大的风险。在多元供给主体的共同参与下，按照政府与投资者、生产者的角色和分工不同，使得风险、责任和回报都分散化，将合同的约束作用取代行政管理，使得政府与生产者的角色相互分离，使得资金使用效率提高，更有利于环境基本公共服务的提供。如青岛、沈阳、鞍山等城市过去在排水、道路保洁、绿化等环境基本公共服务方面是按照定额由财政拨款给政府所属的事业单位开展的，在对以上服务实行竞争招标后，非但服务质量没有降低，还节省了资金，分散了政府投资的风险。①

　　（二）鼓励社会组织的参与

　　除了鼓励市场加入环境基本公共服务的提供行列外，鼓励社会的参与，也不失为一条提高环境基本公共服务分配效率的有效措施。个人、社会组织、基金会和其他组织的加入，不仅可以充分吸纳民间的闲散资金，提高资金使用效率，同时这也是一种"自下而上"的环境基本公共服务的提供方式。这种公共服务的分配方式，将更立足于社会需求，弥补政府

---

① 郑晓燕：《中国公共服务供给主体多元化发展研究》，博士学位论文，华东师范大学，2010 年。

对环境基本公共服务提供认识上的不足，使资金运用到"点子"上。

三　建立环境基本公共服务均等化指标体系

（一）实行中央对各地方政府的环境基本公共服务问责制

要提升环境基本公共服务均等化政策的地位，首先就是要建立中央政府对地方政府的问责机制。

第一，要建立各级政府环境基本公共服务评价指标体系，并将其作为配置财政、税收等公共资源的重要依据。

第二，要建立中央对各级地方政府针对环境基本公共服务的问责制。一方面要加强统计部门的垂直管理，减少各级政府对统计过程中的结果的干预；另一方面也要加强对环境基本公共服务分配中的审计和监察工作。

（二）完善政府绩效评估指标体系

针对环境基本公共服务的提供，建立起完善的政府绩效评估指标体系，用标准化的方式考量政府对环境基本公共服务的提供效果和质量。其中，必须建立起科学的评估模型，合理确定指标体系和指标的权重，建立大量的具有可比性的、可测量的绩效评估指标。

在指标选择中，笔者认为，应包括环境公共安全指标，环境卫生指标，民生发展指标（其中又包括农民的收入增长、合理调节收入分配关系、缩小城乡差距、医疗保障和卫生监督体系、健全农村初级卫生保健体系等）和环境质量指标。在这方面，已经有学者进行了相关的探索。[①]

---

① 具体可参见乔巧等《环境基本公共服务均等化评估指标体系构建与实证》，《环境科学与技术》2014 年第 12 期。

结　语

　　1978 年所实行的改革开放政策极大地推动了我国市场经济发展，1994 年的分税制改革让地方政府进一步助力了这股力量。自此，地方政府开始从以阶级斗争和政治工作为中心的落脚点转移到了地方的经济发展建设上面。可以说，我国改革开放以后的高速发展让世界叹为观止，我们用 30 年的时间完成了西方世界 300 年需要完成的城市建构。如今，我国一线城市的硬件设施建设水平，毫不逊色于西方。虽然这些成就从某种意义上可以达到让世界另眼看中国的目的，却不应是衡量一个国家发展水平的指标。富人们奢华的生活和摩天大楼的不断升起只是我们建设出来的"面子"，而衡量一个国家实际发展水平的指标应该是穷人们生活状态的这层"里子"。

　　2013 年，贾樟柯导演的电影《天注定》在美国上映，这是少有的在美国影院可以看到的中国电影。这个获得了戛纳国际电影节最佳剧本奖的剧本，故事分别取材于胡文海、周克华、邓玉娇三起轰动全国的刑事案件，以及富士康跳楼事件。西方观众看起来惊心动魄的剧情，却真实地发生在中国观众的身边。贾樟柯的这部电影虽然选取的都是极端案例，却从一个独特的视角反映着我国社会的现状，即由于基本社会公共服务的缺失和社会资源的分配不合理，底层民众并没有得到应有的权利保障，也没有过上有尊严的生活，社会矛盾突出。

　　正如本书导论中所提出的，社会经济的发展不是为了数字而永动，也不是为了某个官员的政绩而持续，社会经济发展的价值目标应该是实现个人的自由。而这其中的衡量标准应该是公民基本权利的实现和社会基本公共服务的提供，这也是国家之所以成为国家的初衷。环境基本公共服务体系的建构，正是本着保障公民健康权，实现其作为人的发展的自由权的价值目标，而被本书所提出的。合理分配环境基本公共服务，是对社会资源的一种合理分配，是经济发展和环境保护之间的博弈，也是环境利益和环境损害在地区间、城乡间和群际间的合理分配。

　　由于财政联邦主义的形成和垂直的政治管理体制的合力，我国地方政府衍生出"发展型政府"的行为逻辑，重视经济建设，府际竞争成为其行事的理念。而环境基本公共服务，这种外部性较强、投入大、回报小的基础公共服务，也便常年被地方政府边缘化，以至于我国可谓不论大中小城市，都面临环境基本公共服务提供不足的现状。另外，我国的城乡二元结构、户籍体制、矿产开发结构、能源利用结构等结构性问题的存在，不仅进一步导致了环境基本公共服务在总量上提供的不足，还导致了严重的区域、城乡和群际间的差异。一个国家的稳步发展，不仅应该有速度，还应该有质量。合理分配环境基本公共服务，就是一场政府有态度的变革。建构环境基本公共服务体系，合理分配环境基本公共服务，所要做出的改革不仅仅是针对环境治理部门、资源管理部门的体制改革，更应是一次对我国不合理的多元结构性问题的重新审视。

参 考 文 献

一 中文著作

1. 傅勇：《中国式分权与地方政府行为》，复旦大学出版社 2010 年版。

2. 何茜华：《财政分权中的公共服务均等化问题研究》，经济科学出版社 2011 年版。

3. 黄楠森：《人学的足迹》，广西人民出版社 1999 年版。

4. 晋海：《城乡环境正义的追求与实现》，中国方正出版社 2009 年版。

5. 林毅夫：《欠发达地区资源开发补偿机制若干问题的思考》，科学出版社 2009 年版。

6. 刘剑雄：《财政分权、政府竞争与政府治理》，人民出版社 2009 年版。

7. 卢洪友等：《外国环境公共治理：理论、制度与模式》，中国社会科学出版社 2014 年版。

8. 马斌：《政府间关系：权力配置与地方治理》，浙江大学出版社 2009 年版。

9. 孙晓莉：《中外公共服务体制比较》，国家行政学院出版社 2007 年版。

10. 沈荣华：《政府间公共服务职责分工》，国家行政学院出版社 2007 年版。

11. 时红秀：《财政分权、政府竞争与中国地方政府的债务》，中国财经经济出版社 2007 年版。

12. 汪行福：《分配正义与社会保障》，上海财经大学出版社 2003 年版。

13. 王华等：《环境信息公开理念与实践》，中国环境科学出版社 2002 年版。

14. 王书明、崔凤、同春芬：《环境、社会与可持续发展——环境友好型社会建构的理论与实践》，黑龙江人民出版社 2007 年版。

15. 王绍光：《分权的底线》，中国计划出版社 1999 年版。

16. 王振民：《中央与特别行政区关系——一种法治结构的解析》，清华大学出版社 2002 年版。

17. 王利民：《人格权法研究》，中国人民大学出版社 2005 年版。

18. 王名扬：《法国行政法》，北京大学出版社 2007 年版。

19. 吴庚：《行政法之理论与实用》，中国人民大学出版社 2005 年版。

20. 吴卫星：《环境权研——公法学的视角》，法律出版社 2007 年版。

21. 尹一宽：《中国财政体制改革与新税制》，武汉大学出版社 1996 年版。

22. 谢庆奎、杨宏山：《府际关系的理论与实践》，天津教育出版社 2007 年版。

23. 张明杰：《开放的政府——政府信息公开法律制度研究》，中国政法大学出版社 2003 年版。

24. 张千帆：《宪政、法治与经济发展——走向市场经济的制度保障》，北京大学出版社 2004 年版。

25. 张千帆：《权利平等与地方差异：中央与地方关系法治化的另一种视角》，中国民主法制出版社 2011 年版。

26. 张千帆：《国家主权与地方自治》，中国民主法制出版社 2012 年版。

27. 赵晓丽：《产业结构调整与节能减排》，知识产权出版社 2011 年版。

28. 周黎安：《转型中的地方政府：官员激励与治理》，格致出版社、上海人民出版社 2008 年版。

29. 周振超：《当代中国政府"条块关系"研究》，天津人民出版社 2009 年版。

30. 赵佳佳：《财政分权与中国基本公共服务供给研究》，东北财经大学出版社 2011 年版。

31. 中国能源中长期发展战略研究项目组：《中国能源中长期发展战

略研究综合卷》，科学出版社 2011 年版。

32. 中国科学院可持续发展战略研究组：《2015 中国可持续发展报告》，科学出版社 2015 年版。

二　中文译著

1. ［德］乌尔里希·贝克：《风险社会》，何博闻译，译林出版社 2004 年版。

2. ［德］乌尔里希·贝克、［英］安东尼·吉登斯、斯科特·拉什：《自反性现代化》，赵文书译，商务印书馆 2001 年版。

3. ［法］让·鲍德里亚：《消费社会》，刘成富、全志刚译，南京大学出版社 2009 年版。

4. ［古罗马］士查丁尼：《法学总论——法学阶梯》，张企泰译，商务印书馆 1989 年版。

5. ［美］塞缪尔·弗莱施哈克尔：《分配正义简史》，吴万伟译，译林出版社 2010 年版。

6. ［美］罗伯特·B. 丹哈特、珍妮特·V. 登哈特：《新公共服务理论——服务，而不是掌舵》，丁煌译，中国人民大学出版社 2004 年版。

7. ［美］温茨：《环境正义论》，朱丹琼、宋玉波译，上海人民出版社 2007 年版。

8. ［美］沃林斯基：《健康社会学》，孙牧虹等译，社会科学文献出版社 1993 年版。

9. ［美］罗尔斯：《正义论》，何怀宏、何包钢、廖申白译，中国社会科学出版社 1988 年版。

10. ［美］丹尼尔·H. 科尔：《污染与财产权》，严厚福、王社坤译，北京大学出版社 2009 年版。

11. ［美］迈克尔·J. 桑德尔：《自由主义与正义的局限》，王俊人等译，译林出版社 2011 年版。

12. ［美］本杰明·M. 弗里德曼：《经济增长的道德意义》，李天有译，中国人民大学出版社 2008 年版。

13. ［美］查尔斯·哈珀：《环境与社会——环境问题的人文视野》，肖晨阳等译，天津人民出版社 1996 年版。

14. ［美］罗伯特珀·V. 西瓦尔：《美国环境法——联邦最高法院法

官教程》，赵绘宇译，法律出版社 2014 年版。

15．〔美〕巴里·康芒纳：《封闭的循环》，侯文蕙译，吉林人民出版社 1997 年版。

16．〔美〕A. 爱伦·斯密德：《财产、权力和公共选择——对法和经济学的进一步思考》，黄祖辉等译，上海三联书店、上海人民出版社 1999 年版。

17．〔美〕沃林斯基：《健康社会学》，孙牧虹等译，社会科学文献出版社 1993 年版。

18．张千帆、〔美〕葛维宝编：《中央与地方关系的法治化》，程迈、牟效波译，译林出版社 2009 年版。

19．〔日〕盐野宏：《行政法》，杨建顺译，法律出版社 1999 年版。

20．〔日〕岩佐茂：《环境的思想——环境保护与马克思主义的结合处》，韩立新等译，中央编译出版社 1997 年版。

21．〔日〕大须贺明：《生存权论》，林浩译，法律出版社 2001 年版。

22．〔日〕交告尚史等：《日本环境法概论》，田林、丁倩雯译，中国法制出版社 2014 年版

23．〔新加坡〕郑永年：《中国的"行为联邦制"》，邱道隆译，东方出版社 2013 年版。

24．〔印度〕阿玛蒂亚·森：《以自由看待发》，任颐、于真译，中国人民大学出版社 2002 年版。

25．〔印度〕阿玛蒂亚·森：《正义的理念》，王磊、李航译，中国人民大学出版社 2012 年版。

26．〔英〕安东尼·吉登斯：《失控的世界》，周红云译，江西人民出版社 2001 年版。

27．〔英〕布莱恩·巴利：《社会正义论》，曹海军译，江苏人民出版社 2007 年版。

28．〔英〕安东尼·吉登斯：《现代性的后果》，田禾译，译林出版社 1999 年版。

29．〔英〕简·汉考克：《环境人权：权力、伦理与法律》，杨通进译，重庆出版社 2007 年版。

30．〔英〕朱迪·丽丝：《自然资源：分配、经济学与政策》，蔡运龙等译，商务印书馆 2005 年版。

31. ［英］卡罗尔·哈洛：《国家责任：以侵权法为中心展开》，涂永前、马佳昌译，北京大学出版社 2009 年版。

32. ［英］A. C. 庇古：《福利经济学》（上、下卷），朱泱等译，商务印书馆 2010 年版。

33. ［英］蒂姆·海沃德：《宪法环境权》，周尚君、杨天江译，法律出版社 2014 年版。

34. ［英］亚当·斯密：《道德情操论》，韩巍译，中国城市出版社 2008 年版。

35. ［英］大卫·休谟：《人性论》，关文运译，商务印书馆 1983 年版。

36. ［英］约翰·穆勒：《政治经济学原理及其在社会哲学上的若干应用》（下卷），胡企林、朱映译，商务印书馆 1991 年版。

37. 世界环境与发展委员会：《我们的共同未来》，王之佳、柯金良等译，吉林人民出版社 1997 年版。

三　中文期刊论文

1. 蔡守秋：《论政府环境责任的缺陷与健全》，《河北法学》2008 年第 3 期。

2. 蔡守秋：《论公众共用物的法律保护》，《河北法学》2012 年第 4 期。

3. 程宇航：《发达国家的农村垃圾处理》，《老区建设》2011 年第 5 期。

4. 崔崎：《呼和浩特市"城中村"环境污染现状及防治对策》，《内蒙古环境保护》2005 年第 3 期。

5. 陈秀山、张启春：《我国转轨时期财政转移支付制度的目标体系及其分层问题》，《中央财经大学学报》2004 年第 12 期。

6. 陈叶兰：《农民的环境知情权、参与权和监督权》，《中国地质大学学报》（社会科学版）2008 年第 6 期。

7. 常纪文：《我国突发环保事件应急立法存在的问题及其对策》（之一），《宁波职业技术学院学报》2004 年第 4 期。

8. 常修泽：《中国下一个 30 年改革的理论探讨》，《上海大学学报》（社会科学版）2009 年第 3 期。

9. 丁骋骋、傅勇：《2012. 地方政府行为、财政、金融关联与中国宏观经济波动》，《经济社会体制比较》2012 年第 6 期。

10. 傅勇、张晏：《中国式分权与财政支出结构偏向：为增长而竞争的代价》，《管理世界》2007 年第 3 期。

11. 郭廷忠等：《中国农业污染问题研究》，《安徽农业科学》2009 年第 4 期。

12. 郭山庄：《日本的环境信息公开制度》，《世界环境》2008 年第 5 期。

13. 郭秀云：《从"选择制"到"普惠制"》，《社会科学》2010 年第 3 期。

14. 宫笠俐、王国锋：《公共环境服务供给模式研究》，《中国行政管理》2012 年第 10 期。

15. 何显明：《市场化进程中的地方政府角色及其行为逻辑》，《浙江大学学报》（人文社会科学版）2007 年第 6 期。

16. 何显明：《地方政府研究：从职能界定到行为过程分析》，《江苏社会科学》2006 年第 5 期。

17. 韩瑜：《我国中小企业污染治理的经济学分析与财税政策》，《福建论坛》（人文社会科学版）2007 年第 11 期。

18. 洪大用：《环境公平：环境问题的社会学观点》，《浙江学刊》2001 年第 4 期。

19. 纪骏杰、王俊秀：《环境正义：原住民与国家公园冲突的分析》，《山海文化》1998 年第 19 期。

20. 晋继勇：《全球公共卫生治理中的国际人权机制分析》，《浙江大学学报》（人文社会科学版）2010 年第 4 期。

21. 林卡：《构建适度普惠的新型社会福利体系》，《浙江社会科学》2011 年第 5 期。

22. 刘熙瑞：《服务型政府——经济全球化背景下中国政府改革的目标选择》，《中国行政管理》2002 年第 7 期。

23. 刘建新、蒲春玲：《新疆在矿产资源开发中的利益补偿问题探讨》，《经济视角》2009 年第 2 期。

24. 刘强、王学江、陈玲：《中国村镇水环境治理研究现状探讨》，《中国发展》2008 年第 2 期。

25. 刘立媛：《美国环境信息政策制定经验及对我国的借鉴意义》，《中国环境管理》2010 年第 3 期。

26. 刘子刚等：《我国环境保护基本公共服务均等化问题和实现路径》，《环境保护》2015 年第 20 期。

27. 卢洪友：《环境基本公共服务的供给与分享——供求矛盾及化解路径》，《学术前沿》2013 年第 2 期。

28. 卢洪友、祁毓：《均等化进程中环境保护公共服务供给体系构建》，《环境保护》2013 年第 2 期。

29. 卢洪友、袁光平、陈思霞、卢盛峰：《中国环境基本公共服务绩效的数量测度》，《中国人口·资源与环境》2012 年第 10 期。

30. 逯元堂等：《环境保护事权与支出责任划分研究》，《中国人口·资源与环境》2014 年第 11 期。

31. 罗云辉、林洁：《苏州、昆山等开发区招商引资中土地出让的过度竞争》，《改革》2003 年第 6 期。

32. 蒲志仲：《矿产资源税费制度存在问题与改革》，《资源与人居环境》2009 年第 1 期。

33. 彭华民：《中国政府社会福利责任：理论范式演变与制度转型创新》，《天津社会科学》2012 年第 6 期。

34. 裴俊伟：《中国环境行政的困境与突破》，《中国地质大学学报》（社会科学版）2009 年第 5 期。

35. 钱伯章：《BP 公司发布 2015 年世界能源统计年鉴》，《石油科技动态》2015 年第 7 期。

36. 乔巧等：《环境基本公共服务均等化评估指标体系建构与实证》，《环境科学与技术》2014 年第 12 期。

37. 苏明、刘军明：《如何推进环境基本公共服务均等化》，《环境经济》2012 年第 5 期。

38. 苏利阳、汝醒君：《中国环境污染事故的演变态势与空间分布研究》，《科技促进发展》2009 年第 4 期。

39. 宋卫刚：《政府间事权划分的概念辨析及理论分析》，《经济研究参考》2003 年第 27 期。

40. 沈红军：《德国环境信息公开与共享》，《世界环境》2009 年第 6 期。

41. 沈荣华：《分权背景下的政府垂直管理：模式和思路》，《中国行政管理》2009 年第 9 期。

42. 汪劲：《中国环境法治三十年：回顾与反思》，《中国地质大学学报》（社会科学版）2009 年第 5 期。

43. 王树义、郭少青：《资源枯竭型城市环境治理的政府责任》，《政法论丛》2011 年第 5 期。

44. 王树义、郭少青：《资源枯竭型城市可持续发展对策研究》，《中国软科学》2012 年第 1 期。

45. 王玮：《基于人口视角的公共服务均等化改革》，《中国人口·资源与环境》2011 年第 6 期。

46. 王郁、范莉莉：《环保公共服务均等化的内涵及其评价》，《中国人口·资源与环境》2012 年第 8 期。

47. 王国清、吕伟：《事权、财权、财力的界定及相互关系》，《财经科学》2000 年第 4 期。

48. 王强等：《1996—2006 年我国饮用水污染突发公共卫生事件分析》，《环境与健康杂志》2010 年第 4 期。

49. 吴健、马中：《公共财政背景下的环境与贫困关系问题》，《环境保护》2012 年第 10 期。

50. 魏钰、苏杨：《深化环境公共服务均等化的 11 条建议》，《重庆社会科学》2012 年第 4 期。

51. 吴玉霞、郁建兴：《服务型政府失业中的公共服务分工》，《浙江社会科学》2011 年第 12 期。

52. 谢庆奎：《中国政府的府际关系研究》，《北京大学学报》2000 年第 1 期。

53. 越正群：《得知权理念及其在我国的初步实践》，《中国法学》2001 年第 3 期。

54. 张建伟：《关于政府环境责任科学设定的若干思考》，《中国人口·资源与环境》2008 年第 1 期。

55. 张燕、梁珊珊、熊玉双：《我国农村环境监管主体的法律构想》，《环境保护》2010 年第 19 期。

56. 邹爱勇：《论我国突发环境污染事件的应急管理》，《2008 年全国环境资源法学研讨会论文集》。

57. 张千帆:《中央与地方财政分权——中国经验、问题与出路》,《政法论坛》2011 年第 5 期。

58. 张千帆:《流域环境保护中的中央地方关系》,《中州学刊》2011 年第 6 期。

59. 张梓太等:《结构性陷阱:中国环境法不能承受之重》,《南京大学学报》2013 年第 2 期。

60. 钟雯彬:《公共产品法律调整模式分析》,《现代法学》2004 年第 3 期。

61. 周雪光:《"逆向软预算约束":一个政府行为的组织分析》,《中国社会科学》2005 年第 2 期。

62. 周天勇、张弥:《全球产业结构调整与中国产业发展新变化》,《财经问题研究》2012 年第 2 期。

63. 周黎安:《中国地方官员的晋升锦标赛模式研究》,《经济研究》2007 年第 7 期。

四　外文文献

1. Alston, L. J., Andersson, K., Smith, S. M., "Payment for Environmental Services: Hypotheses and Evidence", *Annual Review of Resource Economics*, 2013, 5: 139 – 15.

2. Bai, Chong – En, Du, Yingjuan, Tao, Zhigang, Tong, Sarah Y., "Local Protectionism and Regional Specialization: Evidence from China's Industries", *Journal of International Economics*, 2004, 63 (2): 397 – 417.

3. Bergin, Michelle S., West, Jason J., Keating, Terry J., Russell, Armistead G., "Regional Atmospheric Pollution and Transboundary Air Qualitymanagement", *Annual Review of Environment and Resources*, 2005, 30: 1 – 37.

4. Bruton, G. D., Lan, H. L., Lu, Y., "China's township and village enterprises: Kelon's competitive edge", *Academy of Management Executive*, 2000, 14 (1): 19 – 28.

5. Bullard R. D., "The Legacy of American Apartheid and Environmental Racism", *St. John's Journal of Legal Commentary*, 1994, 9: 445 – 857.

6. Bullard R. D., *Dumping in Dixie: Race, Class, and Environmental*

Quality, Boulder, Colorado: Westview Press, 3rd ed, 2000.

7. Brulle, Robert J. , Pellow, David N. , "Environmental justice: human health and environmental inequalities", *Annual review of public health*, 2006, 27 (1): 103 – 124.

8. Chan, Hon S. , Wong, Koon – kwai, Cheung, K. C. , Lo, Jack Man – keung, "The Implementation Gap in Environmental Management in China: The Case of Guangzhou, Zhengzhou, and Nanjing", *Public Administration Review*, 1995, 55 (4): 333 – 340.

9. Chan, Kam Wing, Zhang, Li, "The Hukou System and Rural – Urban Migration in China: Processes and Changes", *The China Quarterly*, 1999, 160 (160): 818 – 855.

10. Clifford Rechtschaffen, *Environment Justice: Law, Policy, and Regulation*, 2nd Edition, Carolina Academic Press, 2009.

11. Commission for Racial Justice, *Toxic Wastes and Race in the United States: A National Report on the Racial and Socioeconomic Characteristics of Communities with Hazardous Waste Sites*, New York: United Church of Christ, 1987.

12. Denhardt, Janet Vinzant, Denhardt, Robert B. , "The New Public Service: Serving Rather Than Steering Public Administration Review", *Public Administration Review*, 2000, 60 (6): 549 – 559.

13. Dietrich Gorny, "The European Environment Agency and the Freedom of Environmental Information Directive: Potential Cornerstones of EC Environmental Law", *Boston College International and Comparative Law Review*, 1991, 12: 279 – 300.

14. Ebrary, Inc. , *Toward Environmental Justice: Research, Education, and Health Policy Needs*, Washington, D. C. : National Academy Press, 1997.

15. International Union of Nutritional Sciences, *Congress How Nutrition Improves: A Report Based on an ACC/SCN Workshop Held on 25 – 27 September 1993 at the 15th IUNS International Congress on Nutrition, Adelaide, Australia*, ACC/SCN c/o World Health Organization, 1996.

16. Justin Yifu Lin, Zhiqiang Liu, "Fiscal Decentralization and Economic

Growth in China", *Economic Development and Cultural Change*, 2000, 49 (1): 1 –21.

17. Ke Jian, "Environmental Justice: Can an American Discourse Make Sense in Chinese Environmental Law?" *Temple Journal of Science, Technology & Environmental Law*, 2005, 24: 253 –551.

18. Lan, Jing, Kakinaka, Makoto, Huang, Xianguo, "Foreign Direct Investment, Human Capital and Environmental Pollution in China Environmental and Resource Economics", *Environmental & Resource Economics*, 2012, 51 (2): 255 –275.

19. Landry, Pierre F. , *Decentralized Authoritarianism in China: The Communist Party's Control of Local Elites in the Post – Mao Era*, New York: Cambridge University Press, 2008.

20. Li, Lu, Wang, Hong – mei, Ye, Xue – jun, Jiang, Min – min, Lou, Qin – yuan, Hesketh, Therese, "The Mental Health Status of Chinese Rural - urban Migrant Workers: Comparison with Permanent Urban and Rural Dwellers", *Social Psychiatry and Psychiatric Epidemiology*, 2007, 42 (9): 716 –722.

21. Ma, Chunbo, "Who Bears the Environmental Burden in China: an Analysis of the Distribution of Industrial Pollution Sources?" *Ecological Economics*, 2010, 69 (9): 1869 –1876.

22. Montinola, Gabriella, "Federalism, Chinese Style: the Political Basis for Economic Success in China", *World Politics*, 1995, 48 (1): 50 –81.

23. Nordenstam, Brenda J. , Lambright, William Henry, Berger, Michelle E, Little, Matthew K. , "A Framework for Analysis of Transboundary Institutions for Air Pollutionpolicy in the United States", *Environmental Science and Policy*, 1998, 1: 231 –238.

24. Oi, Jean C. , "Fiscal Reform and the Economic Foundations of Local State Corporatism in China", *World Politics*, 1992, 45 (1): 99 –126.

25. Palmer, Joy, *Environmental Education in the 21st Century: Theory, Practice, Progress and Promise*, New York, London: Routledge, 1998.

26. Paul Mohai, David Pellow, and J. Timmons Roberts, "Environmental

Justice", *Annual Review of Environment and Resources*, 2009, 34 (1). 405 -
430.

27. Pellow D. N. , "Environmental Inequality Formation: toward a Theory
of Environmental Injustice", *American Behavioral Scientist*, 2000, 43 (4):
581 - 601.

28. Rawls, John, *Justice as Fairness: a Restatement. Cambridge*, Mass:
Harvard University Press, 2001.

29. Roelof de Jong, Andries Nentjes, Doede Wiersma, "Inefficiencies in
Public Environmental Services", *Environmental and Resource Economics*,
2000, 16 (1): 69 - 79.

30. Robert N. Stavins, "Vintage - Differentiatcd Environmental Regula-
tion", *Stanford Environmental Law Journal*, 2006, 25: 29 - 259.

31. Roland, Rich, "The Right to Development: A Right of Peoples?"
Bulletin of the Australian Society of Legal Philosophy, 1985, 9: 120 - 135.

32. Ruixue Quan, "Establishing China's Environmental Justice Study Mod-
els ", *Georgetown International Environmental Law Review*, 2002, 14:
461 - 486.

33. Sen, Amartya, "Why Health Equity?" *Health Economics*, 2002, 11
(8): 659 - 666.

34. Szegvary T. , Conen F. , Stohlker U. , "Mapping Terrestrial Y - dose
Rate in Europe Based on Routine Monitoring Data", *Radiation Measurement*,
2007, 42: 1561 - 1572.

35. Shleifer, Andrei, Blanchard, Olivier, "Federalism with and without
political centralization: China versus Russia", *IMF Staff Papers*, 2001, 48
(Special issue): 171 - 179.

36. Suocheng, Dong, Zehong, Li, Bin, Li, Mei, Xue, "Problems
and Strategies of Industrial Transformation of China's Resource - based Cities",
China Population, Resources and Environment, 2007, 17 (5): 12 - 17.

37. Tao Zhang, Heng - fu Zou, "Fiscal Decentralization, Public Spend-
ing, and Economic Growth in China", *Journal of Public Economics*, 1998,
67 (2): 221 - 240;

38. Thomas F. P. Sullivan, *Environmental Law Handbook*, The Scarecrow

Press. Inc, 2005.

39. Tilt, Bryan, Xiao, Pichu, "Industry, Pollution And Environmental Enforcement In Rural China: Implications For Sustainable Development", *Urban Anthropology and Studies of Cultural Systems and World Economic Development*, 2007, 36 (1/2): 115 - 143.

40. Tseming Yang, "Melding Civil Rights and Environmentalism: Finding Environmental Justice's Place in Environmental Regulation", *The Harvard Environmental Law Review*, 2002, 26: 1 - 547.

41. Tsui, Kai - yuen, Wang, Youqiang, "Between Separate Stoves and a Single Menu: Fiscal Decentralization in China", *The China Quarterly*, 2004, 177 (177): 71 - 90.

42. Tuinstra W., Hordijk, "Moving Boundaries in Transboundary Air Pollution Co - production of Science and Policy Under the Convention on Long Range Transboundary Air Pollution", *Global Environmental Change*, 2006, 16 (4): 349 - 363.

43. Wang, Mark, Webber, Michael, Finlayson, Brian, Barnett, Jon, "Rural Industries and Water Pollution in China", *Journal of Environmental Management*, 2008, 86 (4): 648 - 659.

44. Wunder, S., "Are Direct Payments for Environmental Services Spelling Doom for Sustainable Forest Management in the Tropics?" *Ecology and Society*, 2006, 11 (2): 1 - 12.

45. Zhiqiang Ma, Jiancheng Wang, "Evaluation Study of Basic Public Service' Equalization Level on the Provincial Administrative Regions in China Based on the Wavelet Neural Network", *Communications in Cinputer and Information Science*, 2011, 225: 369 - 377.

五　中文学位论文

1. 鄂英杰:《我国突发环境事件应急机制法治研究》, 硕士学位论文, 东北林业大学, 2009 年。

2. 傅勇:《中国式分权、地方财政模式与公共物品供给: 理论与实证研究》, 博士学位论文, 复旦大学, 2007 年。

3. 江明融:《公共服务均等化问题研究》, 博士学位论文, 厦门大学,

2007 年。

4. 孔晓明：《环境信息法研究》，博士学位论文，中国海洋大学，2008 年。

5. 冷永生：《中国政府间公共服务职责划分问题研究》，博士学位论文，财政部财政科学研究所，2010 年。

6. 李瑶：《突发环境事件应急处置法律问题研究》，博士学位论文，中国海洋大学，2012 年。

7. 李久生：《环境教育的理论体系与实施案例研究》，博士学位论文，南京师范大学，2004 年。

8. 梁珊珊：《我国农村环境监管法律问题研究》，博士学位论文，华中农业大学，2011 年。

9. 刘金平：《中小企业排污监管机制研究》，博士学位论文，重庆大学，2010 年。

10. 卢文婷：《某镍镉电池厂职业病危害调查分析》，硕士学位论文，中南大学，2011 年。

11. 逯元堂：《中央财政环境保护预算支出政策优化研究》，博士学位论文，财政部财政科学研究所，2011 年。

12. 马晶：《环境正义的法哲学研究》，博士学位论文，吉林大学，2006 年。

13. 时军：《环境教育法研究》，博士学位论文，中国海洋大学，2009 年。

14. 孙月飞：《中国癌症村的地理分布研究》，学士学位论文，华中师范大学，2009 年。

15. 孙晓云：《国际人权法视域下的健康权保护研究》，博士学位论文，西南政法大学，2008 年。

16. 桂家友：《中国城乡公民权利平等化问题研究（1949—2010）》，博士学位论文，华东师范大学，2011 年。

17. 辛静：《新公共服务理论评析》，博士学位论文，吉林大学，2008 年。

18. 谢伟：《突发环境事件应急管理法律机制研究》，硕士学位论文，复旦大学，2011 年。

19. 晏荣：《美国、瑞典基本公共服务制度比较研究》，博士学位论文，中共中央党校，2012 年。

20. 张杰：《公共用公物权研究》，博士学位论文，武汉大学，2011 年。

六　报纸、统计数据及网络资源

1. 冯永锋：《环境基础设施建设应向农村和基层倾斜》，《光明日报》2009 年 4 月 20 日。

2. 黄朝武：《农村污染占全国污染三分之一》，《农民日报》2008 年 11 月 28 日。

3. 胡早：《山西纪检监察督办环境违法案件》，《中国环境报》2007 年 4 月 5 日。

4. 李红祥、曹颖、葛察忠、逯元堂：《如何推行环境公共服务均等化》，《中国环境报》2012 年 3 月 27 日。

5. 刘尚希：《基本公共服务均等化：目标及政策路径》，《中国经济时报》2007 年 6 月 12 日。

6. 潘岳：《环境保护与社会公平》，《中国经济时报》2004 年 10 月 29 日。

7. 《我国 2014 年报告职业病 29972 例》，《山西晚报》2015 年 12 月 4 日。

8. 《中国国际金融有限公司 2010 年投资策略报告》（http：//www. p5w. net/stock/lzft/hgyj/201012/P020101220528028825632. pdf）。

9. 《2002 年西部地区生态环境现状调查报告》（http：//www. china. com. cn/aboutchina/data/txt/2006 – 10/25/content_ 7276369. htm）。

10. 《中华人民共和国 2009 年国民经济和社会发展统计公报》（http：//www. fmprc. gov. cn/ce/cgny/chn/xw/t660890. htm）。

11. 《2010 中国环境状况公报》（http：//www. chinaenvironment. com/view/ViewNews. aspx？k = 20110825180637906）。

12. 《2014 年中国环境状况公报》（http：//www. zhb. gov. cn/gkml/hbb/qt/201506/t20150604_ 302942. htm）。

13. 《中国统计年鉴 2012》（http：//www. stats. gov. cn/tjsj/ndsj/. ）。

14. Official website of Chief Information Officer, U. S. Department of Defense（http：//dodcio. defense. gov/）。

15. Official website of European Environment Agency (http：//www. eea. europa. eu/data – and – maps).

16. Official website of Environmental Information Service Center of EPA (http：//www2. epa. gov/region8/environmental – information – service – center).

17. http：//www. au. af. mil/au/awc/awcgate/frp/frpintro. htm.

18. Federal Radiological EmergencyResponsePlan (http：//www. fas. org/nuke/guide/usa/doctrine/national/frerp. htm).

19. Official website of Federal Emergency ManagementAgency (http：//www. fema. gov/).

20. Official website of Ready (http：//www. ready. gov/zh – hans).

21. Official website of Centers for Disease Control andPreventionAgency (http：//emergency. cdc. gov/).

22. Official website of U. S. Chemical Safety Board (http：//www. csb. gov/about – the – csb/mission/).

23. Official website of EPA (http：//www. epa. gov/superfund/).

24. Siting of Hazardous Waste Landfills and Their Correlation with Racial and Economic Status of Surrounding Communities (http：//www. gao. gov/products/121648).

25. U. S. Department of Health and Human Services. What is the public health system? (http：//www. hhs. gov/ash/initiatives/quality/system/index. html).

26. 《2002—2012：重大环境污染事件之十年记录》(http：//blog. sina. com. cn/s/blog_ 60fbbc2001018do0. html)。

27. 《资金矿业有毒废水泄露》(http：//news. 163. com/special/00014IT2/zjkyfsxlsg. html)。

28. 宫靖等：《渤海无人负责》(http：//business. sohu. com/20110905/n318397891. shtml)。

29. 《河北 208 户渔民致信发改委，要求严惩康菲石油公司恶行》(http：//business. sohu. com/20130318/n369299823. shtml)。

30. 中国国际广播电视国际在线：《全国 74 城市空气质量报告发布》(http：//news. hexun. com/2014 – 03 – 26/163382739. html)。

31. 赵晋平：《2010—2030 年中国产业结构变动趋势分析与展望》

（http：//www. docin. com/p – 273321142. html）。

32. 冯兴元：《中国的市场整合与地方政府竞争——地方保护与地方市场分割问题及其对策研究》（http：//www. cipacn. org/Article/ShowArticle. asp？ ArticleID = 20）。

33. 杨瑞龙、章泉、周业安：《财政分权、公众偏好和环境污染——来自中国省级面板数据的证据》（http：//www. docin. com/p – 728070957. html）。

后　记

本书是在我的博士学位论文的基础上修改而成的。从着手博士论文的写作到如今付梓，已近四年光阴。初入环境法，经常被老师冠以"激情有余而理性不足"的写作风格，实感惭愧。于是我在博士论文的写作当中，摒弃了几近所有的生涩词汇和华丽辞藻，一改往日"画风"，力求以最为平实的语调和最质朴的文字，踏踏实实地陈述我对我国环境基本公共服务建设的诉求。

如今于我，科研之路其实也是探索自我的一条道路，在发现问题的同时也在发现自己；在审视问题的同时也是以另一个角度看待自己。其间乐趣，是"学以致知"者的自我体味。我的一名好友从事简帛研究，她说一日从美国芝加哥大学东亚研究中心来访了一位德高望重的汉学家，用了一个下午给他们讲述了他近几年来的研究，其研究成果便是辨析清楚了中国历朝历代文献中所出现的"石榴"一词分别指代现今的何种水果，从哪国进口等。这位教授讲得神采飞扬，然而我的朋友在向我转述这位"石榴学者"的丰功伟绩时，却是一副刘瑜批判欧美研究中国政治学学者的"so what"的表情。我想，在"经世致用"的年代，我们是很难息下心来去体味一个"纯学者"将问题解决时的欢喜心情的。当我用着"学以致用"的心态重新审视我的这本书时，也是无比惭愧，感觉是老生常谈了一些业界内的常识。才疏学浅的我，可能永远无法探明制度实践中的真谛。但作为一篇论文，将一个在环境法领域很陌生的分析框架——中国式分权引入进来，给环境法学界一个不一样的看问题的角度，已让我找到了心安理得的理由，即使这样的写作仍可称为"精致的平庸"。

在书稿即将出版之际，我要诚挚地感谢所有曾经关心帮助过我的人。首先要表达的是我对导师王树义教授和师母温敏女士的感激之情。我从王、温老师处学习到的，不仅是对学业本身的坚持，也是对人生的坚持。导师和师母与生俱来的韧性和倔强，引领着我勇于调整着自己在学业、事业上的选择。同时，我要感谢武汉大学环境法研究所的全体老师和所有同窗好友，是他们一丝不苟对待学业的精神，鼓励着我不断前进。

另外，我要感谢我的父母。他们始终坚守着他们对生活的理念努力前行，踏实而本分地诠释着他们对做人的理解。正是他们不计回报的对我的帮助，让我有机会和可能性去选择自己的道路。同时要感谢我从苏北农村走出来的大家族对我的支持。如今大家虽已行至岭南，却仍不忘怀这一路奋斗过来的艰辛和对苏北土地的深情。我还要感谢 Don Davis 一家，在我赴美期间所给予我的无私帮助，让我对生活有了另一番感悟。

最后，也是最为重要的，我要感谢我的丈夫和我的孩子。是你们，让我真正明白了生活的意义。我希望我能和你们一起，永远保有人文主义的情怀去面对世界，有信仰，有态度。